国家社科基金一般项目
"境遇道德选择理论在生命伦理学的应用研究"
(12BZX075)结项成果

"江苏省道德发展智库、
江苏省高校'公民道德与社会风尚'2011协同创新中心、
东南大学道德发展研究院"成果

国家"985"工程"哲学社会科学创新基地"研究成果

境遇论在生命
伦理学的应用研究

邵永生 著

中国社会科学出版社

图书在版编目（CIP）数据

境遇论在生命伦理学的应用研究 / 邵永生著 . —北京：中国社会科学出版社，2018.12
ISBN 978 – 7 – 5203 – 3963 – 6

Ⅰ.①境⋯　Ⅱ.①邵⋯　Ⅲ.①生命伦理学—研究　Ⅳ.①B82 – 059

中国版本图书馆 CIP 数据核字（2019）第 010290 号

出 版 人	赵剑英
责任编辑	张　林
特约编辑	张冬梅
责任校对	石春梅
责任印制	戴　宽

出　　版	中国社会科学出版社
社　　址	北京鼓楼西大街甲 158 号
邮　　编	100720
网　　址	http://www.csspw.cn
发 行 部	010 – 84083685
门 市 部	010 – 84029450
经　　销	新华书店及其他书店

印刷装订	北京君升印刷有限公司
版　　次	2018 年 12 月第 1 版
印　　次	2018 年 12 月第 1 次印刷
开　　本	710×1000　1/16
印　　张	21
字　　数	327 千字
定　　价	89.00 元

凡购买中国社会科学出版社图书，如有质量问题请与本社营销中心联系调换
电话：010 – 84083683
版权所有　侵权必究

仅以此书献给我的父母、家人
以及给予我关心、帮助和支持的老师、同人和朋友！

总　序

东南大学的伦理学科起步于20世纪80年代前期,由著名哲学家、伦理学家萧焜焘教授、王育殊教授创立,90年代初开始组建一支由青年博士构成的年轻的学科梯队,至90年代中期,这个团队基本实现了博士化。在学界前辈和各界朋友的关爱与支持下,东南大学的伦理学科得到了较大的发展。自20世纪末以来,我本人和我们团队的同仁一直在思考和探索一个问题:我们这个团队应当和可能为中国伦理学事业的发展作出怎样的贡献?换言之,东南大学的伦理学科应当形成和建立什么样的特色?我们很明白,没有特色的学术,其贡献总是有限的。2005年,我们的伦理学科被批准为"985工程"国家哲学社会科学创新基地,这个历史性的跃进推动了我们对这个问题的思考。经过认真讨论并向学界前辈和同仁求教,我们将自己的学科特色和学术贡献点定位于三个方面:道德哲学;科技伦理;重大应用。以道德哲学为第一建设方向的定位基于这样的认识:伦理学在一级学科上属于哲学,其研究及其成果必须具有充分的哲学基础和足够的哲学含量;当今中国伦理学和道德哲学的诸多理论和现实课题必须在道德哲学的层面探讨和解决。道德哲学研究立志并致力于道德哲学的一些重大乃至尖端性的理论课题的探讨。在这个被称为"后哲学"的时代,伦理学研究中这种对哲学的执著、眷念和回归,着实是一种"明知不可为而为之"之举,但我们坚信,它是我们这个时代稀缺的学术资源和学术努力。科技伦理的定位是依据我们这个团队的历史传统、东南大学的学科生态,以及对伦理道德发展的新前沿而作出的判断和谋划。东南大学最早的研究生培养方向就是"科学伦理学",当年我本人就在这个方向下学习和研究;而东南大学以科学技术为主体、文管艺医综合发展的学科生态,也使我们这些90年代初成长起来的"新生代"再次认识到,选择科技伦理为学科生长点是明智之举。如果说道德哲学与科技伦理的定位与我们的学科传统有关,那么,重大应用的定位就是基于对伦理学的现实本性以及为中国伦理道德建设作出贡献的愿望和抱负而作出的选择。定位"重大应用"而不是一般的"应用伦理学",昭明我们在这方面有所为也有所不为,只是试图在伦理学应用的某些重大方面和重大领域进行我们的努力。基于以上定位,在"985工程"建设中,我们决定进行系列研究并在长期积累的基础上严肃而审慎地推出以"东大伦理"为标识的学术成果。"东大伦理"取名于两种考虑:这些系列成果的作者主要是东南大学伦理学团队的成员,有的系列也包括东南大学培养的伦理学博士生的优秀博士论文;更深刻的原因是,我们希望并努力使这些成果具有某种特色,以为中国伦理学事业的发展作出自己的贡献。"东大伦理"由五个系列构成:道德哲学研究系列;科技伦理研究系列;重大应用研究系列;与以上三个结构相关的译著系列;还有以丛刊形式出现并在20世纪90年代已经创刊的《伦理研究》专辑系列,该丛刊同样围绕三大定位组稿和出版。"道德哲学系列"的基本结构是"两史一论"。即道德哲学基本理论;中国道德哲学;西方道德哲学。道德哲学理论的研究基础,不仅在概念上将"伦理"与"道德"相区分,而且从一定意义上将伦理学、道德哲学、道德形而上学相区分。这些区分某种意义上回归到德国古典哲学的传统,但它更深刻地与中国道德哲学传统相契合。在这个被宣布"哲学终结"的时代,深入而细致、精致而宏大的哲学研究反倒是必须而稀缺的,虽然那个"致广大、尽精微、综罗百代"的"朱熹气象"在中国几乎已经一去不返,但这并不代表我们今天的学术已经不再需要深刻、精致和宏大气魄。中国道德哲学史、西方道德哲学史研究的理念基础,是将道德哲学史当作"哲学的历史",而不只是道德哲学"原始的历史""反省的历史",它致力探索和发现中西方道德哲学传统中那些具有"永远的现实性"的精神内涵,并在哲学的层面进行中西方道德传统的对话与互释。专门史与通史,将是道德哲学史研究的两个基本纬度,马克思主义的历史辩证法是其灵魂与方法。"科技伦理系列"的学术风格与"道德哲学系列"相接并一致,它同样包括两个研究结构。第一个研究结构是科技道德哲学研究,它不是一般的科技伦理学,而是从哲学的层面、用哲学的方法进行科技伦理的理论建构和学术研究,故名之"科技道德哲学"而不是"科技伦理学";第二个研究结构是当代科技前沿的伦理问题研究,如基因伦理研究、网络伦理研究、生命伦理研究等等。第一个结构的学术任务是理论建构,第二个结构的学术任务是问题探讨,由此形成理论研究与现实研究之间的互补与互动。"重大应用系列"以目前我作为首席专家的国家哲学社会科学重大招标课题和江苏省哲学社会科学重大委托课题为起步,以调查研究和对策研究为重点。目前我们正组织四个方面的大调查,即当今中国社会的伦理关系大调查;道德生活大调查;伦理—道德素质大调查;伦理—道德发展状况及其趋向大调查。我们的目标和任务,是努力了解和把握当今中国伦理道德的真实状况,在此基础上进行理论推进和理论创新,为中国伦理道德建设提出具有战略意义和创新意义的对策思路。这就是我们对"重大应用"的诠释和理解,今后我们将沿着这个方向走下去,并贡献出团队和个人的研究成果。"译著系列"、《伦理研究》丛刊,将围绕以上三个结构展开。我们试图进行的努力是:这两个系列将以学术交流,包括团队成员对国外著名大学、著名学术机构、著名学者的访问,以及高层次的国际国内学术会议为基础,以"我们正在做的事情"为主题和主线,由此凝聚自己的资源和努力。马克思曾经说过,历史只能提出自己能够完成的任务,因为任务的提出表明完成任务的条件已经具备或正在具备。也许,我们提出的是一个自己难以完成或不能完成的任务,因为我们完成任务的条件尤其是我本人和我们这支团队的学术资质方面的条件还远没有具备。我们期图通过漫漫兮求索乃至几代人的努力,建立起以道德哲学、科技伦理、重大应用为三原色的"东大伦理"的学术标识。这个计划所展示的,与其说是某些学术成果,不如说是我们这个团队的成员为中国伦理学事业贡献自己努力的抱负和愿望。我们无法预测结果,因为哲人罗素早就告诫,没有发生的事情是无法预料的,我们甚至没有足够的信心展望未来,我们唯一可以昭告和承诺的是:我们正在努力!我们将永远努力!

樊　浩
谨识于东南大学"舌在谷"
2007 年 2 月 11 日

目　录

导　言 ……………………………………………………………… (1)
 一　弗莱彻其人 ………………………………………………… (1)
 二　境遇论研究：回顾与反思 ………………………………… (6)
 三　问题、主题与意义 ………………………………………… (11)

第一章　境遇论之内容、方法与特征 …………………………… (17)
 第一节　境遇之爱 …………………………………………… (17)
  一　"爱是唯一永恒的善" …………………………………… (17)
  二　"爱是唯一的规范" ……………………………………… (22)
  三　"爱同公正是一回事" …………………………………… (24)
  四　"爱不是喜欢" …………………………………………… (30)
  五　"爱证明手段之正当性" ………………………………… (33)
  六　"爱当时当地做决定" …………………………………… (38)
 第二节　"基于境遇或背景的决策方法" …………………… (42)
  一　"第三种方法" …………………………………………… (42)
  二　"爱的决疑法" …………………………………………… (47)
  三　"基于事实的决疑法" …………………………………… (49)
  四　"原则相对论" …………………………………………… (51)
  五　境遇决策方法中的"良心" ……………………………… (53)
 第三节　境遇道德选择的特征："过程善" ………………… (55)
  一　"人格至上论"：动机善 ………………………………… (55)
  二　有限的道德相对主义：行动策略 ……………………… (57)
  三　"爱的计算"：运作戒律 ………………………………… (58)

四　行动(行为)功利主义:效果论 …………………………………… (62)

第二章　境遇论溯源 ……………………………………………………… (65)
第一节　基督教伦理与境遇之爱 ………………………………………… (65)
　　一　基督、基督教伦理与爱 …………………………………………… (66)
　　二　爱的源泉和内涵:"感恩的爱" …………………………………… (69)
　　三　绝望中的希望:道德行为的动力 ………………………………… (71)
　　四　信仰与境遇之爱 …………………………………………………… (73)
　　五　基督教伦理与境遇伦理 …………………………………………… (75)
第二节　境遇论的实用主义"战略" ……………………………………… (78)
　　一　境遇论实用主义"战略"的论证 ………………………………… (79)
　　二　实用主义自由意志与境遇论自由意志 …………………………… (88)
　　三　实用主义道德选择与境遇论道德选择 …………………………… (92)
第三节　境遇论的相对主义"战术" ……………………………………… (98)
　　一　境遇论的相对主义"战术"之论证 ……………………………… (98)
　　二　道德相对主义与境遇论相对主义 ………………………………… (109)

第三章　境遇论与传统道德选择理论 …………………………………… (113)
第一节　境遇论与德性论 ………………………………………………… (113)
　　一　"德性"的道德哲学解读 ………………………………………… (114)
　　二　"幸福在于合德性的实现活动" ………………………………… (116)
　　三　德性和德行总是统一的吗? ……………………………………… (119)
　　四　境遇论与德性论之异同 …………………………………………… (122)
第二节　境遇论与功利主义 ……………………………………………… (122)
　　一　苦乐原理 …………………………………………………………… (123)
　　二　"最大幸福"原则 ………………………………………………… (126)
　　三　功利和"最大多数人的最大幸福"如何协调? ………………… (129)
　　四　境遇论与功利(效用)主义之异同 ……………………………… (132)
第三节　境遇论与道义论 ………………………………………………… (134)
　　一　只有出于自由意志的自律才能成为道德法则 …………………… (135)
　　二　道德法则就是可普遍化的绝对命令 ……………………………… (137)

三　"人是目的"——道德上正当行为的标准 ………………（138）
　　四　道义善和结果善如何一致？ ………………………………（139）
　　五　境遇论与道义论（义务论）之异同 ………………………（141）
第四节　传统道德选择理论与生命伦理学之联结点 …………………（142）
　　一　德性论与医务工作者的职业品质 …………………………（142）
　　二　功利主义与健康利益 ………………………………………（144）
　　三　道义论与医学目的 …………………………………………（147）

第四章　境遇论与生命伦理学之联结点 …………………………………（151）
第一节　生命与爱 ………………………………………………………（152）
　　一　生命的存在形式：灵与肉 …………………………………（152）
　　二　生命的和谐：爱 ……………………………………………（154）
　　三　为何是联结点？——"爱"的"伦理"意义 ………………（162）
第二节　人道与医道 ……………………………………………………（165）
　　一　"非有神论意义上的人道主义" ……………………………（166）
　　二　医学人道主义与境遇之爱 …………………………………（171）

第五章　生命过程与道德选择 ……………………………………………（180）
第一节　生命过程的伦理反思 …………………………………………（180）
　　一　生命与价值 …………………………………………………（181）
　　二　人的生命过程、价值与生命伦理学 ………………………（182）
　　三　生命伦理学与"爱"的伦理关照 …………………………（189）
第二节　生命过程的道德选择 …………………………………………（190）
　　一　道德、伦理与道德选择 ……………………………………（191）
　　二　生命过程与道德选择不可分离 ……………………………（195）

第六章　临床诊疗过程中的境遇道德选择 ……………………………（198）
第一节　医患权利冲突的境遇伦理分析 ………………………………（198）
　　一　一起涉及医患权利冲突的案例 ……………………………（199）
　　二　境遇伦理的方法如何解决医患权利冲突？ ………………（200）
　　三　境遇伦理方法解决医患权利冲突之论证 …………………（202）

第二节　临床"善意谎言"的境遇道德选择 …………………… (207)
　　一　"善意谎言"与境遇之爱 ……………………………… (208)
　　二　临床"善意谎言"的境遇伦理分析 …………………… (210)
第三节　临床诊疗中涉及患者隐私权的境遇道德选择 ………… (213)
　　一　隐私与隐私权 ………………………………………… (213)
　　二　隐私权与实习权冲突的境遇伦理分析 ……………… (215)
　　三　隐私权与知情权冲突的境遇伦理分析 ……………… (219)

第七章　临床高新技术应用的境遇道德选择 ……………………… (222)
第一节　人类辅助生殖技术的境遇道德选择 …………………… (222)
　　一　人工授精的境遇道德选择 …………………………… (222)
　　二　体外授精的境遇道德选择 …………………………… (228)
第二节　器官移植的境遇道德选择 ……………………………… (241)
　　一　同种移植的境遇道德选择 …………………………… (242)
　　二　异种移植的境遇道德选择 …………………………… (254)
　　三　器官商品化的境遇道德选择 ………………………… (257)
第三节　安乐死的境遇道德选择 ………………………………… (258)
　　一　积极安乐死的境遇道德选择 ………………………… (262)
　　二　放弃治疗的境遇道德选择 …………………………… (266)

第八章　公共健康行动与医疗卫生改革的境遇道德选择 ………… (272)
第一节　公共健康行动的境遇伦理分析 ………………………… (272)
　　一　公共健康行动与爱 …………………………………… (272)
　　二　公共健康行动中"爱的计算" ………………………… (275)
第二节　医疗恶性事件背后的伦理困境：医改的
　　　　 境遇伦理分析 ………………………………………… (285)
　　一　"伦理困境"是什么？为什么？ ……………………… (286)
　　二　"伦理困境"与医改"境遇"相关 ……………………… (286)
　　三　医改"境遇"与公平、效率密切相关 ………………… (287)
　　四　"伦理困境"如何解决？——境遇伦理的方法 ……… (288)
　　五　境遇伦理与医改方向的价值选择 …………………… (289)

余论　批判与反思 …………………………………………（297）

附　境遇伦理的形态分析 ……………………………………（300）

主要参考文献 …………………………………………………（312）

后　记 …………………………………………………………（320）

导　　言

任何事件总是在特定境遇（背景、环境）下发生的，无论该事件已经过去或正在进行。境遇伦理学就是一门研究在特定的境遇下，探讨如何进行道德选择的方法学系统。

美国伦理学家约瑟夫·弗莱彻（Joseph Fletcher）的境遇论（境遇道德选择论、境遇伦理）是 20 世纪西方流行的一种伦理学说，它是基于境遇或背景[①]的决策方法，是在具体的境遇中如何做决定的道德而不完全是查询已有规范的道德；它强调以人为中心，以"爱"为最高原则，并把"爱"与境遇的估计和行动的选择结合起来，通过"爱的计算"（即爱的权衡、考量）进行道德选择。也就是说，它要研究"爱"如何在具体境遇下进行计算的？研究如何在特定的境遇下通过计算能够采取最大爱心的道德行动。

一　弗莱彻其人[②]

约瑟夫·弗莱彻（1905—1991）出生于美国纽约附近，因父母在他早年分居、离异，九岁的弗莱彻便随其母转到西弗吉尼亚外祖母家，两年后其父病逝。幼年丧父使他很小便表现出"很强的独立精神"。他的家人和熟人中无人培养他对知识的兴趣。读中学时，一位老师介绍他读萧伯纳的剧本，其中有许多对社会主义的明确赞扬，其论证很有说服力，促使他开始思考。受到萧伯纳的作品激励，他仅用三年便完成四年的中学学业，十六

[①]　在弗莱彻《境遇伦理学》中文版中也将境遇与背景译为相同的意思。

[②]　以下涉及的弗莱彻生平参见弗莱彻《境遇伦理学》，程立显译，中国社会科学出版社 1989 年版，第 143—178 页，"约瑟夫·弗莱彻自传"。

岁时进入西弗吉尼亚大学摩根敦分校，是知名的"少年生"。

刚进大学不久，他就被聘为全美矿工联合会第十七区的工人教育业余教员，由于为工会会员公开演讲，他还被关进监狱一宿，原因是公然违抗不得为工会公开演讲的禁令。大学第一年之后，要求所有的男生一律接受军训，而他却拒绝参加，理由是绝不参加"争取资本主义制度的战斗"，这成为后来毕业时学校拒绝授予他学位的理由。大学二年级，他进入教会接受圣职，通过教会，有可能成功地以社会理想主义影响教徒，再通过他们援助工人争取经济民主的斗争——不仅是"产业民主"，而且包括整个社会结构其他层面上的民主。他当时认为，基督教具有社会公正的强烈命令，而教会埋没、忽视了社会公正，他的任务就是要发掘这项命令，使其重放光芒。三年以后，他进入康涅狄格州伯克利神学院。在那里，他勤奋地读书、思考，醉心于哲学，尤其是实用主义。

在伯克利神学院获得神学学士后，弗莱彻进入了耶鲁经济学院攻读经济史，随后赴英国伦敦经济学院做访问研究。在20世纪30年代美国经济大萧条时期，他抱着"与自己的人民一道分担萧条、失业、饥饿和恐惧"的爱国之心携家返回美国。最初他在北卡罗来纳州的一个初级大学执教，三年后转到辛辛纳提的一个教区作神职人员，一干就是九年，主要是对神学院学生和牧师进行社会培训。之后，他被辛辛纳提大学聘用，主讲"劳工史"和《新约全书》两课。由于他一向思想激进，常惹怒社会当局，被称为"危险分子"。他积极参与各种实际调查和社会活动，敢于直言和批判权势者，自称长期信奉马克思"理论联系实际"的原则，在20世纪30—50年代都"紧握社会主义的枪"。走上大学讲堂后，他更为活跃，也更有名气，多次深入美国的一些农场、工矿企业和学校演讲。1932年、1939年他先后被西弗吉尼亚大学和哈佛大学授予神学博士学位，并转任哈佛神学院社会伦理学教授，还曾到美国多所大学讲学。40年代他在波士顿大学讲学时还亲自给著名黑人领袖马丁·路德·金[①]上过

[①] 马丁·路德·金（Martin Luther King, Jr., 1929—1968），美国著名民权运动领袖。1963年得到肯尼迪总统的接见，要求通过新的民权法，给黑人以平等的权利；1963年在林肯纪念堂前发表了《我有一个梦想》的著名演说；1964年获诺贝尔和平奖；1968年前往孟菲斯市领导工人罢工后被人刺杀，年仅39岁（本书涉及有关对名人的简短介绍，如没有特别注明出处，均在一定程度参考了百度百科）。

好几门课。20世纪60年代初他当选"美国基督教伦理学学会"的第二任会长,1970年从哈佛神学院退休,不久又被弗吉尼亚大学医学院聘请为医学伦理学教授,直到1983年最后辞职。

弗莱彻长期从事宗教和道德问题研究,先后有过几次重点转移:20世纪20年代初步入伦理学领域,以社会经济和政治中的伦理问题为中心展开调查研究,30年代转向"行为科学",特别是心理学;40—50年代主要是由于出现了原子能和各种生态不平衡而"转向自然科学",研究科学的价值和对人的影响;70年代初又转向生命科学和医学伦理。但他最富成就的学术时代是在60年代,他的伦理学代表作《境遇伦理学——新道德论》(*Situation Ethics—The New Morality*)[①]于1966年出版。该著作的出版也是当时美国基督教新道德运动的产物。在西方的社会生活中,特别是在人们的精神文化生活中,古老的基督教思想和教义长期影响着人的道德意识和价值观念,束缚着人们的思想和感情,不变的宗教道德戒律仍被看作是社会通行的道德规范。随着西方社会经济、政治的变化和科学技术的发展,人们日常道德意识、价值观念的分裂、冲突也更为加剧。20世纪60—70年代美国及其西方社会出现了一系列新情况、新问题:声势浩荡的反战运动,二战以后形成的冷战格局所带来的敌对与隔膜,经济不景气及社会两极分化加剧,国内人权运动的兴起和争取种族平等的呼声之高涨,艾滋病、堕胎、安乐死、试管婴儿等生命伦理问题的出现……引发人们更多的思考。如何突破传统思想观念及其思维方法寻求解决这些社会问题的办法?于是,20世纪60年代的美国出现了基督教新道德运动,一些神学家和宗教思想家提出革新"正统"的宗教道德,建立一种适应现代社会需要及反映人的道德意识变化的"新道德"。弗莱彻的境遇伦理学正反映了西方社会的这一实际变化和需要,迎合了反对保守、僵化的教条主义的思想解放运动的要求。也正是在这种历史背景下,境遇伦理——这种面向生活实践,强调以人为中心,强调结合特定的境遇,强调行为选择要以"爱"为最高原则,通过"爱的计算"进行道德选择的思想方法与生活态度应运而生。境遇伦理之所以被弗莱彻称为"新道德论",就在于它不是把人变成既定原则和规范的奴隶,不完全

---

① J. Fletcher, *Situation Ethics: The New Morality*, The Westminster Press, Philadelphia, 1966.

以规范、原则为戒律和教条，而是一切从实际出发，从尊重人的自由、权利和尊严出发，从人要在具体的境遇面前成为自由、自觉并敢于负责的道德主体出发，以爱为准绳进行道德决断（道德决疑）。

境遇伦理是一种"基于境遇或背景的决策方法，但绝不企图构建体系"，"这种方法有多种名称：境遇论，语境主义，偶因论，环境论，甚至被称为现实论。当然，这些称号表明，它们所指称的伦理学的核心具有强烈的基本意识——'境遇决定实情'，这就是说，在良心的实际问题中，境遇的变量应视为同规范的即'一般'的常量同等重要。"① 这和传统伦理学有点不太相同。传统的规范伦理学往往划定一套可作为我们行为依据的规则、原则，只要根据这些规则、原则我们便知道何为善、何为恶。然而，在现实生活中，由于许多不确定因素影响及事件的复杂性，道德原则、规则并不能解决一切，人们往往会遇到许多令人困惑的"道德难题"，即对某一问题，人们有相互对立的观点，且每一个观点的背后都有一定价值合理性的理由或者说有一定的原则、规则作为辩护的理由，很难进行偏向一方的道德选择。因此，常常使人面临一种"两难"的道德选择境地。由于境遇伦理是具有一定灵活性的实事求是的方法，故在解决"道德难题"方面具有一定优势。

境遇伦理的方法要求人们绝不可完全盲目地遵循既定的原则、规则，原则、规则是相对的而非绝对的，它需要在具体的境遇中进行检验、衡量。对于某个事件的道德选择、道德判断与道德评价，要根据行为者当时当地面临的具体境遇、根据影响道德抉择的诸多偶然因素，由行为者根据"爱"这一道德决断的最高准则做出决定。原则和规则是相对的标准、并非绝对的戒律，境遇方法的"变量"同道德规范的一般"常量"同等重要，甚至在特定境遇下应该把原则和规则置于从属地位。"境遇伦理学是乐于充分利用并尊重原则的，它把原则视为箴言而不是律法或戒律。我们可以称之为'原则相对论'。用前已提到的术语来说，原则、箴言或一般规则是探照灯，而不是导向器。……而境遇伦理学要求我们把律法置于从属地位，在紧急情况下唯有爱与理性具备考虑价值！"②

---

① 弗莱彻：《境遇伦理学》，程立显译，中国社会科学出版社1989年版，第3、19页。
② 同上书，第21页。

境遇伦理注重实际行动，而不光是原则、规则，这并不是不要原则、规则，而是把原则、规则放在特定的境遇下考量，是不是能用，如不能用，就要按照"爱"去行动。境遇伦理的宗旨是在特定境遇下做可能表示最大爱心的事，是一种具体境遇下实践者的道德。"境遇伦理学与其它某些伦理学不同，它是决定即做决定的道德，而不是在预定规则的手册中'查询决定'的道德。……它不是问'什么是善'，而是问'如何行善、为谁行善'；不是问'什么是爱'，而是问'在特定境遇下如何做可能表示最大爱心的事'。它注重实际（行动），而不是教义（某种原则）。它所关心的是按一定的信仰去行动。它是一种活动，而不是情感，是一种'活动分子'的道德。"①

弗莱彻是生命伦理学的开拓者之一。早在1954年他就发表了《道德与医学》② 一书，是生命伦理学的最早的专著之一。"该书在美国，其译本在非洲，亚洲和中东，都有永垂史册的风味。现今人们普遍认为，该书是60、70年代迅速赢得重要地位的新学科——生命伦理学（生物医学伦理学）的开创性著作。"③ 不仅是由于他的《道德与医学》一书，而且是由于他的理论著作《境遇伦理学》，使他在生命伦理学起步阶段甚为繁忙，成为该领域的"演讲家和著述家"，并在退休后成了弗吉尼亚大学医学院的第一位医学伦理学教授。"70年代初，出现了伦理学注意力的第四次转移，这次是转向生物科学或生命科学。其前沿阵地是医学伦理学，随后拓展为生物医学伦理学，后来成为'生命伦理学'。我不可避免地加入了这一领域的研究工作。"④ 在《境遇伦理学》中弗莱彻举的许多案例都涉及生命道德问题，如堕胎、输血、安乐死等，如何在这些境遇中做出符合爱的决断是其探讨的主题，这使其《境遇伦理学》和生命伦理学之间有着基于其后期的职业、爱好所决定的自然的联系。此外，他在70年代先后发表过《遗传控制伦理学》（1974）⑤、《人性：生物医学伦理学

---

① 弗莱彻：《境遇伦理学》，程立显译，中国社会科学出版社1989年版，第40页。
② J. Fletcher, *Morals and Medcine*, Princeton University Press, Princeton, 1954.
③ 弗莱彻：《境遇伦理学》，程立显译，中国社会科学出版社1989年版，第168页。
④ 同上书，第169页。
⑤ J. Fletcher, *The Ethics of Genetic Control*, Anchor Press, Garden City, 1974.

论集》（1979）① 等作品。

弗莱彻并不是一位地道的宗教伦理学家，他始终对正统基督教抱有怀疑和批判态度，并在后期放弃宗教信仰而"从神学伦理学家的基督教立场转向了世俗的、科学定向的道德哲学观"（参见《境遇伦理学》"中译版序言"）。这就是为何他的境遇论带有一种世俗化的特征，因为他认识到，"社会公正从基督教社会伦理学中不会得到重大帮助，教会决然开辟不了新的重要阵地。"② 教会自身的腐化使其公正性受到动摇，加之他所处年代的科学技术飞速发展，带来人们观念的变化和更新，因此，他转向世俗化的立场就不难理解了。

弗莱彻坚信："其一，美好的、合乎理性的世界与健全的社会是可能实现的；其二，民主原则对于一切经济、政治组织都是至关重要的；其三，我确信，热爱公正就意味着必须设法在个人自由与社会契约这两种价值取向之间求得平衡。"③ 理性的世界、健全的社会、民主、公正这些人生的基本信念确实支撑着弗莱彻走过了半个多世纪的风雨人生，在伦理学领域坎坷求索。他始终关注社会政治和经济状况，深入社会，热爱民众事业。他因反对战争、反抗权势而被指责为"早熟的"自由主义者和平等主义者。作为一位神学家，他又常常背离常规。作为一名社会思想家，他同情下层民众的生活，富有正义感，敢于冒犯传统教规，因之被斥之为有明显左翼倾向的宗教极端分子。他不仅敢于反对神学教条，主张"新道德"，而且毅然放弃神学信仰而转入当代生命伦理学这一前沿研究。这种勇于探索进取和积极创新的精神构成了他鲜明的学术风格和学术人生。

二 境遇论研究：回顾与反思

国内对境遇论的研究是从1989年由程立显翻译、中国社会科学出版社出版的弗莱彻《境遇伦理学》开始的，在此译著中以及程立显教授在《当代西方著名哲学家评传（第四卷道德哲学）》中最早对弗莱彻教授的

---

① J. Fletcher, *Humanhood: Essays in Biomedical ethics*, Prometheus Books, Buffalo, 1979.
② 弗莱彻：《境遇伦理学》，程立显译，中国社会科学出版社1989年版，第171页。
③ 同上书，第166页。

生平及其境遇伦理学进行了介绍和阐释。①

1992年清华大学万俊人教授在其专著《现代西方伦理学史》（上下卷，北京大学出版社）中第十七章对弗莱彻《境遇伦理学》进行专章梳理、介绍，他认为弗莱彻的境遇伦理学带有现代西方人本主义思想，表面上它打上了西方基督教的烙印，但却是一种不彻底的基督教神学伦理观，而实质内容却是地道的"非基督教伦理"的人道主义。境遇伦理所关注的重点既不是过去时，也不是将来时，而是现在进行时；在具体的境遇下，行为的选择不能机械地按照原则或规范，而是以爱作为最高的价值和原则来衡量行为的道德性。"境遇伦理学要求的道德决定是以爱和境遇为基础的创造性行为，而不是以律法或原则为依据的被动遵从。"②

2000年湖南师范大学唐凯麟教授主编的《西方伦理学名著提要》将弗莱彻《境遇伦理学》收入其中并作了专章介绍，肯定了其"名著"地位，他认为"《境遇伦理学》是其最富代表性的著作，该书系统地论述了基督教境遇伦理学，在现代基督教神学界产生了重大影响，引起了世界性的轰动，至今已被翻译成十余种文字，行销世界各国。"③

2004年由孙慕义教授主编的全国高等学校医学规划教材《医学伦理学》第三章的作者边林教授认为，现代西方伦理学很多学派的伦理学理论与医学伦理学之间的关系有一定的间接性，但是境遇伦理恰恰与医学伦理学的关系很直接。这种"直接"，一方面表现在境遇伦理的创始人弗莱彻本身就是一个著名的医学伦理学和生命伦理学家，他几乎与创建境遇伦理学的同时完成了几部医学伦理学和生命伦理学的著作，这些著作不仅应用了境遇伦理的许多理论，而且他的《境遇伦理学》中同样运用了大量的医学道德实例来说明境遇伦理的"实用原理"和"爱的命题"；另一方面这种"直接"表现在境遇伦理学与医学伦理学产生的社会和科学背景是完全相同的，即越来越多元化的社会和科学技术飞速发展，特别在生命科学和医疗卫生领域更是如此。在一定意义上可以说，境遇伦

---

① 石毓彬、程立显、余涌编：《当代西方著名哲学家评传（第四卷道德哲学）》，山东人民出版社1996年版，第417—457页。

② 万俊人：《现代西方伦理学》（下），北京大学出版社1992年版，第555页。

③ 唐凯麟主编：《西方伦理学名著提要》，江西人民出版社2000年版，第617页。

理学的形成与解决现代生命科学技术发展带来的一系列医学伦理和生命伦理中的道德难题遇到的许多困难和矛盾有直接的关系，这时"境遇主义伦理学力求在宗教伦理和世俗道德之间找到一种契合点，构建新的伦理方法和规则来缓和和解决这些前所未有的道德难题。……在一定意义上讲，境遇主义伦理学就是为诸如医学伦理学和生命伦理学这样学科来构建一般伦理理论和道德规则的。"① 孙慕义教授认为弗莱彻对生命伦理学的创立做出了重要贡献，他称约瑟夫·弗莱彻是"生命伦理学的掘井人……弗莱彻对医学职业范围内被广泛接受的伦理学理论发起了挑战，例如医生应该对患者保留令人不快的病情真相这一古老的信念。他更经常的是对广为接受的罗马天主教伦理学家的教义提出质疑，不管他怎样赞美天主教'勤勉而精微的分析'工作，他对天主教反对绝育手术、避孕、人工授精和安乐死一直进行批驳。他认为他们的训诫和教诲束缚了科学家和人类的自由。弗莱彻为病人争取正当的权利并非针对医生，更多的是反对伦理神学家们消极和无用的教条。"②

2007 年徐向东教授在其专著《自我、他人与道德》附录中对"生命伦理学在美国：兴起、发展和问题"进行了探讨。他认为当生命伦理学在 20 世纪 70 年代期间开始出现的时候，最先进入争论舞台的就是神学家。当生物医学科学技术飞速发展以致不可避免地导致一系列有关人的本质、尊严和价值的问题的时候，便为他们敏感的神学意识提供对这些问题进行审视和反思的契机。"弗莱彻把'责任'、'自由'和'选择'等概念与他从杜威、詹姆斯和密尔那里接受的影响结合起来，提出了所谓的'境况伦理学'（situational ethics），其核心的思想是：除了行动者自己的意图之外，只有一个实际境况的特点才能决定任何行动的道德正确性。……弗莱彻是一个'清淡的'神学家，不拘泥于对《圣经》的严肃解释，从'上帝就是爱'的观念中迅速进入一个个人主义的、境况论的伦理观点，而那个观点显然是人文主义的和功利主义的。"③

---

① 孙慕义主编：《医学伦理学》，高等教育出版社 2004 年版，第 31 页。
② 孙慕义著：《后现代生命神学》，台湾文锋文化事业有限公司 2007 年版，第 179—180 页。
③ 徐向东著：《自我、他人与道德》，商务印书馆 2007 年版，第 913、916 页。

在一些学术期刊上，一些学者也对弗莱彻的境遇伦理学进行了研究。例如，王海明教授在2004年第2期《思想战线》发表的"论伦理相对主义与伦理绝对主义"一文中认为，境遇伦理学也是典型的道德绝对主义，用他的话来说，是一种新康德道德绝对主义。因为康德就认为道德就其真正的本性来说是绝对的，这种绝对道德表现为一系列道德原则，如责任、诚实等；而境遇伦理学所表现的绝对道德或绝对的规范只有一条，那就是"爱"："只有'爱'这一戒律是绝对的善"、"爱是唯一的规范"。这样，一切伦理行为的判断标准取决于行为在该境遇下是否符合"爱"的计算。①

国外学者对境遇伦理学的研究较多。美国学者L.J.宾克莱认为，约瑟夫·弗雷彻（即约瑟夫·弗莱彻）是从境况的观点对伦理学进行探索的最为人熟悉的提倡人，他的立场的主要倾向是强调个人行为的特殊境况而不是道德行为的任何一般的或简明的规则；境况伦理学非常强调纯粹的基督教仁爱思想，在一定的境况中，应该以仁爱之心关心所涉及的人；在作出道德决定方面，一般有三种主要的态度：守法主义态度（"主张必须遵守道德规则——它们就是绝对的法律"）、反守法主义或存在主义（参见本书第三章第二节第一目注释）态度（"在任何伦理的抉择方面并没有什么指导路线可循，因为每一种境况都是独特的，所以每一个人在每一种情况下都必须作出一种新的决定"）和境况论的态度。他主张的境况论的态度"介于其他两种态度之间，但归根结蒂则更接近于存在主义一边而不是更接近于守法主义一边"。②

美国学者Albert R. Jonsen把约瑟夫·弗莱彻排在生命伦理学三位创立者的首位（另两位是：Paul Ramsey & Richard McCormick）；他认为③，弗莱彻的境况论，关注的是人的需要，把强调特殊的环境、具体问题具体分析作为伦理学的中心议题。当一个人在面临行为选择时，要按具体的境遇而定，并且行动者的意图直接在爱的支配下，其行为才有道德合

---

① 王海明：《论伦理相对主义与伦理绝对主义》，《思想战线》2004年第2期。

② L. J. 宾克莱著：《理想的冲突——西方社会中变化着的价值观念》，马元德等译，商务印书馆1983年版，第322页。

③ Albert R. Jonsen, *The Birth of Bioethics*, New York, Oxford University Press 1998, pp. 41 - 42, 45 - 46.

理性；另外，他还认为，弗莱彻是一位"行动功利主义者"（参见本书第三章第三节第四目注释），因为衡量"一个行为对错的标准还要看在具体情境中通过爱的计算，其行为的结果是否将增进人类的总体的福利"，"正确的标准就是最人道的、最有助于增进人的福利和幸福，它建立在爱的关怀的基础之上"。显而易见，这种伦理决策的形式明显受到功利主义和结果论的影响。

美国学者 Raymond S. Edge 和 John Randall Groves 认为弗莱彻境遇伦理学是功利主义的表述形式，"他认为'好的行为'是大爱（agape），即定义为对人类的爱或普遍的良好意愿。……人类需要确定什么是合乎伦理的、什么是不合乎伦理的。如果一项行为帮助了他人，它就是一项好的行为；如果它伤害了他人，就是坏的行为。"[①]

托马斯·A. 香农认为，20 世纪 60 年代中期，是约瑟夫·弗莱彻（Joseph Fletcher）把境遇伦理学的理论普及开来，境遇伦理学要求我们认真思考实现自己伦理信念的意义，这或许是许多后果论变种中最著名的一种，结果论将主张，一个人光行善是不够的，也必须知道在许多可能的善行中，哪种是最佳的，并因此成为正当行为基础的善。他认为，"境遇伦理学强调的只是去做产生最佳或更好后果的行为，但是它并没有建立起一个用来判断或分辨后果的标准。"[②]

概括以上对境遇论的研究可以发现有以下特点。

（1）从道德相对主义（参见本书第四章第三节第二目注释）和道德绝对主义的角度解释境遇论。认为道德相对主义是弗莱彻境遇论的一大特色，即必须把人们的道德行为及其评价置于具体的境遇之中来加以认识和理解，以基督教的爱作为行为最终决定的标准或绝对的标准，而不是完全根据一成不变的原则进行道德选择或判断。在这里，具体的境遇是相对的，而道德判断的标准"爱"是绝对的，因此，它又带有道德绝对主义的特点，这是相对中的绝对。这从万俊人教授的著作《现代西方

---

① 雷蒙德·埃居（Raymond S. Edge）、约翰·兰德尔·格罗夫斯（John Randall Groves）：《卫生保健伦理学——临床实践指南（第2版）》，应向华译，北京大学出版社与北京大学医学出版社2005年版，第32页。

② [美]托马斯·A. 香农：《生命伦理学导论》，肖巍译，黑龙江人民出版社2005年版，第4页。

伦理学》、王海明教授的"论伦理相对主义与伦理绝对主义"一文都可以找到这样的观点。

（2）从功利主义或结果论的角度解释境遇论。认为境遇论借用功利主义的利益、效用的大小作为价值大小的衡量依据，采用的是一种经验主义（参见本书第二章第三节第二目注释）的方法，强调"最大多数人的最大利益"，在具体境遇下通过"爱的计算"进行利益的衡量和分配，计算如何使尽可能多地给最大多数的人带来最大的幸福，也就是说，衡量行为对错的标准要看在具体情境中通过爱的计算，其行为的结果是否将增进社会总体的福利。这从徐向东教授的专著《自我、他人与道德》、美国学者 Albert R. Jonsen 的专著 *The Birth of Bioethics*、美国学者 Raymond S. Edge and John Randall Groves 的著作《卫生保健伦理学——临床实践指南（第2版）》以及美国学者托马斯·A. 香农的《生命伦理学导论》等著作中都能够发现这样的解释。

（3）把境遇论作为生命伦理学的一种方法论。这不仅因为弗莱彻本人是生命伦理学的创始人之一，而且境遇论运用了大量的医学道德实例来说明其"实用原理"和"爱的命题"，说明了它和生命伦理学的紧密联系。这在孙慕义教授主编的《医学伦理学》以及徐向东教授著作《自我、他人与道德》附录中对"生命伦理学在美国：兴起、发展和问题"进行的探讨中都可以找到这样的阐释。

三 问题、主题与意义

弗莱彻的境遇论以爱为核心主题，以实用主义、相对主义、实证论和人格至上论为理论资源，并通过"六个基本命题"（参见第一章第一节境遇之爱）在"道德决断"中发挥作用，从而形成其方法论的基础。在这里，每一个研究、学习境遇论的人都会首先思考这些问题。

1. 如何进行爱的决疑？境遇论是一种"爱人"的伦理。它以爱为核心主题，在具体境遇中为爱做决定而不是为现成的原则、规范做决定；它并不仅关心个体的利益，还要关注他人和群体的利益，体现和弘扬人道主义精神的内涵和旨意——一种以人为本、以人为中心的世界观，一种爱护人的生命、关怀人的幸福、尊重人的权利与尊严的价值导向和精神追求。境遇论就是这种包含人道主义精神的"爱"的伦理学。这种爱是无条件的，因为其他一切律法、准则、原则、规范，毫无例外都是有条件的；这种爱是善的和正当的，因为它的指向是爱世人的，是博爱；这种爱是绝对的，但又要在具体的境遇中通过对相对性世界的把握予以实现。境遇论"并不是依照某种规则生活的体系或纲领，而是要通过爱的决疑法，努力把爱同相对性的世界联系起来。它是爱的战略。"① 爱的决疑就是"爱的计算"，计算在具体的境遇下能给相关各方带来最大利益的行动。这里的关键问题是：爱有计算标准吗？

2. 境遇论的相对主义如何把握？境遇论采用了相对主义的战术。"我们的战略是实用主义的，而战术则是相对主义的。……境遇论者正如避免祸患、避免'绝对'一样，也避免诸如'决不'、'完美'，'永远'和'完全'之类词语。"② 相对主义是一种拒斥确定性的理论学说，它否认存在终极的、确定的价值原则。老子在《道德经》开篇中的一句话"道可道，非常道；名可名，非常名。"就很好地说明了相对的原理。"道可道，非常道"是说，道理或者说是规律、方法是可以描述的，是可以认识的，但没有一成不变的道理，也没有在任何地方都适用的道理。"名可名，非常名"是说，对事物的性状是可以认识的、描述的，但描述不是一成不变的，是要根据具体情况而定的。老子这里旨在说明事物是互相对立而存在的、相生的，一切事物都有对立面，一切事物都在相反的关系中产生，相生相成，彼此互补。因而一切事物及其价值判断，也不断地在变动中。境遇论的相对主义战术意味着道德判断、道德选择的标准并非是绝对的，而是相对于特定的境遇或背景，甚至说是相对于特定的文化、历史进程中的，"道德相对主义者声称，道德判断乃是包嵌在特定的文化、历史、概念背景之中，道德原则的有效性和权威性是相对于这样一些语境而论的，因此，并不存在所谓'普遍有效'的道德真理。"③ 但弗莱彻主张的相对主义是"以爱为核心主题的相对主义"，是"有限的相对主义"，因为境遇伦理学并非完全排斥原则、规范，而是乐于充分利用并尊重原则，它把原则视为箴言而不是律法或戒律，它所秉持的是一

---

① 弗莱彻：《境遇伦理学》，程立显译，中国社会科学出版社1989年版，第20—21页。
② 同上书，第32—33页。
③ 徐向东著：《自我、他人与道德（上）》，商务印书馆2007年版，第44页。

种"原则相对论"的立场。实际上，在当今多样性文化背景下，由于社会因素的复杂性，使得不同文化所体现的道德原则与规范不一，即使在同一个文化环境下，这些道德原则与规范也无法教给人们所有具体场景下的具体道德行为选择方案，这就需要具体问题具体分析，以爱为价值导向进行行为的道德选择。这里的关键问题是：在具体境遇中，何种情况下需要依照原则行事？何种情况下不需要依照原则而是依照爱行事？

3. 公正和爱如何统一？公正是什么？弗莱彻认为，公正是爱的现实化形态，是爱的本质的体现。"爱同公正是一回事，因为公正就是被分配了的爱，仅此而已。"[①] 他进一步解释道："公正就是开动脑筋，计算责任、义务、机会和财源的基督教的爱。……由于爱的伦理学认真寻求一种社会政策，爱就要同功利主义结为一体。它从边沁和穆勒那里接过来'最大多数人的最大利益'这一战略原则。……它运用了功利主义的程序原则——利益分配"[②]。也就是说，弗莱彻借用了功利主义的理论资源和利益分配原理，期望通过"爱的计算"，开动脑筋，计算责任、义务、机会和财源来达到分配的公正，以实现"最大多数人的最大利益"战略原则，如此，公正和爱就达到了统一。这里的关键问题是：如何计算？或者说有无一定的计算方法？

4. 境遇论为何能成为生命伦理学的一种方法论？生命伦理学是对生命科学和卫生保健领域内的人类行为进行系统的道德哲学研究，它重点关注的是人的生命本质、价值与意义的伦理问题，"生命伦理学在某种意义上就是'伦理生命学'，它应是这样一门学科：对人的生命状态进行道德追问；对生命的终极问题进行伦理研究；对生命科学技术进行伦理裁判与反省；对生命、特别是人的生命的本质、价值与意义的道德哲学解读。"[③]

随着生命科学和医疗卫生保健事业的发展，该领域产生的伦理难题越发多样化、复杂化，为了解决这些难题，生命伦理学应运而生，这就决定了它应该是以"问题"为取向的伦理探究，涉及行为应该如何做的

---

① 弗莱彻：《境遇伦理学》，程立显译，中国社会科学出版社1989年版，第80页。
② 同上书，第77页。
③ 孙慕义：《汉语生命伦理学的后现代反省》，《自然辩证法研究》2005年第5期。

方法。作为一种伦理学的方法，境遇论"虽然不排斥'做人'的伦理道德或美德伦理学，但重点放在探究行动的规范应该做什么、不应该做什么和应该如何做。这种规范不限于在个人层次的行动，而且也约束在结构层次的行动，包括政策和法律的制定和实施。这种伦理探究以问题为取向，而不是致力于建构体系。不管通过什么途径获得对伦理问题的解决办法，必须对所获得的解决办法进行伦理论证，提供支持这种解决办法的理由，而且必须讲究推理。"[①]

传统的伦理学的理论形态主要有德性论、功利主义、道义论等，这些也是生命伦理学的理论形态和方法论。境遇论如果要成为生命伦理学的一种方法论，就需要从境遇论与生命伦理学的关系中找到答案。

针对上述问题，本研究期望从以下研究主题中展开并找到答案。

1. 弗莱彻境遇论产生的背景，也就是说境遇论的方法论资源从何而来？

2. 境遇论作为一种决策方法是如何通过爱进行"道德决断"的或者说爱在"道德决断"中如何发挥作用的？在特定境遇下如何进行"爱的计算"？在具体境遇中当原则、规则彼此相冲突时是如何平衡或选择的？

3. 境遇论和生命伦理学的关系及其应用问题，即生命伦理学依赖的主要理论及其面临的困惑和原因分析？为什么生命伦理学需要境遇论作为一项重要的方法论资源？境遇论与生命伦理学的联结点在哪里？境遇论与卫生保健公正的关系？在临床或从事公共健康活动中遇到的道德难题如何用境遇论进行合理的辨析？等。

研究弗莱彻的境遇论到底有何价值或意义？

1. 境遇论以爱为核心主题，在具体境遇中体现爱的精神、为爱做决定而不是以现有的原则、规范做决定，它是一种"爱人"的伦理与哲学，这与我国积极进行的"和谐社会"建设无疑是相吻合的。

2. 境遇论强调的"爱"在某种程度上说更是为他的，强调在具体的境遇中不要只关心个体的利益，更要关注他人和群体的利益，这与中国特色社会主义的文化是一致的。

3. 境遇论采用的"有限相对主义"的方法有利于我们对不同文化采

---

① 邱仁宗：《21世纪生命伦理学展望》，《哲学研究》2000年第1期。

取宽容的态度。只有对不同文化抱有宽容态度,才能博采众长、兼容并蓄,才能使本民族的文化进一步丰富、发展和弘扬。

4. 境遇论强调的"具体问题具体分析"的方法与我国长期提倡的"实践是检验真理的唯一标准"有异曲同工、不谋而合之处。实际上,当今多样性文化背景下,由于社会因素的复杂性,使得不同文化所体现的道德原则与规范不尽相同,即使在同一个文化环境下,这些道德原则与规范也无法教给人们在所有具体境遇下如何选择道德行为。特别在原则、规范空白的情况下,只有在实践中,根据具体问题,在爱的情愫中,采取能给相关各方带来最大利益的行为。

5. 境遇论的一个基本命题——"爱就是公正",把爱与公正联系了起来,这对于我国走在实现"小康社会"的征程中如何实现更加公正、平等的社会具有一定的现实意义和启示作用。在走向小康社会的征途中,不同主体之间有不同的利益需求,会产生不同的利益冲突,时常会面对鱼和熊掌不可兼得的境遇,这时就应该进行爱的计算,而不能用平均主义的方法简单解决。因为平均主义并不一定是爱,爱甚至是某种优先,它优先满足那些需要更为迫切的人(特别是在医疗卫生领域,其服务对象——患者——是弱势群体),爱又是通过计算实现利益的最大化,为多数人服务。爱往往是优先和平均的协调和统一,这样才能达到其实现社会公正的价值目标和理想。

境遇论与生命伦理学具有密切的联系。因为,弗莱彻既是生命伦理学最早的开拓者之一,又是境遇伦理学领域较早的开拓者和理论创新者。而且,还与以下因素有关:①生命伦理学关注的主题是人的生命本质、价值与意义,它以问题为取向而不是致力于建构体系,而境遇论也是"基于境遇或背景的决策方法,但决不企图构建体系。我要高兴地重复F. D. 莫里斯关于'体系'和'方法'的见解。他认为两者'不仅不同义,而且正相反:一个指出同生命、自由、多样性最不相容的东西;而另一个则指出同生命、自由、多样化的存在所离不开的东西'。"①②在当代中国,医疗公正问题是一项迫切需要面对和处理的问题,境遇论能够带来哪些帮助?当今世界科学技术的发展日新月异,如何避免技术的异

---

① 弗莱彻:《境遇伦理学》,程立显译,中国社会科学出版社1989年版,第3—4页。

化？特别是生命科学技术的应用所遇到的道德难题，如何通过境遇论进行合理的辨析？这些问题，我们亦可以从弗莱彻的境遇伦理学中寻找到许多有益的启示。境遇论展示的"爱同公正是一回事"这一基本命题，和医疗卫生领域实现医疗公正这一爱的价值目标是一致的；③境遇论体现和弘扬了人道主义精神的内涵和旨意。"弗莱彻的基督教境遇伦理学强调人是它的中心，爱是它的唯一的最高原则。……境遇伦理学使人而不是物成为关心的中心，责任是对人的，而不是对物的，是对主体的，而不是对客体的。……境遇伦理学的实质是把绝对的原则——爱，与境遇的估计和行动的选择结合起来。"① 这在今天对于树立"以人为本"的医疗卫生服务理念、在医疗实践中通过爱的决疑来发扬医学人道主义的精神也有重要的启迪和推动作用；④弗莱彻在其《境遇伦理学》一书中举了许多案例表明了与生命伦理学的紧密联系。例如，"一位负责急诊的住院医生要做出这样的决定：是把医院的最后一点血浆用于抢救抚养三个孩子的一位年轻母亲呢，还是用于抢救贫民区的一位老年醉汉？在这种境遇中，他认为偏爱母亲是最富于爱心的决定，因而也是最为公正的决定。"② 为何他会做出这种选择呢？这是通过"爱的计算"得到的答案。弗莱彻认为"爱必须做出计算，爱就是某种优先"③，这种计算就是一种认真负责的、考虑周全的和小心谨慎的态度；这种优先就是在最大可能的范围内优先照顾最大多数人的利益和优先照顾弱者的利益；⑤境遇论的"有限相对主义"的方法也有利于在当今多样性文化背景下对生命科学技术的发展采取宽容的态度具有积极意义。

---

① 弗莱彻：《境遇伦理学》，程立显译，中国社会科学出版社1989年版，"前言"。
② 同上书，第79页。
③ 同上。

第 一 章

境遇论之内容、方法与特征

境遇论作为一种道德选择方法，其目的就是教给人们在具体的境遇或背景下如何进行道德选择。因此，有必要探究这种道德决策（道德决断）或道德选择其方法论基础包括哪些内容？作为一种方法论它究竟运用的是何种方法？其特征表现在哪些方面？

第一节 境遇之爱

境遇论的方法论基础究竟是什么？对此，弗莱彻提出了"爱是唯一永恒的善""爱是唯一的规范""爱同公正是一回事""爱不是喜欢""爱证明手段之正当性""爱当时当地做决定"这六个境遇伦理的基本命题作为其内容，一方面说明了爱的性质，另一方面告诉我们在具体境遇中如何把握爱、如何以爱的原则进行道德选择，或者说"爱"在"道德决断"中究竟是如何发挥作用的？六个基本命题体现了弗莱彻"境遇之爱"的核心理念。

一 "爱是唯一永恒的善"

"这个命题从价值论的角度阐述上帝之爱，其含意是：上帝之爱永远是善，其内在特性就是善；其他一切事物都不具有内在善的价值。"[1]为何"爱是唯一永恒的善"呢？一个重要的原因是：爱是上帝的属性（上帝为

---

[1] 石毓彬、程立显、余涌编：《当代西方著名哲学家评传（第四卷道德哲学）》，山东人民出版社1996年版，第437页。

了拯救人类,将耶稣钉于十字架。十字架上的上帝之子受难是上帝之爱的明证)。

(一)"爱是上帝的属性"

上帝具有唯一、无限、永恒、公正、仁慈的特性,是爱的化身。"只有对上帝而言,爱才是其属性。这是因为上帝就是爱。"[1] 而人具有众多、有限、短暂的特性,人是上帝按照自己的模样创造的,人是上帝的造化,因此,人就要执行爱的命令——按照上帝那样爱人——爱世人。因为,只有通过爱,人才能更好地生存与发展,才能通过一代又一代人的不断努力、传承,将人的有限、短暂变为无限、永恒。

上帝之爱的最高表达方式乃是为了救赎人类而献上自己的独生子耶稣基督。上帝之爱不是一种回应,而我们对他人和上帝的爱往往是一种回应。"爱永远是善的"[2],爱就是善,上帝就是善良的标准、是完全善良的存在,上帝是爱或善的化身,爱或善是上帝的属性。

弗莱彻的境遇伦理(境遇论)也是爱的伦理:继承了基督教伦理爱的传统,以基督教的"爱"为价值目标。一般而言,价值是以需要和目的为指向的,基督教伦理是以是否满足上帝的需要和目的为价值依归或价值指向的,而上帝的需要和目的就是"爱",故爱或善就是唯一、永恒的了。

(二)"只有爱是内在的善"

某个事物有价值是因为它是为人的(上帝的需要和目的是"爱",故上帝之爱也是为人的),因为只有人才是价值评价的主体。爱是为了人、帮助人的,爱使人成长、使人与人和谐,因此,爱是有价值的。而且"价值存在于精神与环境的交互作用之中,但始终具有这样的性质——精神在环境中发现了满足自己需要的客观事物。"[3] 也就是说,爱是人与环境的交互作用中产生的一种满足自身需要的东西。通俗地说,爱是满足人的现实需要的情感与行为,它是人与人互动过程中产生的,这种互动

---

[1] 弗莱彻:《境遇伦理学》,程立显译,中国社会科学出版社1989年版,第49页。
[2] 同上书,第47页。
[3] 坦普尔:《思想与行为中的基督教》,转引自弗莱彻《境遇伦理学》,程立显译,中国社会科学出版社1989年版,第45页。

还包含了客观环境的影响。爱是有价值的还体现在：爱是付出、不是索取，爱是生命不竭的动力，爱具有恒久性、普遍性和客观正确性的特性，其"本身"是值得人们欲求的，是善的。由于没有其他的东西本身是值得人们欲求的、是善的，爱就成为唯一内在的善了。没有任何原则、规则其本身就是善的，但"只有一样东西永远是善的和正当的，不论情境如何都具有内在的善，这就是爱。"①

从表面上来看，爱、善、仁慈的对立面似乎是恶意、恶毒与恨，"只有爱是内在的善这一命题的另一面，当然可以说是只有恨是内在的恶。如果说我们始终有责任去干的唯一的事是亲善，那么，我们始终不得为之的唯一的事便是恶意。亲善的同义词是'仁慈'，……仁慈的反面是恶毒。"② 但是，弗莱彻却认为，"爱的真正对立面其实不是恨，而是冷淡。恨尽管是恶，但毕竟视世人为'你'，而冷淡却把世人变成了'它'——物。所以，我们可以认为，实际上有一样东西比恶本身更坏，这就是对世人的漠不关心。"③ 但无论是恶意、恶毒与恨，还是冷淡都是不正当的，弗莱彻坚信"凡仁慈的就是正当的，凡恶毒的或冷淡的就是不正当的。"④

"唯一具有内在性质的价值只有爱。因为只有以上帝之爱为目的，才能真正导向以人为中心而不是以原则为中心的道德价值观。"⑤ 在特定的境遇中进行道德选择时，坚持原则相对性和爱的绝对性，这样才能体现"境遇之爱"的道德要求，才是爱与善的有机统一。

（三）"爱是友好待人的"

"一切伦理学的最基本的问题是'价值'"⑥，但价值判断的标准是什么呢？弗莱彻认为"在基督教境遇伦理学中，任何东西自身都不会自行具有什么价值。事物之获得价值的唯一原因，是它恰巧帮助了人（因而为

---

① 弗莱彻：《境遇伦理学》，程立显译，中国社会科学出版社1989年版，第47页。
② 同上书，第49页。
③ 同上书，第50页。
④ 同上。
⑤ 万俊人著：《现代西方伦理学史（下卷）》，北京大学出版社1992年版，第562页。
⑥ 弗莱彻：《境遇伦理学》，程立显译，中国社会科学出版社1989年版，第44页。

善）或伤害了人（因而为恶）。"① 可见，境遇论对价值大小的判断取决于事物（在这里，事物可理解为人的行为或者更进一步理解为行为的结果）对人的利害而定，如果帮助了人就是善的、就体现了爱、就符合上帝的需要和目的，如果伤害了人就是恶的、就背离了上帝的需要和目的。在这里可以看出，境遇论是以功利主义或者说结果论的标准作为价值大小的判断的。

境遇论带有这样的观点，即"爱"是和人相联系的、是为人的，"它是关心世人的、友好待人的，而不是自私自利的、有所选择的。"② 友好待人（世人）体现了爱、善与仁慈，它是有价值的。而价值总是指向人的，而不是其他绝对的独立存在物。"人（persons）——上帝、自我、世人——既是价值的主体，又是价值的客体，他们确定事物是有价值的，并确定事物对某人有价值。"③ 也就是说，人是价值主体和价值客体集于一身的存在者。这里的人（persons）既包括上帝（God，人是上帝按其原形造的）也包括一般人（human）。"'发现'价值者可以是神圣者（促成善的上帝）或是人（human）（评价事物的人）。"④

对事物或行为价值（善恶）的判断、评价还要因具体境遇而定，因为对善和恶的评价并非是事物或行为本身就固有的，而是随着境遇的变化而变化的。"善和恶都是事物或行为的非固有特性。善恶完全依境遇而定。在一种情况下属正当之事（例如借钱给一位其子女在挨饿、亟需用钱的父亲），在另一种情况下则可能不正当（例如借钱给一位其子女挨饿的父亲，而又明知他是个本性难移的赌徒或酒鬼）。"⑤ 而且，诸如"行为'本身'就是正当的"这样的话也是值得怀疑的，因为每一个行为都不是孤立的，而是处在连续的行为链条中的，每个行为都有前因后果，都是这个因果链上的一环，其正当性只能在具体的境遇中进行判断。"我们决不能说，违背一个人的意愿拿走他的东西就是错误的，因为这样一来势必谴责一切税收，也要谴责从杀人狂手中取走枪支的行动了。这些

---

① 弗莱彻：《境遇伦理学》，程立显译，中国社会科学出版社1989年版，第46页。
② 同上书，第84页。
③ 同上书，第46页。
④ 同上。
⑤ 同上。

行为都不算偷窃——偷窃永远是不正当的。不过高级权威认为，饥饿者可以偷窃面包以免饿死，因为生命比财物更有价值，倘若两者不能同时得到保护，应优先选择保护生命。因而，行为之正当性，几乎总是取决于该行为同境遇的关系。"① 行为的价值（善恶）判断、评价需要根据具体"境遇"下对人的"利害"而定，这也表明了境遇论的行动功利主义（以行为效果来确定行为是否正当的伦理学理论）的特征。

（四）"爱是我们实行的东西"

爱是为人的、帮助人的，但如何才能实现其为人、帮助人的价值呢？这就需要行动。"只有爱，倘能很好地实行，在每个境遇中就总是善的和正当的。爱是唯一的普遍原则，但它不是我们有（或是）的什么东西，而是我们实行的东西。我们的任务是要行动，以促成最大可能的善（即慈爱）。"②这就意味着：只有通过行动去帮助别人、关心他人、为他人做有益的事才能体现出爱，只有在行动中"尽最大可能"帮助别人、关心他人、为他人做有益的事才能促成——最大可能的善：慈爱。

道德判断或道德评价不能离开人的行动。帮助人或伤害人都是"行动"；帮助人是善的行动而伤害人是恶的行动；善的行动带来爱而恶的行动带来恨。"除了帮助人或伤害人，道德判断或道德评价是没有意义的。"③

弗莱彻认为"评价、价值、道德品质、善恶、是非——所有这一切都不过是论断，而不是属性。它们是'给予'的，而不是客观'实在'或自存的东西。"④ 也就是说，评价、价值、道德品质、善恶、是非等是人对人的行为的判断或"论断"，是人"给予"的判断或"论断"，而非是人本来就具有的固有属性，人的行动是动态的、境遇的，因此，对价值、善恶、是非等的评价必须结合具体境遇下人的行动来进行。

爱的实现需要在人的行动中进行判断和评价，"爱可能就是根据人的

---

① 坦普尔：《宗教经验》，转引自弗莱彻《境遇伦理学》，程立显译，中国社会科学出版社1989年版，第46页。
② 弗莱彻：《境遇伦理学》，程立显译，中国社会科学出版社1989年版，第47页。
③ 同上。
④ 同上。

行为和关系在境遇中如何形成的方式,对行为和关系所作的论断。"① 也就是说,爱只有在具体境遇中、在人与人的关系中通过对人的行为表现进行判断、评价或"论断"才能实现。

二 "爱是唯一的规范"

这个命题把"一切价值浓缩为爱"②,即要树立起这种价值观念——"为了爱而奉行律法,而不是为了律法而奉行爱。"③

(一)"仅仅接受爱的律法"

"十诫"(《出埃及记》20:2—17 和《申命记》5:8—21)既是基督教的教律,又体现其道德观。其中"最后六条,赞成子女的孝顺(尊敬父母),反对杀人(或:这是谋杀吗?)、通奸、偷窃、作伪证和贪婪。这些在更大程度上都是'道德'问题。"④ 但我们不能机械地遵循这些律法,而要在具体的境遇中,以爱作为最高原则来作出价值的判断和权衡。对这些律法,"境遇伦理学有充分理由视之为义务,但在某些境遇中可以违反其中任何一条甚至全部。我们最好抛弃律法主义者的律法的爱,而仅仅接受爱的律法,这样我们的境况就会更好。"⑤ "律法的爱"以律法为中心而"爱的律法"却以爱为中心。为此,弗莱彻举例解释到,"M.玛丽亚在贝尔森(Belsen)的纳粹集中营里自杀(安乐死是自杀的一种形式)又算什么呢?她选择了死于毒气室以替代年轻的犹太人女共产主义者。这位共产主义者是在巴黎郊区因穿越犹太人的地下逃跑线而被盖世太保逮捕的。战后,这个女子得以幸存下来,并成了基督教徒。玛丽亚仿照基督的'模范'牺牲了自己的生命。"⑥ 这是在爱的感召下的无私行为,如果严格遵循"十诫",反对杀人(包括自杀),玛丽亚就不会有这种献身精神。这是在当时的特殊境遇下接受爱的律法的典型案例。弗莱

---

① 弗莱彻:《境遇伦理学》,程立显译,中国社会科学出版社 1989 年版,第 49 页。
② 同上书,第 43 页。
③ 同上书,第 55 页。
④ 同上书,第 58 页。
⑤ 同上。
⑥ 同上书,第 59 页。

彻认为摩西①的第六条戒律提出的"勿杀人"在具体的境遇下"这条戒律应为：'勿谋杀'——谋杀即不正当的杀人。"②这就表明，不正当的杀人是不道德的和应受法律惩罚的，"勿杀人"的戒律需要在具体的境遇下进行判断才有意义。由于律法"把相对的东西绝对化"③，而境遇伦理恰恰是在具体境遇下把绝对的东西相对化，它是为了爱而奉行律法，而不是机械地奉行律法。进一步而言，"上帝之爱仔细地观察一切境遇因素，寻求邻人的最大利益。他们把律法从扼杀其生命的字面意义中解救出来，恢复其赖以存在的精神实质。"④也就是说，充分考虑各种境遇下的复杂因素、寻求邻人（在这里，邻人应该理解为他人或世人）的最大利益，这正是上帝之爱的充分体现。

（二）"自由是责任的另一面"

律法的动机和目的就是要准确清楚地指明你必须履行多少义务，而且把义务控制在一定范围或减少到最低限度，不会随时随地或经常地增加义务。这就会带来除法律之内的事照章行事而法律之外的事往往不闻不问的局面。例如，"一位妇女受到恶毒攻击，五十位邻人只是观看而不予援助，也不呼叫警察。一位农民为了使大火不祸及邻人财产，毁坏了自己的仓房，但邻人却不愿给予任何补偿。冷漠的过路人眼看着婴儿溺水而死。一位汽车司机眼见前面一辆汽车的轮子松动摇晃，却只是减缓车速，躲开碰撞的线路。"⑤之所以如此，他们可以心安理得地说，因为法律没有规定我的救助义务。法律为人们画了一个框框，为什么普通人要按照框框以外来行事呢？"按照原则，英美法律没有关于'乐善好施者'的条款（德国、意大利、苏联、法国是有的）。英美的原则是'休管闲事'，法律限制了你的义务，你只对你所做之事负责，而不对你应该做

---

① 摩西是纪元前13世纪的犹太人先知和民族领袖，旧约圣经前五本书的执笔者。他在犹太教、基督教、伊斯兰教等宗教里被认为是极为重要的先知，历史上没有谁能够像摩西那样，拥有如此众多的崇拜者。按照出埃及记的记载，摩西受耶和华之命，带领在埃及过着奴隶生活的以色列人，到达在今天约旦河与死海的西岸一带、被认为是神所预备的流着奶和蜜之地迦南，并写下《十诫》给他的子民遵守。

② 弗莱彻：《境遇伦理学》，程立显译，中国社会科学出版社1989年版，第59页。

③ 同上。

④ 同上书，第54页。

⑤ 同上书，第66页。

或能够做什么负责。这是自我中心和相互冷淡的谨慎,而同上帝之爱的进取性、探索追求性的谨慎适成对照。"①

"上帝之爱是给予的爱——非交互性的爱,是尊重世人的爱——'世人'指'每个人',甚至包括仇人。"② 上帝之爱的进取性、探索性、不断追求性、非交互性(或非对等性、给予性)和无私性就是要多为他人着想(甚至包括仇人)、多予少求(甚至多予不求)。这时,"爱"就突破了律法把义务控制在一定范围的限制,把义务增加到最大限度,使之尽可能完善,在每个境遇中都寻求善的最大化——一种"慈爱"的行动。因此,如果上帝之爱充满心中,爱变成为唯一的、真正的规范,就会使得人们在具体的境遇中扩大了道德选择和行动的自由,使得这种非交互性的给予行为可能在现实生活中逐步结出美丽的、善的最大化的"慈爱"花朵,但却相应地给行为者也带来了更大的责任,"按照上帝之爱,把爱理解为统帅,爱是唯一的规范,由此带来多大变化啊!我们多么自由、因而负有多大责任啊!"③ 的确,责任和自由是相伴而行的,自由是责任的另一面。"境遇论者将竭尽全力防止律法象普罗克拉斯提斯铁床④一般,给活生生境遇中的自由的人们强加以先定决断的体系。"⑤ 境遇伦理旨在扩大自由,随之而来的是责任的增加,但却是境遇论者乐于承担的。因为,责任的增加不仅换来了自由、换来了温情,更可能换来充满"慈爱"的理想社会的坚实脚步。

三 "爱同公正是一回事"

该命题表明了爱与公正的统一性,也是弗莱彻对如何才能使爱的原则得以实现的深刻思考。

---

① 弗莱彻:《境遇伦理学》,程立显译,中国社会科学出版社1989年版,第66页。
② 同上书,第63页。
③ 同上书,第64页。
④ 普罗克拉斯提斯系希腊神话中开黑店、拦劫行人的强盗。传说其店内设铁床两张,一张过长,一张过短。他劫人后使身高者睡短床,斩去身体伸出的部分,使身矮者睡长床,强拉其身使与床齐,直至气绝身亡。普罗克拉斯提斯铁床(Procrustean's bed),是僵化原则的代名词,比喻不顾客观规律、强制推行人为法则。参见弗莱彻《境遇伦理学》,程立显译,中国社会科学出版社1989年版,第42页。
⑤ 弗莱彻:《境遇伦理学》,程立显译,中国社会科学出版社1989年版,第68页。

(一) 爱与公正不能分离

"硬要把爱和公正分开，而后突出强调其中一个，这是不行的。……有个债台高筑的印度人，继承了一大笔财产。之后，他把财产送给了穷人，而不归还欠债权人的账。"①这位印度人对穷人的慷慨、关爱之举和同情、怜悯之心值得钦佩，但却忽视了债权人的利益，因为他继承了一大笔财产，并非是还不起。因此，对债权人而言显然是有失公正的。"这里的道德寓意是，如果博爱同公正有了冲突，那么博爱必成问题，因为博爱所做之事应比公正为多，而不比公正少。这当然是典型的反面教训。诚然，爱和公正不应当发生冲突。但其理由不在于一个应当高于另一个，而在于二者本是一回事，不可能不一致！那位印度人未能做到上帝之爱，因而是不公正的。"② 因为，"爱"的标准和指向是为世人，是对所有人的，是博爱，而公正也不应该指向个别人，而是尽可能地公平对待所有人。此案例告诉人们爱与公正是不能分离的，如果爱与公正分离就会造成这种只关心穷人的利益而忽视债权人利益的后果，就会造成对一方关心而对另一方不公正的情形。

弗莱彻又举例道，"由于人们把爱和公正分开，一位备受歧视、目睹千百万其他黑人受苦受难的人发出了这一呼喊。爱和公正一经分开，人们就能'爱'黑人而不给他们最起码的公正待遇！"③ 例如，给予生活困难的黑人以临时的生活救济，但却没有给他们提供就业机会或者在就业问题上不一视同仁、存在偏见。前者是爱的表达，后者却是不公正的表现。爱与公正没有统一，这就很可能使这些黑人产生对这些暂时的关心、施舍和援助的怀疑，他们更需要的是一视同仁、不受歧视，正如弗莱彻所言，很可能他们会发出这样的抗议呼声："让你的'爱'见鬼去吧！我们要公正！"④ 因此，一旦爱与公正分离就会使人们对上帝之爱的本意——爱世人（一视同仁）——产生曲解。那么，爱和公正究竟是何关系？"如果说爱就是为邻人追求幸福，而公正就是在邻人之间做到公平合

---

① 弗莱彻：《境遇伦理学》，程立显译，中国社会科学出版社1989年版，第72页。
② 同上。
③ 同上书，第74页。
④ 同上书，第74页。

理，那么，我们在行动中、在具体境遇中，该如何把两者结合起来？答案是：在基督教道德中，二者合而为一了。……爱就是公正，公正就是爱。"①

"R. 尼布尔②把爱和公正分开并使之成为二者择一的替换物，认为爱是超验的、办不到的，而公正是相对的、可能做到的。"③ 针对此观点，弗莱彻坚定地指出："与此不同，我们应当说，爱是最大的公正，公正是最适度的爱。……各种体系的基督教伦理学以同样的方式解释爱与公正的关系：爱对公正（对立），爱或公正（二者择一），爱和公正（互补）。但我们认为，爱是公正，或者说公正授爱，这是毫无疑义的。两者是一回事：要爱就得公正，要公正就得爱。"④

（二）"公正就是被分配了的爱"

爱与公正是一回事，在分配公正方面具有特别意义。"公正就是被分配了的爱"⑤，也就是说，爱要在（财富）分配中体现为公正。"上帝之爱是一切他人之所应得，应当付给各种各样的众多邻人，无论我们是否'认识'他们。公正就是解决这一难题的爱。"⑥ 这里的"付给"就是"分配"，因为上帝之爱是任何人都应得到的，这就涉到如何适当地、公正地分配财富问题。

如何才能公正地分配财富呢？对此，弗莱彻十分赞同奥古斯丁⑦的一句话"只有借助于高度的体贴慎重和周到考虑才能实施爱"⑧。这就是

---

① 弗莱彻：《境遇伦理学》，程立显译，中国社会科学出版社1989年版，第71页。
② R. 尼布尔（1892—1971）是美国著名的神学家。
③ 弗莱彻：《境遇伦理学》，程立显译，中国社会科学出版社1989年版，第75页。
④ 同上书，第74—75页。
⑤ 同上书，第80页。
⑥ 同上书，第76页。
⑦ 奥勒留·奥古斯丁（Aurelius Augustinus, 354—430），生于罗马帝国时的北非（现今的阿尔及利亚），欧洲中世纪基督教思想家，其上帝创世、原罪论、预定论、恩典论等广为流传，他的理论是宗教改革思想的源头。奥古斯丁认为，自人类祖先亚当、夏娃因罪（原罪）而被贬人间后，现实世界就被划分为两座城：一座城由按照肉体生活的人组成、是"尘世之城"，它满足了人的肉体欲望，是撒旦的领域，是异教徒的生活；另一座城由按照灵性生活的人组成，是"上帝之城"，永恒之城，它满足了人的精神需求，是上帝的"选民"预定得救的基督社会。
⑧ 奥古斯丁：《天主教道德》，转引自弗莱彻《境遇伦理学》，程立显译，中国社会科学出版社1989年版，第70页。

说，公正地分配财富首先需要体贴、慎重和周到考虑在财富分配中可能出现的各种矛盾和问题，并且进行妥善地处理，否则考虑不周、草率分配反而会造成更大的隐患和分配不公。他认为"奥古斯丁强调爱不仅要关心，而且在为邻人服务中要尽量小心而'勤勉'。慎重小心和爱不仅密不可分，而且就是一回事。这就是说，基督的爱和基督的慎重是一回事，因为两者都对他人充满同情。（自我中心的爱和慎重则完全是另一回事！）"① 这就表明了，如何被分配的条件之一就是高度地体贴、慎重和周到考虑，也就是在财富分配中既要关心又要勤勉，既要慎重、小心又要富于同情。

公正地分配财富还要考虑到分配的对象，即考虑到众人（所有人、世人）的利益，它不是"自我中心的爱"所要求的那种自我谨慎或小心算计（而不是小心计算），而是基于对世人之爱的同情、关心和给予。"公正就是给予每个人应得之物，我们又该如何计算、度量并在众人中分配爱的好处呢？作为'人'，我们都是社会中的个人。因此，爱之所及是多方面、多目标的，而不是单向的；是多元的，而不是一元的；是多边的，而不是单边的。上帝之爱不是一对一的事。（那就成了友爱和情爱。）"② 这种多方面、多目标、多元、多边的关系就是对世人的关系，就是一对众的博爱而非一对一的友爱和情爱。故爱与公正是与社会密切相连的。世人的利益或者说社会的利益、大众的利益是爱与公正的最终归属与目的。

公正地分配财富需要在财富分配行动的整个过程中都要进行"爱的计算"。"公正就是开动脑筋，计算责任、义务、机会和财源的基督教的爱。"③ 这就是说，"爱的计算"需要认真、细心地计算责任、义务、机会和财源等各种情况，以便进行综合考量。但要合理地做出计算，有时也很困难，特别是在面对或陷入良心困境（或称道德难题，即多种不同的理由均有其合理性，很难进行道德选择）的时候，"境遇论者同律法主

---

① 弗莱彻：《境遇伦理学》，程立显译，中国社会科学出版社1989年版，第70页。
② 同上书，第71页。
③ 同上书，第70页。

义者一样,常常陷入良心上的二难困境、三难困境和多难困境。"① 而境遇论就是要为人们解除这种良心困境,以求最大价值的实现。对此,弗莱彻主要采用功利主义的方法作为他"爱的计算"的理论依据。"由于爱的伦理学认真寻求一种社会政策,爱就要同功利主义结为一体。它从边沁和穆勒那里接过来'最大多数人的最大利益'这一战略原则。"② 以此来作为计算行为选择是否合适的参考标准。但上帝之爱和功利主义似乎存在相互排斥的现象,譬如,上帝之爱惠顾的是所有人,而功利主义惠顾的是最大多数人;上帝之爱希望在众人中分配爱的好处,而功利主义希望在最大多数人中分配爱的最大好处。似乎两者之间有不可逾越的鸿沟。其实不然,上帝之爱的实现是一种理想的"幸福"状态,而功利主义的实现却是现实的"幸福"状态;理想与现实的确存在着距离,但现实会在理想的引导下不断完善,最终靠近并实现这种理想的"幸福"状态。对此,弗莱彻认为:"我们不必坚持认为在上帝之爱和功利主义者所需要的'幸福'之间存在相互排斥的假说。一切取决于我们从中发现幸福的是什么:一切伦理学都是幸福伦理学。……境遇论者的实用方法,使他通过在最大的可能范围内追求邻人的好处而谋求自身幸福(连同快乐和自我实现!)。"③ 这句话意味着,如果我们能发现幸福的标准是什么,也就能找到两者其实并不存在什么绝对的差异。幸福究竟是什么?标准很难统一,人人都有自己对幸福的见解和标准。如果将上帝之爱和功利主义结合起来理解,增进和实现爱的最大利益就是幸福。无论是解释上帝之爱的基督教伦理学,还是功利主义伦理学,其最终目的都是有关幸福的伦理学,都试图找到达到幸福的途径与方法;境遇论也是如此,只不过它试图借用基督教伦理学和功利主义伦理学的理论和方法,并结合时代的发展和伦理学不断变化、创新的要求,从而试图找到达到幸福的途径与方法;基督教伦理、功利主义伦理和境遇伦理尽管殊途但却同归于人类对幸福的追求与渴望。

这样,通过在财富分配过程中的慎重、小心和同情,通过考虑众人

---

① 弗莱彻:《境遇伦理学》,程立显译,中国社会科学出版社1989年版,第77页。
② 同上。
③ 同上书,第77—78页。

的利益而非是少数人的利益,通过周全的计算,爱的内容更为丰富,爱也就成为公正了。因为"我们永远处于负有复杂责任的社会中,这就是要给予别人一切应得之物。在这种情况下,爱就不能不具有计算、小心、慎重和分配的属性。爱必须考虑到一切方面,做一切能做之事。"①

(三)"使法律公正尽可能地贴近道德公正"

公正是不偏私、正当(指人的行为的合理性和合法性)之意。公正既可以与道德相联系,又可以与法律相联系。弗莱彻认为公正有两种:法律公正和道德公正。法律是国家立法机构制定的人人都应该遵守的最低行为标准或被称为底线标准。法律公正是国家以法律规范的形式来调整社会关系以体现不偏私、正当的尺度和标准。道德公正指通过良心来调整社会关系以体现不偏私、正当的尺度和标准。道德公正范围较为宽泛,体现的是一种理想的和应然的状态;法律公正范围较窄,体现的是一种现实的和实然的状态。法律公正是道德公正的基石和保障,道德公正是法律公正的理想与目标。两者含义不尽相同,往往有时还会发生冲突。例如:"在梅尔维尔②的象征派悲剧小说《比利·巴德》中,克拉伽特撒谎指控比利参与了兵变计划,比利为此震惊得张口结舌,随即动手打了他,不料这一打竟使他丧命。谁都知道,比利是清白无辜的,且是迫于压力而打了人。舰艇军官在军事法庭上本来也会弄清比利是无罪的。但是,舰长维尔使军官们确信,他们的责任是实施法律的战争条款。法律规定:殴打上级军官的水兵应处以绞刑。于是,比利被绞死了。维尔是忠于法律的,却不忠于爱。但在蔑视爱的同时,他也蔑视了公正。只有法律得胜了。"③通过此例,弗莱彻意在说明在法律与道德相冲突之时,这种选择的"危险"就是法律被机械地执行而使撒谎者未能得到惩罚,法律被用来使自私动机(撒谎)合理化了,也就是利用法律为这种合理

---

① 弗莱彻:《境遇伦理学》,程立显译,中国社会科学出版社1989年版,第70页。
② 赫尔曼·梅尔维尔(1819—1881),19世纪美国最伟大的小说家、散文家和诗人之一。《比利·巴德》是其死后于1924年才被整理发表的遗作,讲述了青年水手比利·巴德的故事。梅尔维尔生前没有引起应有的重视,在20世纪20年代声名鹊起,被普遍认为是美国文学的巅峰人物之一。英国作家毛姆认为他的《白鲸》是世界十大文学名著之一,其文学史地位更在马克·吐温等人之上。
③ 弗莱彻:《境遇伦理学》,程立显译,中国社会科学出版社1989年版,第83页。

化进行了乔装打扮。尽管法律得胜了，道德却被蔑视，良心与爱被亵渎了。"法律公正（法）总有窒息或哄骗道德公正的危险。……或许，我们还应当提前尽力使之得到法院的重新解释，或者根据诸如不合宪法等理由扔掉它，利用立法机构修改它。但是，不论国家抑或国家法律，都不是境遇论者的上司，若遇冲突，境遇论者将作出有利于更高的爱的律法的决定。他不但要权衡局部的和较大范围的利益，而且要权衡眼前的和长远的后果。"① 境遇论者需要依据特殊的境遇进行爱的"权衡"或者说"计算"，以便采取给世人或社会带来最大利益的行动。

因此，在境遇论者眼中真正法律公正应当是充满爱的法律公正，"境遇论者承认，无论何时何地，只要法律和秩序增进爱的最大利益，那么，它们就不仅是必要的，而且确有好处。"② "爱和公正"与"法律和秩序"是互为前提的，境遇论者既需要爱和公正，也需要法律和秩序；法律和秩序应该在具体境遇中为爱和公正服务；法律既是义务又是自由，但无论在立法、执法和用法中都应该以爱作为基本原则。弗莱彻进一步认为，法律应该有一定的超前性——法律可以鼓励和灌输较高的行为标准。因为法律是一种指引和导向，它不是仅仅反映现存的道德习俗，而是培养和倡导更好的道德态度。这种超前性也是法律公正向道德公正靠拢的具体表现方式。既然道德公正是法律公正的基础和标准，就应该"使法律公正尽可能地贴近道德公正，这是法学、法律和立法的哲学、伦理学的任务。"③

四 "爱不是喜欢"

"这个命题使爱摆脱了感情化"④，它要告诉我们的是"爱追求世人的利益，不管我们喜不喜欢他。"⑤

（一）"爱是意志、意向、态度，而不是情感"

弗莱彻认为，爱是个态度问题，而不是感情问题。这个态度究竟是

---

① 弗莱彻：《境遇伦理学》，程立显译，中国社会科学出版社1989年版，第81—82页。
② 同上。
③ 同上书，第81页。
④ 同上书，第43页。
⑤ 同上书，第98页。

何种态度呢？他说:"我们可以坦率、通俗地说,基督教的爱就是要爱不可爱者,即爱不喜欢者。"①这就是一种态度——爱不可爱者或者说爱不喜欢者的态度。这是一种利他主义道德态度:为人的、奉献的,不管你喜不喜欢他（她）,不管他（她）是你的亲人、朋友,还是陌生人,甚至是仇人,也不管是否带来回报或者利益。对此,弗莱彻归纳了三种道德态度及其特征:"利己主义道德（性爱的）实际上是说,'我所考虑的一切就是我自己。'这是剥削态度的本质,是'使美国大兵临阵脱逃'的观点。互助论道德（友爱的）说,'只要我有所取,我就要做奉献。'我们都理解这种观点,因为它是友谊的一般动力。但是,利他主义道德（上帝之爱的）说,'我要奉献,不要任何回报。'"② 他通过将上帝之爱（或基督教的爱）与性爱、友爱进行了比较,来说明这个利他主义道德态度。"在性爱中,欲望是爱的原因;而在上帝之爱中,爱是欲望的原因。"③ 一个是欲望之爱,一个是爱之欲望,两者的区别显而易见。弗莱彻认为,"基督教的爱不是欲望。上帝之爱是给予的爱——非交互性的爱,是尊重世人的爱——'世人'指'每个人',甚至包括仇人④。上帝之爱通常不同于友谊爱与罗曼谛克爱（性爱）,后二者是选择性的和排他性的。……性爱与友爱都是情感的,而基督爱的有力原则是意志、意向,它是态度,而不是情感"⑤。这就说明性爱是由欲望首先发动的,而上帝之爱本身就是值得欲求的、是由爱而生的、爱先于欲望;性爱离不开感性（情感、感情、非理性）和本能,而上帝之爱离不开理性和教化;性爱是自我的、是交互性的即一对一的,而上帝之爱是为他的、非交互性的即一对多的、发散的,其欲望在于满足世人的需要而不仅仅是满足自我需要。性爱、友爱是选择性、排他性、情感性和交互性的,而上帝之爱并无选择性和排他性,它是给予的、无条件付出的,它是意志、态度而非情感。而意志就是抉择、就是权衡、就是理性、就是审慎的计算与思考,在特定境

---

① 弗莱彻:《境遇伦理学》,程立显译,中国社会科学出版社1989年版,第86页。
② 同上书,第90页。
③ C.奎克:《教义论》,转引自弗莱彻《境遇伦理学》,程立显译,中国社会科学出版社1989年版,第84—85页。
④ 参见《路加福音》,第6章第32—35节。
⑤ 弗莱彻:《境遇伦理学》,程立显译,中国社会科学出版社1989年版,第63页。

遇下，通过权衡、计算，以做出对他人、对社会产生大爱的行动。

爱是非情感化的、理性的，它是需要计算的（不是算计或斤斤计较），它是非交互性的、关心世人的、友好待人的、一视同仁的，而不是自私自利、有所选择的。"这种爱由于其对象不是交互性的、志趣相投的同类人，所以确是根本的爱。它对值得爱和不值得爱的人均予以一视同仁的爱。"① 既然爱是一视同仁的，就需要非情感化、需要慎重和同情，这里的"慎重"就需要理性和计算，这里的"同情"应理解为对世人的、由爱而导引的，是意动或意志的"情感"而非感情用事和情绪性的。

(二) "爱追求世人的利益"

基督教的爱超越了个别性而带有博爱和普世的一种价值，它追求世人的利益，也就是所有人的利益，而不管你是否喜欢这个人。"友谊、罗曼司、自我实现——所有这些爱都是互惠的。而上帝之爱则不然，它追求任何人的利益、每个人的利益。"② 追求世人利益的爱不是互惠的、相互的，它是不求回报的爱，尽管希望有所回报（或许是荣誉或精神的）。追求世人利益的爱是奉献和利他之爱，"它'献出'而不是'接受'"③，努力帮助别人、促成他人的利益得以实现。追求世人利益的爱不但要爱陌生人、熟人，甚至要爱仇人，正如我们爱友人一样，"不论我们是否喜欢他们，他们都是我们的邻人，都应得到爱。"④

这里需要解决的是"爱世人"和"爱自己"是何关系？"自爱总是自私的吗？总是同上帝之爱对立吗？……怎样才能'恰当地爱自己'？怎样把自我中心的自爱转变成为他人的自爱？……当自爱同爱世人彼此冲突时，我们该怎么办？"⑤ 对此，弗莱彻认为，"关心世人不但有为世人利益的方面，也有为自身利益的方面，不过其自身利益永远居于第二位。上帝之爱主要是尊重他人，但次要的可以是尊重自我。然而，即使考虑自我，也是为世人起见，而不是为自我。"⑥ 因为，基督教的爱就是上帝

---

① 弗莱彻：《境遇伦理学》，程立显译，中国社会科学出版社1989年版，第86页。
② 同上书，第87页。
③ 同上书，第88页。
④ 同上。
⑤ 同上书，第90—93页。
⑥ 同上书，第90页。

之爱，毫无疑问地指向上帝的造物，而我们每一个人都是造物之一，所以，我们既要爱自己，又要爱他人；由于上帝之爱是博爱，故自身利益必须首先服从于他人的利益。弗莱彻又引用克尔凯郭尔①的话"'爱人如己'的戒律意味着'你要恰当地爱自己'"②来解释这个原因。在弗莱彻看来不能爱自己就不能爱他人，不能诚实地对待自己就不能诚实地对待他人。而爱自己、爱世人、爱上帝三者是统一而不可分开的，自爱的前提是为上帝和世人而爱自己，这就是"恰当地爱自己"的含义。"爱的三个对象（上帝，世人，自我）把爱的善行统一起来了，而不把它分开。……自爱可能是正当的爱，也可能是不正当的爱，这取决于它所追求的好处及境遇。如果我们为自己而爱自己，那是不正当的；如果我们为上帝和世人而爱自己，则是正当的自爱。这是因为，爱上帝和世人就是恰当地爱自我；爱世人就是恰当地回报上帝之爱；恰当地爱自我就是爱上帝和世人。"③ 如此，自爱同爱世人就彼此不会发生冲突了，自爱就有了无上的崇高性，这就是"恰当"地爱自己，从而把自我中心的自爱转变成"为他人"的自爱。

五 "爱证明手段之正当性"

"这个命题陈述了手段与目的的关系"④。手段与目的是相互关联的，而且手段应当适合目的、应当适当和可靠，目的以表达爱作为出发点。

---

① 索伦·克尔凯郭尔（Soren Aabye Kierkegaard, 1813—1855）丹麦现代存在主义哲学创始人、后现代主义和现代人本心理学的先驱。他认为哲学研究的是个人的"存在"，起点是个人，终点是上帝，人生的道路就是走向天路的历程。尽管人的出生是被动的、命定的（性别、父母、兄弟姐妹等都不能由自己决定），但人可以利用自己命定的这种存在，去不断开拓，培育自己的气质、塑造自己的个性和过有意义的生活，从而创造自己的本质。故人是存在在前，本质在后，存在先于本质。故人与动物之别、人之所贵、人之所以为人，并非由于他有一个先天命定的存在（例如出生背景、家世、出身地位等），而是在于人在后天的发展中，有选择改造自己的本质的自由——选择做自己想要做的人、选择自己想要做的事——这就是人的自由意志的体现。人既是一种感性的存在（寻求快乐、自我、享乐等），也是一种理性的存在（比较严肃、尽责的人生、爱他人、合于社会道德的存在等），还是一种宗教性存在（祈祷和爱的生活、对神的自觉和崇敬、精神有所寄托的存在等）。

② 索伦·克尔凯郭尔：《爱的善行》，转引自弗莱彻《境遇伦理学》，程立显译，中国社会科学出版社1989年版，第91页。

③ 弗莱彻：《境遇伦理学》，程立显译，中国社会科学出版社1989年版，第93—94页。

④ 同上书，第43页。

(一)"唯有目的才可证明手段之正当性"

弗莱彻把苏格拉底①的名言"未经证明的生活是不值得过的"作了一下变通,认为"未经证明的道德准则是不值得奉为生活依据的。"② 就是说,道德准则是否正当,必须经过实践的证明符合人们的共同期待和价值标准,这种共同期待和价值标准就是目的即出于爱的考量。也就是说,道德准则必须被证明体现爱的目的才能奉为生活的依据。

不仅道德准则要出于爱的考量,而且行为的手段也要符合爱的目的。是否是道德行为要衡量该行为的目的与手段的关系,因为手段与目的是相辅相成、不可分离的,目的反映了人的需要、是人的行为指南,而手段是实现目的的方法、途径。从一定程度上说,手段不仅仅是目的的工具,而是实现目的的一个必要组成部分。"按照康德的意思,没有目的的手段是无用的,没有手段的目的是盲目的。两者是相互关联的。在任何行为过程中,都是行为之手段与目的的共存使得行为进入道德领域。"③ 也就是说,是否是道德行为需要同时审查该行为的目的和手段,因为两者是相互关联的。

而且,在目的与手段之间我们应该更加忠实于目的,或者说,手段应当适合目的,这样才是恰当的、才具有正当性。在弗莱彻看来,任何行为如果无有待实现的目的,都毫无例外是无计划的任意行为。"除非心目中有某种作为证明或证实行为之正当性的目的或目标,否则,我们所采取的任何行为都确实是无意义的——即非手段的、偶然的、纯属任意的和无意义的。……所用的手段应当适合目的,即应该是恰当的。如果手段是恰当的,它们就是正当的。因为在最终分析中,正是被追求的目的赋予所使用的手段以实际意义。目的确实证明手段之正当性。"④ 弗莱彻并非在此认为任何目的都能证明手段之正当性,目的也并非具有普遍

---

① 苏格拉底(Socrates,公元前469—前399年),古希腊思想家、西方哲学的奠基人。他认为哲学是爱智慧,强调人生的目的、善德和认识自己。作为雅典公民,最后被雅典法庭以侮辱雅典神和腐蚀雅典青年思想之罪名判处死刑,尽管有逃亡的机会,但他仍选择饮下毒堇汁而死,因为他认为逃亡只会进一步破坏雅典法律的权威,而一旦法律失去权威,正义也就不复存在。他用行动来告诉人们:法律只有被遵守才有权威,才可能有正义与秩序。
② 弗莱彻:《境遇伦理学》,程立显译,中国社会科学出版社1989年版,第99页。
③ 同上书,第100页。
④ 同上书,第99、101页。

性，它也是有条件的，这个条件就是符合爱这种唯一的内在价值。"我们都假定，有些目的证明有些手段之正当性。任何境遇论者都不会得出普遍概念！……如果情况需要，连'高价值的珍品'——无论是什么——也可以为了爱而售出。"① 弗莱彻在此要说明的是：手段之正当性的唯一衡量标准就是符合爱的目的。

（二）"表达爱的目的"

"任何事物的正当与否，均依具体境遇而定。……除了表达爱的目的，什么也不能证明行为的正当性。……爱可以证明一切事物的正当性。"② 也就是说，人的行为正当与否，采取的手段上既要以是否符合当时的环境条件（考虑各种境遇因素的影响）而定，同时在具体境遇中采取的手段必须表达爱的目的的行为才是正当的。对此，弗莱彻举例道，"一个未能婚配的单身女人，为什么尽管像寡妇一样没有丈夫，也不能借自然方法或人工授精而做个'单身母亲'呢？"③ 这里隐含的意思是，如果从"表达爱的目的"出发，他是赞同未能婚配的单身女人借自然方法或人工授精的手段而做个"单身母亲"的。他又举例说道："试比较一下未开化人追击拓荒者的两件事。（1）一位苏格兰妇女看出她的啼哭不止的患病乳儿，会把她的另外三个孩子以及整个群体暴露给印第安人。但她仍然抱着哭叫的孩子，最后他们全部被抓、被杀。（2）一个黑人妇女看到她的啼哭的婴儿对本团体有危险，使用双手掐死了婴儿，以确保悄悄地到达堡垒地带。哪位妇女所做的决定是正当的呢？"④ 显然，从"表达爱的目的"出发，在具体的境遇下他认为例（2）中黑人妇女的手段体现了正当性，从行动功利主义的角度来理解这种行动——因为只有这样才会产生最大的效果（最大多数人的最大利益）。因此，具体境遇下行为的正当性的标准是手段和目的的统一，即手段要符合爱的目的，"只有爱才是本质的、自然的善，离开爱所预见的结果，任何行为都不具有任何道德意义"⑤。而且，弗莱彻还认为"恶的问题"的产生也体现了"目的证

---

① 弗莱彻：《境遇伦理学》，程立显译，中国社会科学出版社1989年版，第100页。
② 同上书，第102—104页。
③ 同上书，第104页。
④ 同上书，第103—104页。
⑤ 同上书，第105页。

明手段之正当性"。"上帝提供恶是为了驱使人们上升到不经过努力、奋斗、牺牲便决然达不到的道德水准。这种上帝正义论的根据恰好是目的证明手段之正当性的观点!"① 这就说明了道德水平的提高是在人们努力克服恶的过程中展现出来的,而这种设计是上帝防止人类堕落的爱的表达。也就是说,人类同各种恶的情形做斗争的过程,其手段上也要体现爱的目的,而不能总是以恶制恶、冤冤相报。人类在同恶的斗争中不断成熟、成长,并获取了新的生存经验和动力;爱在人类同恶的斗争中得以产生、被理解与升华。

(三)"所有因素都要在爱的天平上得到平衡"

在具体境遇下如何对行为进行分析、权衡和判断?弗莱彻认为主要应考虑四个因素:目的、手段、动机和结果。其中,目的是最重要的因素,即对想要获得的结果的预测、对所要确立的目标预测等。例如,某个学生所追求的目的可能想要一部十分有用的最新百科全书,但他通过什么手段能得到百科全书呢?也就是他应采取什么方法达到追求的目的呢?方法可能是偷、借或买;为了搞到钱去买,他可能存钱、讨钱、借钱、偷钱、赌钱。再一个因素就是行为背后的动机是什么?也就是其行为的动力或需要的动因是什么?——是贪婪之心?奖学金?风头主义?学习所用?最后,需要考虑的是可预见的结果是什么?在特定的境遇下,行为产生了哪些直接和间接的结果?"所有这些因素都要在爱的天平上得到平衡,不存在任何预先做出的决定。"② 也就是说在具体境遇中,行为的目的、手段、动机和结果都要通过爱的天平进行衡量,以世人的利益为出发点、开动脑筋进行"计算",以符合唯一的内在善——爱——为目的,来证明行为是否具有正当性。

弗莱彻认为,目的不是绝对的,同手段一样,也是相对的;目的也是有等级的,有高低之分,低等级的目的是高等级目的的手段,而唯一的、最高的目的就是爱。"一切目的与手段都在一个发挥作用的等级序列中相互关联,一切目的都依次成为某种更高目的的手段。只有一个目的、一个目标不是相对和有条件的,而且永远是目的本身,这就是爱。……

---

① 弗莱彻:《境遇伦理学》,程立显译,中国社会科学出版社1989年版,第104—105页。
② 同上书,第106页。

只有当目的和手段恰好为某种善而不是为其本身做出贡献时，它们才是善。除了最高的善，至善，一切目的的目的——爱，没有任何东西是内在的善。"① 也就是说，一般的目的只有符合"某种善"——"爱"（"一切目的的目的"、"不是为其本身做出贡献"、"最高的善"、"内在的善"）——的时候，才是善的，只有爱才能证明目的（一般的目的）、手段、动机和结果的善或者正当性。

弗莱彻的境遇论对行为正当性的判断明显不同于律法主义者的观点。律法主义者常常认为有了律法就不会疏漏、就会避免怀疑和冲突，而弗莱彻认为这恰恰是一种陷阱和错觉，"对于我们来说，行为之善与恶、正当与不正当，不在于行为本身，而在于行为的境遇。"② 必须在具体境遇下综合考量目的、手段、动机和结果的关系，并进行分析、权衡和判断，通过它们是否符合爱这一一切目的的目的来证明行为是否具有正当性。

弗莱彻举了这样的一个例子：几年之前，国会通过了一项特别法案，给予一位罗马尼亚的犹太人医生以美国国籍。这位女医生曾为被关在集中营的三千名犹太妇女做过流产手术。她们倘有身孕，就要被火葬。即使接受"胎儿就是'人命'"的观点（当然，有许多人不接受这一观点），这位医生也是通过"杀死"三千而拯救了三千，并防止了对六千人的大屠杀！因为，做过流产手术的妇女是"患者"不得被火葬，于是，保护了三千名犹太妇女并防止了对三千被称为"人命"的胎儿的残杀。又例如，"如果离婚可以为某个特定家庭中的父母子女带来情感和精神上的最大幸福，那么，尽管离婚常常是不道德之事……但爱证明这种离婚是正当的。"③ 这两个例子告诉了我们在具体境遇下如何进行在爱的天平上"平衡"。这就要进行爱的计算，通过目的证明手段之正当性的分析，通过具体境遇下目的、手段、动机和结果的分析、权衡和判断，通过开动脑筋的比较和"计算"，以符合唯一的内在善——爱——为目的，来证明行为是否具有正当性、来进行行为的道德选择。弗莱彻想努力告诉人们：爱的计算需要在具体的境遇下根据特殊性做出判断而不完全按照律

---

① 弗莱彻：《境遇伦理学》，程立显译，中国社会科学出版社1989年版，第107—108页。
② 同上书，第111页。
③ 同上。

法行事，需要按照爱的指引，来具体问题具体分析，以可能给有关各方带来最好的结果、最大的幸福为前提。

六 "爱当时当地做决定"

这个命题表明了这种思想，即爱的决定是根据作决定时的背景情况、根据具体的境遇，当时当地作出的，决定的作出主要基于现在进行时的境遇，而不是一味考量过去进行时或将来进行时。

（一）"勇敢地犯罪"

境遇论不完全拘泥于依照律法行事，而是在特殊的境遇中依照爱而行事，因为律法是过去的，而当下的问题是现在的，过去的规则不一定能很好地解决社会快速发展过程中面临的复杂矛盾和冲突，规则总是滞后于社会的发展、变化。"勇敢地犯罪"意味着在特殊的境遇中，不能僵硬地固守律法，而是依照爱的原则，具体问题具体分析，即使面临着违法而带来犯罪的风险，只要动机是善的、结果是有利于他人与社会的，行为就是正当的。弗莱彻举例说，一个船队在海中撞到冰山上并开始下沉，其中两只小船得以逃离。六天后，一条船被搭救上来，"而另一条长船由大副负责。他、七名海员和三十三名乘客超出该船载重量的一倍。大雨和汹涌的海浪袭击着他们。这位大副命令大部分男子跳海，他们不从。一位名叫霍姆斯的海员，把那些男子扔下大海。其余的人们最终得救。到了费城，霍姆斯被判有凶杀罪，予以宽大处理。律法主义不顾及决断时刻的情况，认为霍姆斯之所为是恶行，不是善行。境遇伦理学则认为，这是勇敢地犯罪，是善事。"[1] 这说明，境遇论者鼓励人们努力摆脱僵硬律法的过时影响，破除特殊境遇下不合时宜的律法带给人们作决定的苦恼，以爱作为最高的行为准则，进行道德选择，哪怕生活具有一定的冒险性，也在所不辞、去"勇敢地犯罪"。可见，境遇论是一种在具体境遇下的决断方法，是一种适合社会发展的、既考虑"恒量"也考虑"变量"的爱的方法。正因如此，这就和考虑固定不变"恒量"的律法主义者的观点有了明显的不同。"这种情境的、境遇的、分析的实例法（或新决疑法），这种对待决断的方法，考虑到太多的变量，因而使得一些人

---

[1] 弗莱彻：《境遇伦理学》，程立显译，中国社会科学出版社1989年版，第114页。

不满意。他们更喜欢抓住几个律法认可的、固定不变的恒量，而无视一切变量。这是律法的方法，但不是爱的方法。"①

（二）"'半影性'关切"

"半影"指"在卫星的被阳光照亮的一边和背着太阳的黑暗一边（暗影）之间，有一块阴暗的、被部分照亮的区域"②，它是介于明或暗之间的"中间区域"或"灰色区域"，"半影"中的情况是不太确定的，会随着光线照射角度的变化而变化的。"'半影性'关切"意指要把精力更多地关注眼前之事，而不是过多地考虑过去和未来之事。因为，未来的情况是不太确定的，而过去的事情（如律法）也因时代的变迁而会出现不能很好地适用于当下的境遇。"境遇伦理学的这种'半影性'关切类似于朋谭斐尔③对历史和世事的倒数第二的关切。它处理此时此地之事，不热烈地关注过去，也不逃避现实地关注未来。"④这就意味着，处理实际难题时，既不一味遵循过去的律法，也不一味考量对未来的影响，而要在具体的境遇中做出爱的决定。

如何理解呢？弗莱彻举例道，当一位女士知道自己由于服过"反应停"而可能生育残缺婴儿时，她请求法院支持医生和医院中止她的妊娠，但法院拒绝了她的请求，因为法律毫无例外地禁止一切非医疗性流产，尽管连法官也同情这一请求。随后，她的丈夫带她到了瑞典。在那里，爱可以更多地支配法律，于是她接受了流产术。结果确实如此，胎儿的残缺程度十分可怕！此例说明，在每个决断的关键时刻（当下），需要勇敢、负责地做出决定，而其指导原则就是爱，而不是盲目依照过去的律法。但这种情况是存在的，即对违反律法而带来未来可能制裁的担忧，如何解决？这就需要在律法中确立爱的原则，以消除人们的这种担忧。

---

① 弗莱彻：《境遇伦理学》，程立显译，中国社会科学出版社1989年版，第114页。
② 同上书，第113页。
③ 朋谭斐尔（1906—1945）是德国神学家，早年就读于杜宾根、柏林等大学，受到哈那克、卡尔·巴特等基督教新教神学思想的影响，曾在柏林大学讲学。1933年纳粹执政后，便参与反纳粹活动，1943年被捕，后于佛罗森堡集中营受绞刑而死。狱中完成《抗拒还是服从》，叙述自己最后六年的生活。其神学思想被称为"世俗神学"，著有《共同生活》《继承者》《创造和坠落》等。
④ 弗莱彻：《境遇伦理学》，程立显译，中国社会科学出版社1989年版，第113页。

弗莱彻还举了个例子：以斯科特①为首的南极探险队在探险南极的途中遇到强烈的暴风雪，其中一人受伤，必须抬着走，但抬担架会减缓行进速度，使全体队员都会遭遇更大的危险，斯科特决定绝不抛弃伤员。然而，最后的不幸结局是大伙儿都死了。这是关键的、处于极其危险境遇下的决断时刻，假定斯科特不是选择同甘共苦，反而能够带领大家走出困境，为大多数人带来利益或幸福，更能赢得人们的敬意。弗莱彻举此例，意在从相反的角度告诉人们依境遇作出爱的决定之重要性，这种决定必须考虑最大多数人的利益与幸福。

"'半影性'关切"是在技术日益复杂化、知识和分工越来越专门化、学科更加交叉化、伦理学难题的解决和道德决断越来越令人困惑的情况下所采取的避免不确定性、着重于当下问题的解决、以爱的精神为指导的体现人性关怀的一种要求和关切。"基督教道德从根本上说是爱的道德，而不是希望道德（尽管它有末世学的意义）。这意味着基督教道德是为了现在，为了此时此地。依靠信仰，我们生活在过去；依靠希望，我们生活在将来；但依靠爱，我们生活在现在。"②

（三）"正当性存在于行为整体的格式塔"

格式塔（Gestalt）主要指完形，即具有不同部分分离特性的有机整体。境遇伦理借用此心理学概念强调经验和行为的整体性，因为人的经验和行为是一种整体现象。"格式塔系德文音译，意指事物被'放置'或'构成整体'的方法。以此为方法论基础建立起来的现代心理学流派谓之格式塔心理学，其主要信条是：无论如何不能通过对部分的分析来认识总体，必须'自上而下'地分析从整体结构到各个组成部分的特性，方能理解整体的全部性质。"③ 弗莱彻力图把这一方法引入伦理学领域，在道德选择中，试图通过对行为选择过程中的各种影响因素的整体判断或格式塔式的考量，来判断行为的正当性或是否道德。他认为"正当性存在于行为整体的格式塔或状态之中，而不在单个因素或组成成分之中。"④

---

① 罗伯特·法尔肯·斯科特（Robert Falcon Scott，1868—1912），英国海军军官和极地探险家，1912年3月29日逝世于南极。
② 弗莱彻：《境遇伦理学》，程立显译，中国社会科学出版社1989年版，第120页。
③ 同上书，第119页。
④ 同上书，第120页。

弗莱彻试图首先通过弄清楚"什么""为何""何人"以及"何时""何处""何事""何如"这七个经常性问题来找到行为整体的格式塔。他认为,"什么"就是爱;"为何"就是为了上帝;"何人"就是指他的邻人、世人。而这三个答案就是他的"普遍规则",但只有在当时当地、在境遇中才能回答其余四个问题:何时?何处?何事?何如（how about,如何,怎么样)?才能弄清什么是该做的正当事。通过这七个经常性问题以便找到如何进行"爱的计算"的方法或"爱的伦理学在具体境遇中的运作戒律——绝对的爱的相对的行为方向"①。也就是说,在道德选择中,根据"什么"、"为何"、"何人"这三条"普遍规则",在具体境遇中通过对"何时"、"何处"、"何事"、"何如"的分析,通过"爱当时当地做决定"的过程,才能在道德上获得正当或得到辩护的理由。"何时"、"何处"、"何事"、"何如"需要识别、计算,"在每一个背景下,我们都必须识别、必须计算。没有爱心的计算是完全可能的,但没有计算的爱是决不可能的。"②

另外,弗莱彻还试图通过仔细考察目的、手段、动机和结果的全部作用来找到行为整体的格式塔。这种综合考察目的、手段、动机和结果的方法也是生态伦理学的方法。格式塔的研究方法与生态伦理学的方法一样都是采用整体性的一种研究方法。对此,弗莱彻还提出一个核心命题:境遇伦理学是生态伦理学。因为生态伦理学就是用生态学关于生态系统整体性、系统性、平衡性等观点来探讨、研究和解释自然及人与自然之间相互关系。"境遇伦理学是生态伦理学"意味着境遇伦理学也必须借助生态伦理学的研究,以整体性的眼光看待生物体与环境之间的关系,特别强调环境或背景对人的影响,把握人与环境或背景之间的相互联系、相互作用和相互依赖的整体性。"生态学研究的是生物体同环境之间的关系。我们也可以说,境遇伦理学是生态伦理学,因为它尽可能充分地考虑到做出每项道德决定的背景（环境）。这就意味着仔细考察目的、手段、动机和结果的全部作用。"③可见,境遇论的整体性是在具体的背景（环境）下综合考虑目的、手段、动机和结果的全部作用的整体性,它是

---

① 弗莱彻:《境遇伦理学》,程立显译,中国社会科学出版社1989年版,第73页。
② 同上书,第119页。
③ 同上书,第120页。

借鉴了生态伦理学的整体性思维方法来看问题的整体性。

"行为的正当性完全在于行为格式塔"意味着道德选择是立足于现在、立足于现实的,是用爱的方式在境遇中综合了全部背景中的一切因素以后所做出来的决断。"如果或只要行为是表达爱心的,它就是正当的。行为的正当(即其正确性)不在于行为本身,而完全在于行为的格式塔(Gestalt),在于表达爱心的结构,在于境遇中、全部背景中一切因素的总合的整个合成物。"①

第二节 "基于境遇或背景的决策方法"

境遇论是一种方法论,"这种方法有多种名称:境遇论,语境主义,偶因论,环境论,甚至被称为现实论。"② 不管名称有多少,境遇论的这一方法强调行为选择的道德性要依据具体的境遇或者说具体的环境变化、具体的偶然因素的影响、现实的状况来进行决断。

一 "第三种方法"

在道德决断或道德选择时有三种方法,即律法主义方法、反律法主义方法(即无律法的或无原则的方法)和境遇论的方法。"第三种方法介乎律法主义与反律法主义的无原则方法之间,即境遇伦理学。"③

首先来看第一种方法:"律法主义"方法。它是一种最为常见与久远的方法,"依照这种方法,人们面临的每个需要做出道德决定的境遇,都充满了先定的一套准则和规章。不仅仅律法的精神实质,连其字面意义都占据支配地位。体现为各项准则的原则,不仅是阐明境遇的方针或箴言,而且是必须遵循的指令。"④ 也就是说,具体境遇的道德选择是按照已制定的准则和规章来行动,不仅按照律法的精神而且要按照有字可依、明文规定的意义行动。弗莱彻认为,西方三大宗教传统——犹

---

① 弗莱彻:《境遇伦理学》,程立显译,中国社会科学出版社1989年版,第119页。
② 同上书,第19页。
③ 同上书,第16—17页。
④ 同上书,第10页。

太教①、天主教②和新教③都是律法主义的。古代犹太人的律法充满"律法词句的繁琐",甚至"规则上面再加规则",他们严格按照《旧约全书》头五篇的律法和口传教义生活。天主教的律法同样繁琐,不过,对天主教徒来说,他们对律法的遵从带有了一定的灵活性,越来越诉诸决疑法。与犹太教、天主教相比,"新教极少构造这类复杂的典章、律法体

---

① 犹太教(Judaism),是在公元前2000年西亚地区的游牧民族希伯来人中产生的最古老的宗教,也是世界三大一神教之一。犹太教的主要诫命与教义来自托拉(托辣,Torah,即圣经的前五卷书),托拉广义上是指上帝启示给以色列人的真义、给人类教导与指引,狭义上是指《旧约》的首五卷(又称《律法书》或《摩西五经》即《创世纪》《出埃及记》《利未记》《民数记》和《申命记》。犹太人不称旧约,因为不相信神的约会"旧",不相信基督是旧约预言的弥赛亚。旧约预言弥赛亚要来,基督耶稣降生就应验了旧约这些预言,可是除了跟从耶稣的门徒以外,犹太人不相信耶稣就是当来的弥赛亚,结果犹太人把耶稣交给罗马人,把他钉在十字架上。现在犹太人复国,除了部分是基督徒之外,大部分还坚守旧约,不信新约,他们还在等候弥赛亚)。犹太教和基督教信奉的都是同一个上帝,基督教起源于犹太教,是犹太教当初的一个"异端"流派发展起来的,后来被罗马皇帝奉为国教,不仅仅局限于犹太一个民族的宗教,上帝是全人类的上帝,不再是犹太一个少数民族的上帝。犹太教与基督教的不同之处在于,犹太教并不相信耶稣是上帝的儿子,他们只承认耶稣是大先知,不承认耶稣基督的神性,不承认人能通过耶稣得救,也不承认原罪;基督教在希伯来圣经的基础上还相信新约,而犹太教不相信新约。

② 天主教(Catholicism)或称为"罗马天主教会"或"罗马公教会"(即由罗马教宗领导的教会),其教徒信奉罗马天主教理论体系,包括道德、圣餐仪式以及教条。天主教是基督教的三大宗派之一,而基督教发源于公元1世纪耶路撒冷犹太人社会,并逐渐从以色列传向希腊罗马文化区域。基督教继承希伯来圣经(旧约全书),其核心人物救世主耶稣基督出生于犹太的伯利恒,母亲是玛利亚。公元313年,罗马皇帝君士坦丁一世颁布米兰诏书,基督教成为罗马帝国的合法宗教,并使基督教从一个受迫害的宗教转变为在欧洲占统治地位的宗教;公元391年又被最后一位罗马帝国君主狄奥多西一世定为国教;公元395年罗马帝国一分为二,形成东西两派:以罗马为中心的拉丁语派和以君士坦丁堡为中心的希腊语派;两派随后因教会最高权力和教义等问题长期争论,终至于公元1054年分为天主教和东正教。西派强调自己的普世性被称为公教(即天主教),东派强调自己的正统性被称为正教;天主教在中世纪深入西欧社会各个领域,成为无所不在的、支撑人们精神和信仰的力量。16世纪宗教改革运动后,天主教又分裂出与罗马教廷脱离关系的新教(抗罗宗)各派。随着西班牙和葡萄牙向美洲大陆扩张,天主教也在拉丁美洲逐渐传播。

③ 基督新教(Protestantism)是与天主教、东正教并列的基督宗教的三大派别之一,由16世纪宗教改革运动中脱离罗马天主教会的教会和基督徒形成的一系列新宗派的统称,简称新教。新教奉《圣经》具有最高权威,强调因信称义(马丁路德从保罗的《罗马书》中的因信称义的观点引申出信徒可以由于信仰神而直接成为义人,不再受功德律的支配),灵魂的拯救不是依靠教会,不是依靠其烦琐的宗教礼仪,而是依靠内心虔诚的信仰力量。如此,信徒人人均可成为祭司、可彼此照顾、相助和互相代祷,而无须神职人员作为神人之间的中介。新教的牧师一般只作为灵性的指导者,并无赦罪权柄;而天主教虽然不否认圣经的权威,但坚持圣经的解释权属于教会。天主教认为除了靠信德(信心)之外,还需遵循神的旨意行善工(通过具体的行为达到修德之目的)、圣事(洗礼、忏悔等),以及不断忏悔得到救赎。天主教的主教、神父都握有神权,能赦免信徒的罪过。

系，它的规则是简明的，然而它的僵化和拘泥于道德规则，却又使其简明性所带来的好处得而复失"①。弗莱彻还专门对天主教和新教的律法主义进行了比较，他认为"天主教决疑法的发展，有力地证明了天主教徒比新教徒较少律法主义。……在天主教方面，它是律法主义的理性问题，以自然或自然法为基础。这类道德家往往通过把人类理性运用于自然事实（包括人的和非人的）、运用于历史经验来勾勒道德规则。他们由此声称提出了得到普遍认可的、因而是正确的'自然'道德律。新教道德家采取同样的推导和演绎战术。他们利用基督教《圣经》，象天主教徒对待自然那样对待《圣经》。他们认为，他们的圣经道德律基于摩西律法及各种预言书的词句、福音传教士和圣经传道者的言论。这是律法主义的神启问题。"② 由此，他认为天主教和新教都是律法主义的，前者是理性主义的，即符合自然或自然法的，而后者是圣经主义的，即依据《圣经》的。

其次再看第二种方法："反律法主义"方法。它是指具体境遇的道德选择不按照已制定的任何原则、规则而是依据当时当地的境遇出发由行为者依据自己的经验和判断来行动。"同律法主义截然相反的对立面，我们称之为反律法主义。按照这种方法，人们进入决断境遇时，不凭借任何原则或准则，根本不涉及规则。这种方法断言，在每个'当下存在的时刻'或'独特'的境遇中，人们都必须依据当时当地的境遇本身，提出解决道德问题的办法。"③ 反律法主义者追求绝对自由，不愿受律法的约束，自认为心中有信仰就会有一切，幸福和命运就有了保障，从而自由地追求他们所期待的生活。"一种形式是自由放荡，——即认为由于对神的皈依，由于信仰带来的基督的新生活和灵魂的拯救，律法或规则不再适用于基督教徒。他们最终的幸福命运有了保障，因而做什么便无关紧要了。"④ 追求这种绝对自由所带来的极端、不良的后果是：卖淫、乱伦、酗酒等社会丑陋现象层出不穷。于是，"这张许可证不可避免地导致加强律法主义，特别是在性道

---

① 弗莱彻：《境遇伦理学》，程立显译，中国社会科学出版社1989年版，第11页。
② 同上书，第12—13页。
③ 同上书，第13页。
④ 同上书，第14页。

德方面，基督教徒至今还在这种性道德下受苦"①，这就是为什么《圣经》中规定"像自由人一样生活，可是不以自由为借口而作恶，要作为上帝的仆人而生活"（《彼得前书》2：16）的原因。另一种反律法主义者是"不太狂妄而较为久远"的信仰诺斯替教②的人不再认为作为指导路线或指南针的原则或规则是必要的，如果人们需要知道什么的话，只需要知道什么是正当的就足够了，因为他们自认为自己有一种超良心，依据这种超良心每个人就可以正确地把握自己的未来、把握自己和他人的关系。因此，一切律法与规则都是不必要的，一切道德行为的选择完全可以依靠境遇的指导。"他们的道德决定是随意的、不可预言的、无规律的、十分不规则的。道德决定是一种本能，完全是无原则的、纯粹特定的和偶然的。他们在任何境遇下都不遵循任何预期路线。确切地说，他们是不守律法的，也就是无规则的。他们不但'不受律法之键的约束'，而且实际上全然是'即席创作者'，临时做出决定而理智上不负责任。他们不仅抛弃了《旧约全书》开头五篇，甚至不再严肃认真地思考耶稣基督所阐明的爱的需要，不再思考爱这一规范本身。婴儿同洗澡水被一起泼掉了！"③

对此，使徒保罗④同上述反律法主义者进行了不懈的斗争，保罗认

---

① 弗莱彻：《境遇伦理学》，程立显译，中国社会科学出版社1989年版，第14页。
② 诺斯替教为早期基督教教派之一，盛行于公元2世纪，并于公元135年至160年达到高峰。其基本思想受到诺斯替主义影响，认为现实世界是邪恶的，是囚禁人性的监牢，而精神世界则是善良的，是人们所追求的归宿。
③ 弗莱彻：《境遇伦理学》，程立显译，中国社会科学出版社1989年版，第14页。
④ 保罗（公元3—67年）是亚伯拉罕（犹太教、基督教和伊斯兰教先知，以及传说中希伯来民族和阿拉伯民族的共同祖先）的后裔，与耶稣同时代人，年龄稍小于耶稣，他是基督教最伟大的传教士和基督教第一个神学家，一个对上帝热衷的法利赛人，熟悉各种犹太律历，恪守摩西（公元前13世纪犹太人的民族领袖，犹太教创始者，受上帝之命，率领被奴役的希伯来人逃离古埃及，前往富饶之地迦南）律法，基督教在希腊、罗马的迅速传播，与其多次远行传道密切相关。《圣经·新约》中的保罗书信（罗马书、哥林多前书、哥林多后书、加拉太书、以弗所书、腓立比书、歌罗西书、帖撒罗尼迦前书、帖撒罗尼迦后书、提摩太前书、提摩太后书、提多书、腓立门书等）为其所撰，对基督教教义作出了阐释。保罗对基督教发展所起的作用，主要表现在以下三个方面：（1）在传教方面所取得的成功；（2）其书信构成了《新约》的重要组成部分；（3）在基督教神学发展过程中所起的重要作用。是保罗，而不是其他任何人，把基督教从一个犹太人的小教派转变而成世界性的宗教。他的那种认为上帝是神、上帝审判世人的观点成为基督教各派普遍接受的教义。许多基督教神学家都曾受到保罗的影响，如奥古斯丁、阿奎那、路德、加尔文。保罗对基督教的影响如此之大，以至于一些学者认为基督教的创始人应当是保罗，而不是耶稣。这尽管有些偏颇，然而，即使保罗的影响不能与耶稣等同，但却比其他基督教思想家的影响要大得多。

为：上述第一种反律法主义者坚持的是"良心的神启论"观点，即"认为他们的指导来自身外，来自圣灵①"②；而上述第二种反律法主义者"同关于良心的直觉论或本能论颇为接近"，即"认为他们的指导来自自身，是一种固有的雷达般的'本能'，《耶利米书》第31章第31—34节所允诺的超越律法的、有洞察力的良心，正是'他们内心'的写照。"③

弗莱彻认为存在主义伦理学④也是反律法主义的。"萨特⑤拒绝承认任何普遍有效的原则，不承认一般有效的东西，更不用说普遍律法了。"⑥

最后来看"第三种方法"：境遇论的方法。"由于境遇伦理学的居中

---

① 圣灵是耶稣基督升天（耶稣服从上帝的旨意，舍己受死赎罪，第三天复活，第四十天升天）前，求天父（圣父）差派到世间来，代替耶稣（圣子、道成肉身、救世主）作信徒一生的保护者（又称保惠师）。圣灵是三位一体之上帝（本体）中的第三位格（人格），出于圣父和圣子，唯一能施行救恩使人重生，这救恩是耶稣在十字架上舍命流血所完成。当一个人真心决志信耶稣，圣灵就立即进住在他心中，成了信徒更高标准的良心。圣灵是为了启示和荣耀耶稣基督，引导信徒进入一切的真理，并用公义和审判显明世人的罪。借着圣灵，所有的信徒联合成基督的身体，在基督里所有信他的人被建成上帝的居所。上帝借着圣灵向人说话，其中的特殊启示就是圣经。

② 弗莱彻：《境遇伦理学》，程立显译，中国社会科学出版社1989年版，第14页。

③ 同上书，第15页。

④ 存在主义（Existentialism）或称生存主义产生于一战之后的宗教丧失阶段，此时，科技文明、权利至上，但人们的精神却有无家可归、一无所有之感，人似乎变成一个支离破碎的存在物，没有归宿感，这种异化之感来临之时就伴随着它的诞生。存在主义是当代西方哲学主要流派之一，主要创始人是海德格尔，将其发扬光大的是萨特。他们的思路是：人是在无意义的宇宙中生活，人的存在本无意义，但人可以在存在的基础上自我造就、创造本质和有意义的生活。因此，存在主义者秉承以人为中心、尊重人的个性和自由的理念。存在主义否认神或其它任何预先定义的规则的存在，因为它们缩小人的自由选择的余地。"存在主义伦理学虽然同摩尔等人开创的语言分析的伦理学不一样，但是，在某一个方面它们或许会手携手站在同一条战线上。存在主义和直觉主义伦理学的共同之处是不愿意将伦理学基础建立在理性的推论上，这便是20世纪伦理学思潮中的一个显著特征。在另一方面，存在主义走得更远，它关心传统伦理学曾经关心过的问题：人的价值，自由意志，道德行为的选择等等，但是它没有、也不愿意构造一个劝导人仍遵从的道德体系。相反，它宁可上溯到哲学本体论的探讨，由人生在世的根本意义来说明人生在世的全方位选择的可能性，而不提供某种选择的固定模式。"（参见李莉著《当代西方伦理学流派》，辽宁人民出版社1988年版，第87页）

⑤ 让—保罗·萨特（Jean-Paul Sartre, 1905—1980），法国哲学家、存在主义主要代表人物，一生拒绝接受任何奖项包括1964年的诺贝尔文学奖。1943年完成并出版了哲学专著《存在与虚无》，1945年做了"存在主义是一种人道主义"的演讲，指出其存在主义哲学的基本命题和第一原理：存在先于本质。意思是：一个人的出世，表明了其存在，开始并无内容、也无好坏之分，究竟要成为什么样的人，是后天逐渐形成的，人以自己的行动创造自己的未来和本质。

⑥ 弗莱彻：《境遇伦理学》，程立显译，中国社会科学出版社1989年版，第15—16页。

地位，即主张随时准备遵照道德律法而行动或不顾道德律法而行动，所以反律法主义者把境遇论者称为温和的律法主义者，律法主义者又把他们称为隐蔽的反律法主义者。"① 因此，可以这样认为，境遇论的方法是一种温和的律法主义方法或隐蔽的反律法主义方法。它是基于事实的，既尊重准则，又随时准备在特定境遇中放弃这些准则，以"良心"作为指导；根据爱的需要，以爱为绝对善的介乎律法主义与反律法主义的无原则方法之间的决疑法。

二 "爱的决疑法"

境遇论只有一条规范、原则总是正当和善的，这就是"爱"，它是"爱的决疑法"。由于爱是为了人而不是为了原则的，因此，在具体境遇下，其他原则的使用都是有条件的、相对的，只有爱的原则是无条件的、绝对的、最高的，任何境遇下的道德选择都要以爱这条根本原则作为准绳，爱在境遇伦理学中占据优先地位。

在弗莱彻看来，爱是无私的奉献，包括物质、感情、行动等。爱的本质是无条件地给予，而不求回报，就像母亲对孩子的付出。爱和喜欢有所不同。喜欢包含"想拥有，想得到"，它是交互式的、双向的，喜欢往往代表个人心理感受，当见到喜欢的人或事物时，心生快乐。当喜欢达到一定的强度，人就会为之付出物质、时间、情感，甚至倾其所有，这时就上升为爱。但这种——愿意为喜欢的人付出的爱——还不是基督教式的爱。弗莱彻所说的"爱"是基督教式的"爱世人"的博爱。既爱你喜欢的人，又爱你不喜欢的人；既爱你的朋友，又爱陌生人，甚至你的仇敌；这种"爱是给予的、非交互性的、是尊重世人的"②，它更是单向的，因为弗莱彻也谈到"自爱"的问题，但自爱是为世人的，因为这种"爱不允许我们以牺牲无辜的第三者为代价来解决自己的问题"③。

由于境遇论理论资源之一是来源于基督教伦理学，故而境遇论的爱（境遇之爱）就带有基督教爱上帝、爱世人的神爱色彩。爱上帝和爱世人

---

① 弗莱彻：《境遇伦理学》，程立显译，中国社会科学出版社1989年版，第21页。
② 同上书，第63页。
③ 同上书，第79页。

是互为因果的；神爱就是博爱，博爱就是爱上帝、爱世人，博爱就是爱人如己、就是"四海之内皆兄弟"；博爱体现一种无私而广阔的胸怀，是无差等的、一视同仁的爱；博爱既能把这种爱给予亲朋好友，也能把这种爱给予陌生人，甚至是仇人。"基督教境遇伦理学只有一条规范、原则或律法（随你怎么叫）具有约束力而无可指摘，不论境遇如何它总是善的和正当的，这就是'爱'——关于爱上帝、爱世人这一综合戒律的神爱。其他一切律法、准则、原则、典范和规范，毫无例外都是有条件的，只有当它们在某一境遇下恰好符合爱时，它们才是正当的。基督教境遇伦理学并不是依照某种规则生活的体系或纲领，而是要通过服从爱的决疑法，努力把爱同相对性的世界联系起来。它是爱的战略。"① 境遇论是爱的决疑法，而不完全是依照某种规则生活的体系或纲领；这种理想的生活体系是努力把绝对性的爱同相对性的世界联系起来。因为，人是关系的存在，这种关系是人与人、人与世界的关系。人与人的关系、人与物质世界的关系都需要爱来维系。而人与人的世界、人与物质世界的关系就是自然之间的关系（人也是自然的一部分）。自然之间的关系需要爱来维系：你爱他人，他人也会爱你；你爱你赖以生存的物质世界（物质自然），物质世界也会"爱"你（给予人类好的回馈）。但自然是相对性的存在，无论是时间还是空间都不是绝对的概念。境遇论者努力找到绝对性的爱同相对性的世界联系的钥匙，以爱作为战略。正因为爱在境遇伦理学中占据优先地位，因此"在境遇伦理学中，即便是最受尊崇的原则，倘若在某种具体情形下同爱发生冲突，也可以被扔到一边去。"② 而且，只有爱的原则是恒久的、长期的，其他原则则是暂时的，"境遇论者认为任何原则都不能缺少爱，同时对任何原则都只能作暂时性考虑。"③境遇论以爱作为唯一的、最高的道德决断标准，境遇论是"爱"的绝对性和其他原则的相对性的统一。

爱的决疑就是善，它体现在每一个具体境遇的道德选择中。对此，弗莱彻还引用 D. 朋谭斐尔（欧洲现代基督教伦理学家）的话说："善的

---

① 弗莱彻：《境遇伦理学》，程立显译，中国社会科学出版社1989年版，第20—21页。
② 同上书，第22—23页。
③ 同上书，第23页。

问题，是在我们生活的每个一定的、然而不确定的，独特的和一瞬即逝的境遇中，在人与人、人与物等关系中，换言之，在我们的历史存在中，提出并决定的。"① 这就是说，在每个具体的、不确定的、短暂的境遇中，在人与人、人与物等关系中，通过爱的决疑解决具体问题才能体现为善，才是一种境遇论的道德选择。

爱的决疑就需要在具体的境遇中细心地考虑各种复杂因素、各种复杂的社会关系，仔细进行甄别、分析和判断，去粗取精、去伪存真，并且还要抓住主要矛盾，最后才能采取抉择。"我们永远处于负有复杂责任的社会中……爱就不能不具有计算、小心、慎重和分配的属性。"② 通过这种小心、慎重的计算或者说权衡、考量，才能做出公正的分配和行动。

三 "基于事实的决疑法"[③]

针对犹太教、新教过分拘泥于道德规则、缺乏具体境遇下的决疑法，弗莱彻以同性恋相关案例为证，认为这很可能导致盲目依据规则的伤害人的事件发生。"决疑法的完全缺乏也许会导致惩罚性地、虐待狂般地运用规则去伤害人，而不是帮助人。否则，该如何解释中世纪对同性恋者实行火刑之事（根据《旧约全书》的死亡教义）呢？甚至今天，对那些确属自愿的成年同性恋者，即使不是诱奸，不造成公共骚乱，有的国家仍要处以六十年以下的监禁！若把律法而不是爱置于优先地位，这类情况确实难以避免。"④ 也就是说，在特定情形或具体境遇下，如果把爱置于优先地位来进行决疑的话，很可能就不会发生上述对同性恋的监禁和火刑事件。可以这样认为，弗莱彻的境遇论就是不仅要考虑规则、原则的作用，更要考虑到这种规则、原则在具体境遇下能否符合在"爱"这一最高、神圣的原则下合理地进行决疑。因此，境遇论不是反律法主义

---

① 弗莱彻：《境遇伦理学》，程立显译，中国社会科学出版社1989年版，第23页。
② 同上书，第71—72页。
③ "决疑"意为解决疑难问题或判断疑案。决疑法（Casuistry）旨在决定能否将一般道德原则直接应用于个别道德案例的一种研究。境遇伦理的决疑法是实践推理的艺术，它试图克服某种境遇下僵硬规则的机械运用，而根据不同的境遇因素或环境条件，在"爱"这一最高、神圣的原则的指引下，做出合理的行为判断。
④ 弗莱彻：《境遇伦理学》，程立显译，中国社会科学出版社1989年版，第11页。

的方法,而作为一种决疑法,就是要把爱而不是律法置于优先地位,力图超越律法主义;这种超越是在律法中加入爱和仁慈元素的超越、是为了摆脱律法冷酷性面孔而符合人间温情的超越、是凸显现实生活不确定性或相对性意蕴的超越。决疑法"至少从律法的冷酷的抽象观念中获得部分解放。决疑法是律法主义向对人的爱与关于生活相对性的现实主义所表示的敬意。"①

作为一种方法论,境遇论是一种"(基于事实的)决疑法。我们也许应称之为'新决疑法'。同古典决疑法一样,它是注重事实的和具体的,它关心基督教规则的实际运用。但与古典决疑法不同的是,这种新决疑法反对预测或规定现实生活决定的存在特性的任何企图。"② "规定"是过去时,"预测"是将来时,通过"规定"也可以"预测"或者说"引导"将来。也就是说,境遇论这种基于事实的新决疑法反对不切实际的、盲目的按照"预测"行事或按照过去的"规定"行事,而是关注"现在进行时",通过"注重事实"地、灵活而理性地决疑来即时地反映和应对现实生活,但并不表明境遇论不注重"规定"或"预测"。

这种基于事实的决疑法遵循保罗的两条方针:(1)"成文规则扼杀生命,而圣灵赐予生命"(《哥林多后书》3:6);(2)"全部律法可一言以蔽之曰,'要爱人如己'"(《加拉太书》5:14)。

这种基于事实的决疑法的核心是"'境遇决定实情',这就是说,在良心的实际问题中,境遇的变量应视为同规范的即'一般'的常量同等重要。"③ 由此可见,作为新决疑法的境遇论十分强调境遇或背景、环境因素的重要性,尽管"境遇"是"变量",但与"规范"的"常量"同等重要;在实际问题中,行为选择靠良心或者说用"爱"来面对现实生活的"变量",而不完全是靠"规范"这种"常量"面对现实生活的"变量"。

这种基于事实的决疑法的特征是"依据经验的,重视事实的,有事

---

① 弗莱彻:《境遇伦理学》,程立显译,中国社会科学出版社1989年版,第11页。
② 同上书,第20页。
③ 同上书,第19页。

实意识的与探究性的。……因为它对多样性和复杂性极其敏感。"① 正因为对生活世界充满"变量"以及多样性、复杂性的敏感，才不完全依赖可"预测"或"规定"的"常量"去解决问题、处理问题，而是依据经验、重视事实、以探究性的眼光处理和解决问题。

如何对"事实"进行理解，在此可举一个对待乞讨的例子加以说明。在对待乞讨的问题上，并非谁向你乞讨你就给他，而要看具体的情境和事实，这就意味着施舍是有条件的，如果乞讨者是健康的青壮年，施舍就会增加其懒惰，就可以不予施舍，这完全要看特定的情境。"境遇论者根据爱的需要而遵守或违反道德律。……境遇论者决不会说，'施舍是善举，没有二话！'他的决定是有前提的，而不是无条件的。只有爱的戒律是绝对的善。'除了彼此相爱，什么也不欠别人的。'（《罗马书》第13章第8节）倘若帮助穷人只会使他贫穷和堕落，那么，境遇论者便不予施舍而要另想办法。耶稣说，'谁向你乞讨，你就给他。'但境遇论者不把此话视为律法。"② 这种对乞讨者不予施舍是基于乞讨者是健康的青壮年这一事实，其目的是避免其懒惰和堕落，是出于爱的考量。在弗莱彻看来，具体境遇下的道德选择需要基于特定的事实，道德选择的最高标准是爱而非完全依赖律法，爱意味着把他人当成自己一样看待，他人的利益和自己的利益同样重要。

四 "原则相对论"

具体境遇下如何进行道德决断？弗莱彻认为既要以原则为准绳，但又不能完全拘泥于原则而不可改变，原则是相对的。"境遇伦理学是乐于充分利用并尊重原则的，它把原则视为箴言而不是律法或戒律。我们可以称之为'原则相对论'。……原则、箴言或一般规则是探照灯，而不是导向器。"③ 这里他把原则视为"箴言""探照灯""一般规则"，意味着原则作为"一般规则"（而非"具体规则"）可以为人的行为指明方向，是人们必须首先要遵循的；但原则又"不是导向器"，意味着面对着具体的境遇，原则对行为的调整并非绝对。境遇论所采用的是相对主义的策

---

① 弗莱彻：《境遇伦理学》，程立显译，中国社会科学出版社1989年版，第20页。
② 同上书，第17页。
③ 同上书，第21页。

略,但这种相对主义是有限的相对主义而非无限的或绝对的相对主义,因为它既要遵循原则,又不把原则视为绝对真理,但"爱"作为至高无上的原则却是绝对的、是真正意义上的导向器。"境遇论者在其所在社会及其传统的道德准则的全副武装下,进入每个道德决断的境遇。他尊重这些准则,视之为解决难题的探照灯。他也随时准备在任何境遇中放弃这些准则,或者在某一境遇下把它们搁到一边,如果这样做看来能较好地实现爱的话。"① 由此可见,原则既要尊重又可放弃,原则是相对的,但相对于什么呢?通过这句话不难理解,原则是相对于具体境遇的。

弗莱彻引用了英国圣公会②道德神学家、主教 K. 柯克的话说:"倘若某个原则拥有得到遵守的不可剥夺的权利。那么在特定情况下,当它和另一原则发生冲突时,另一原则就必须抛弃。"③ 就是说在两个原则发生冲突时,选择的标准是哪个原则"拥有得到遵守的不可剥夺的权利"。在弗莱彻看来这个"拥有得到遵守的不可剥夺的权利"就是爱的原则,只有爱的原则是绝对的、不可剥夺的,其他原则都是相对的、可剥夺的。在特定的境遇下行为的道德选择要以爱的原则作为最高标准。

关于能否采用原则在相似的境遇下进行道德决断的类推,弗莱彻认为"在道德探索中通常要遵循两条推理规则。一是'内在一致性'规则,任何人对此均无异议——一个判断不应自相矛盾。另一规则是'外在一致性'(类推法),即:在一种情况下适用的原则应当适用于一切类似情况。正是围绕第二条规则,人们产生了分歧。反律法主义者根据其关于根本特殊性的学说,完全拒绝类推法。境遇论者则十分认真地发问:是否有十分相象的数量充足的实例,比谨慎的普遍化更能证实律法或支持任何东西?……在这里,境遇论与原则道德之间不是真正不可调和的,除非把这里的原则凝固化为律法。"④ 也就是说,通常有两条道德推理规则要遵循,其一是判断不应自相矛盾的"内在一致性"规则;其二是在一种情况下适用的原则应当适用于一切类似情况的"外在一致性"规则

---

① 弗莱彻:《境遇伦理学》,程立显译,中国社会科学出版社1989年版,第17页。
② 英国圣公会是英国的国家教会及安立甘宗(Anglican Communion)的母教会。英国圣公会保留主教制,最高主教是坎特伯里大主教。
③ 弗莱彻:《境遇伦理学》,程立显译,中国社会科学出版社1989年版,第25页。
④ 同上书,第22页。

（类推法）。境遇论并不完全拒绝类推法，而是有条件地承认或接受，这个条件就是"是否有十分相象的数量充足的实例"来支持这种类推？如果是，类推法就是可行的，对此弗莱彻应该是肯定的。在此，弗莱彻进一步强调：只有不把原则凝固化为律法，境遇论与原则道德之间才可能调和。因为，弗莱彻始终认为只有爱的原则是可以普遍化的、绝对的，其他一切原则都是相对的。

弗莱彻还采用鲁宾逊主教的话说："此种道德（境遇论）不得不极其谦卑地依靠指导性规则，依靠个人与他人的服从规则的经验积累。正是这种经验库，给了我们关于'是'与'非'的实用规则，没有这些规则，我们就只能妄言胡行。"① 这里所说的"指导性规则"就是指爱的原则，爱的原则的把握需要极其谦卑、需要经验的积累，它是我们关于"是"与"非"判断的实用规则。"原则相对论"意味着道德决断需要依赖原则，而对原则的遵循需要依靠经验、极其谦卑和具体境遇来决定，不可不分条件地一味遵循，而最重要的是遵循具有普遍指导意义的爱的原则。

五　境遇决策方法中的"良心"

弗莱彻认为："境遇伦理学只有当应用、实践、做决定的时候才考虑到良心。关于何谓良心的问题迄今已有四种理论。有的理论认为，良心是先天的、雷达般的内在功能——直觉，另一些理论则把良心视为决定者之外的灵感——圣灵或守护神的指导。现今流行的'内化投射'论认为，良心是文化和社会的内在化的价值体系。托马斯主义②者信奉阿奎那的定义：良心是做出道德判断或价值选择的理性。但境遇论没有任何关

---

① 弗莱彻：《境遇伦理学》，程立显译，中国社会科学出版社1989年版，第22页。
② 托马斯·阿奎那（Thomas Aquinas，约1225—1274），经院哲学的集大成者，中世纪意大利哲学家、神学家，其哲学和神学思想集中体现在他最重要的著作《神学大全》中，并标志着托马斯主义的形成。在《神学大全》中他提出了证明上帝存在的"五个证明的方法"或五个上帝可能拥有的属性（本质）：上帝是简单的（没有具体的复杂样态）、上帝是完美的（毫无破绽、完美无瑕）、上帝是无限的（无实体、智能的限制）、上帝是永恒不变的、上帝是一致的（无多样性的特征）。他认为三位一体的存在是通过圣子、圣灵传递给人类上帝的启示以及美德，并获得心灵的救赎。而上帝带给人类的启示分两种：一般的启示（透过逻辑思考的、理性的方法观察上帝及其创造的自然秩序而获得）以及特别的启示（耶稣基督显示了上帝的存在），两种启示互相补充。他的系统、完整的神学体系对基督教神学的发展产生了重要的影响。

于良心的本体论①或存在理论。"② 境遇论和前三种良心理论（直觉论、灵感论、文化和社会的"内化投射论"）不同，它也没有任何关于良心的实质究竟是什么的理论解说，但他却十分赞成托马斯·阿奎那的描述：良心（道德觉悟）是做出道德判断或价值选择的理性，即赞同"理性道德判断论"。"托马斯·阿奎那的描述是最好不过的了（姑且不论他的功能思想）：做出道德判断的理性③。"④ 这就表明，在道德判断或道德选择中必须以理性行事，这种理性就是要综合考虑行为可能带来的各种情况、小心谨慎地进行"爱的计算"或爱的决疑，这就是境遇论的道德判断或价值选择（道德选择）的良心，只有当应用、实践、做决定的时候才予以考虑的、才体现出它的价值和意义所在。

　　古人常把良心当作检察官，用于事后来评价自我的行为，主要在回忆往事的时候予以反省、自责和忏悔。"原始文化常把良心喻为胸骨下的尖石，我们做了坏事，石头就转动起来刺痛我们。在这里，良心就是悔恨自责或心安理得。……忏悔道德是追溯既往的、回顾性的和向后看的。"⑤ 但弗莱彻却认为，良心不但是"向后看的"，而且还能为现在和未来"提供参考"，指导人们的行为。良心既指向过去（悔恨自责），又指向当下（"做出道德判断或价值选择的理性"）与未来（"道德觉悟"）。弗莱彻坚定地表明这样的观点："良心同境遇伦理学是一致的"⑥。

　　弗莱彻十分赞同"保罗在《罗马书》和《哥林多书》中均谈到良

---

① 本体论（Ontology）一词由 17 世纪的德国经院学者郭克兰纽（Goclenius, 1547—1628）首先使用。Ontology 由 ont（源出希腊文，相当于英文的 being，也就是巴门尼德的"存在""是"）加上词缀 ology（学问、学说）构成。本体论就是探讨世界上存在的一切是否在背后都有一个抽象的、不依赖于现实世界的基础，或者说探讨精神的、物质的存在是否都有自己抽象根据的学问。概言之，本体论就是探讨形而下（可感觉）世界的形而上（抽象、不可感，可感世界背后的原因、本质）根据的学问。
② 弗莱彻：《境遇伦理学》，程立显译，中国社会科学出版社 1989 年版，第 40—41 页。
③ "理性"一词起源于希腊词语"逻各斯"，一般情况下指概念、判断、推理等思维形式，指处理问题按照事物发展的规律进行，不冲动、不感性，通过符合逻辑的推理而非依靠表象而获得结论、意见以及行动之理由。
④ 弗莱彻：《境遇伦理学》，程立显译，中国社会科学出版社 1989 年版，第 41 页。
⑤ 同上书，第 41—42 页。
⑥ 同上书，第 40—42 页。

心，并倾向于把良心视为人的决定的指导者，而不单单是检查官"①。也就是说，良心也是在实践中、在具体境遇下"指导"人的行为的，而不仅仅是"检查或审查"人的行为；良心也是面向"当下和未来"的，而不单单面向"过去"。这和境遇论不谋而合，因为它恰恰是在实践中、在当下、在具体的境遇下通过良心"指导"人的行为的。

第三节　境遇道德选择的特征："过程善"

境遇伦理（境遇论）就是基于境遇或背景的道德选择方法。境遇伦理既不完全相同于仅仅强调动机善的道义论，又不完全相同于仅仅强调结果善的功利主义，而是强调从行为发生前的动机到行为发生后的结果整个"过程"中，由具体的境遇出发，以爱的精神作为指导，进行行为的恰当选择。其特征是强调从行为开始前的动机到行为带来的结果整个过程中所体现的"过程善"，体现在具体的境遇下善良的行为动机、合理而有效的行为过程、一种有利于他人与社会的好的行为结果。这种"过程善"的特征主要概括为以下几方面。

一　"人格至上论"：动机善

人格主要是指在人先天条件的基础上，经过与社会中他人的互动所形成的，与他人相区别的独特而稳定的思维方式和行为特征；人格反映了一个人整体的精神面貌，是具有一定倾向性和比较稳定的个性特征的总和；人格与性格的含义有点相似，但人格却含有道德评价的色彩而性格却没有；人格是做人的资格和标准。境遇伦理的开拓者弗莱彻认为："在道德选择中，首先要关心的就是人格。"② 在境遇论者看来，只有至上的人格才能表现行为的善良动机，才能在动机上体现高尚以及对他人与社会的爱。

"人格至上论"最明显的特点就是强调人格的高尚（至上），具有高尚人格的人在其行为中一定会表现为"爱人"的善良动机。人格高尚与

---

① 弗莱彻：《境遇伦理学》，程立显译，中国社会科学出版社1989年版，第41页。
② 同上书，第39页。

爱不可分离，爱的动机、爱的行为和爱的结果最好集于一身，尽管现实生活中很难同时实现，但爱的动机却是最基本的。境遇伦理是以爱为原则的尊重人、关心人的伦理学。"只有一样东西是内在的善，这就是爱：此外无他。"① 内在的善意味着：爱本身就是善的，是无须证实的。境遇论的爱就是康德所说的善良意志，它要求首先从动机上把人作为目的而不要作为手段，充满善意地帮助、关心别人，而不是利用别人甚至忽视、漠视别人。

境遇论者试图把基督教义中的核心词汇"爱"应用于世俗生活、应用于现实生活中遇到的道德难题和困境，强调做任何事情都要从尊重人的利益、关心人、善待人的角度考虑，"有个古老的揪心问题：'如果你只能从失火的楼房中救出一个，你应当救哪一个？是婴儿，还是达·芬奇的《蒙娜丽莎》？'倘若你是人格至上论者，你就会救婴儿。绘画有的是复印件和照片。"② 也就是说，在救人与救物的比较中，不管物多么重要、多么值钱，与人相比还是次要的。"境遇伦理学关注的中心是人而不是物。……爱是属人的，人所运用的，为人的。"③因为，只有这样的考虑才是有价值的。价值与人相关，价值是一种判断，某行为的价值大小是通过人的判断来衡量的，价值大小的衡量标准是指向人的利益的。帮助了人就是善的，伤害了人就是恶的。爱就是一种善的价值，因为它的目的指向就是为了帮助别人，就是为了行善，就是充满人道精神的体现。同时强调这种对人的关心、尊重不仅是对个体的而且更是对整体的。"正如善来自人的需要，人来自社会。……价值相对于人，而人则相对于社会，相对于世人。"④

与体现人格的高尚（至上）的爱恰恰相反的更是冷漠而非是恨。"爱的真正对立而其实不是恨，而是冷淡。恨尽管是恶，但毕竟视世人为'你'，而冷淡却把世人变成了'它'——物。所以，我们可以认为，实际上有一样东西比恶本身更坏，这就是对世人的漠不关心。"⑤ 因为冷漠

---

① 弗莱彻：《境遇伦理学》，程立显译，中国社会科学出版社1989年版，第53页。
② 同上书，第95页。
③ 同上书，第38页。
④ 同上。
⑤ 同上书，第50页。

是对人的漠不关心、不尊重，冷漠之人没有把他人当作人而是当作可见可不见的"物"，没有在意识上同情和关爱他人之心就意味着缺乏动机之善，就更谈不上行为之善了。

二 有限的道德相对主义：行动策略

"我们思想方式的相对主义程度，是我们的前人难以想象的。不但对于具体的思想，而且对于思想本身的思想（认识价值）、对于善本身（道德价值），我们都持有完全的、不可改变的'偶然'态度。境遇论者正如避免祸患、避免'绝对'一样，也避免诸如'决不'、'完美'，'永远'和'完全'之类词语。"[①] 从弗莱彻的这段话可以看出，他的境遇论包含了道德相对主义的成分。道德相对主义或道德相对论是相对主义（拒斥确定性的哲学学说）在道德领域的一种特殊表现形式，它主张道德规范、道德原则并非是具有绝对普遍性和同一性的，而是相对于特定的社会、民族或文化的。境遇论所运用的道德相对主义的"战术"是有限的，而不是无限的、绝对的，就是说是有限的道德相对主义。因为，境遇论"直截了当地主张，只有一条原则——爱。至于爱在实践中的涵义，没有任何预定处方。其余一切所谓的原则或准则都是相对于特殊的具体境遇的！如果说还有什么规则的话，那只是些根据经验行动的方法而已。"[②] 也就是说，有限的道德相对主义意味着除了"爱"这一绝对原则以外，任何的道德原则都没有绝对性，都相对于具体的境遇，都要具体问题具体分析。这种在"原则"中包含绝对的成分"爱"在具体境遇的考量就是"有限的道德相对主义"的含义——原则相对论。"境遇论者认为任何原则都不能缺少爱，同时对任何原则都只能作暂时性考虑。"[③] 在这里境遇论用基督教的爱这一总原则来统领一般原则，而不认为一般原则有绝对的意义，这并非意味着完全排斥原则、规范，而是乐于充分利用并尊重原则，它把原则视为箴言而不是律法或戒律，只不过原则不能与爱相冲突，这就表明了原则非永久的，一般原则只有在具体境遇中进行权衡、

---

① 弗莱彻：《境遇伦理学》，程立显译，中国社会科学出版社1989年版，第32页。
② 同上书，第25—26页。
③ 同上书，第23页。

考量才能显示其价值和意义。"有限性"意味着并不完全抛弃原则、律法或规范,而是既尊重原则,又不固守教条。有限的道德相对主义体现在具体的境遇中,它是我们进行道德选择的行动"策略"。有限的道德相对主义作为一种行动策略意味着:在具体的境遇中进行道德选择时应该秉承一种既尊重某种普遍共识又尊重差异性存在的行动策略,秉承一种原则性和灵活性相统一的行动策略,以及在具体境遇中用爱的精神对原则与规范进行考量看其能否适用的行动策略。

三 "爱的计算":运作戒律

在具体的境遇或背景下如何进行道德选择?弗莱彻认为要通过"爱的计算"(也可称为"爱的权衡")进行选择——"在每一个背景下,我们都必须识别、必须计算。没有爱心的计算是完全可能的,但没有计算的爱是决不可能的。"①"爱的计算"过程就是道德选择过程,它是境遇道德选择理论的核心和运作戒律(准则)——在具体的境遇中,通过慎重的计算或者说仔细的权衡,以发挥"爱的创造力"和"爱的有效性",避免情感的盲目冲动和目光短浅、尽可能考虑到所有人的利益。"爱的计算——古希腊人称之为慎重——加强了爱的创造力和有效性,它避免了当爱发挥作用时情感上的缺乏远见或选择上的盲目性。有权享受爱的每个人,在同他人交往中都应得到满足。这就是爱的伦理学在具体境遇中的运作戒律:需要找到绝对的爱的相对的行为方向。"②"爱的创造力"需要在具体境遇中考虑各种背景因素的影响,如果遵循现有的原则不能很好地解决现有的矛盾与问题的话,又必须放弃该原则而发挥创造力以体现爱;"爱的有效性"意味着通过计算尽可能地给各方都带来好的效益或效果;爱的计算的目的是找到绝对的爱的相对的行为方向,也就是在绝对的、以爱为原则的统领下,在具体的境遇中,综合各种背景条件,通过计算,采取能够对各方带来最大利益或效果的行动。

在此,我们首先想知道的是"爱的计算"计算的是什么?也就是何为计算的对象?或者说以什么标准进行计算的?

---

① 弗莱彻:《境遇伦理学》,程立显译,中国社会科学出版社1989年版,第119页。
② 同上书,第73页。

这个计算对象就是：在具体境遇下的决定行为的各种背景因素（如 who, what things, where, when, why 等等）以及行为的目的、手段、动机和带来的结果等，这就是行为的格式塔，必须考虑、权衡，从这些因素所构成的整体中进行把握。"如果或只要行为是表达爱心的，它就是正当的。行为的正当（即其正确性）不在于行为本身，而完全在于行为的格式塔（Gestalt），在于表达爱心的结构，在于境遇中、全部背景中一切因素的总合的整个合成物。……这就意味着仔细考察目的、手段、动机和结果的全部作用。"① 由此可见，对决定行为的各种背景因素以及行为的目的、手段、动机和带来的结果等考量、权衡或计算就是"爱的计算"的对象，只有对它们进行"爱"的综合考量，行为才是道德的、正当的。

对决定行为的各种背景因素以及行为的目的、手段、动机和带来的结果等进行计算或权衡、考量，不仅需要善良的意向、关心，而且需要可靠的信息来帮助我们进行行为的道德权衡，不可靠的信息极易导致判断失误、行为出现严重偏差。因此，这种综合判断的过程是一项智力活动。"道德选择需要关心、可靠的信息以及善良的意向，同样需要智力。"② 这里的"智力"就意味着需要有"计算"或权衡的能力，在具体的境遇中权衡行为是否是善的目的与动机？是否是善的手段？是否能带来善的结果？这样才能面对复杂和矛盾的现实世界。

除此之外，"爱的计算"还需要权衡以下内容。

1. "爱的计算"是一种既考虑近期和当下又考虑长远的爱。否则，"如果不同时计算所做决定的最近的和长远的结果，爱就会变成自私的、幼稚的、软弱的，就会暗中破坏爱自身的包罗一切的无限作用。"③ 这里，"冲动的、自私的、幼稚的"是指被眼前的利益所惑，或者充满美好的遥远幻想而不够脚踏实地所采取的不成熟、不合理行为。而通过"爱的计算"使得在具体的境遇下通过权衡眼前和长远、当下和未来的利益，使行为更加成熟、合理。

2. "爱的计算"需要认真负责、小心谨慎、考虑周全或者说考虑到

---

① 弗莱彻：《境遇伦理学》，程立显译，中国社会科学出版社1989年版，第119—120页。
② 同上书，第94页。
③ 同上书，第80页。

一切方面。"我们永远处于负有复杂责任的社会中,这就是要给予别人一切应得之物。在这种情况下,爱就不能不具有计算、小心、慎重和分配的属性。爱必须考虑到一切方面,做一切能做之事。"① 其实,"爱的计算"的过程就是充满爱心的道德选择过程,需要行为实施前的认真、周全的考虑,需要行为实施过程中的小心谨慎、责任担当,更需要行为能够给相关各方带来最大的利益或福祉。在计算过程中,往往既要考虑到行为带来好的结果(正效应),也要考虑到行为带来不好的结果(副效应),只有行为的正效应大于或远大于副效应,且副效应对人的生命和健康没有不良的危害时才是正当的、道德的。例如,临床上的所谓"双重效应原则"就适用于这样一类情况:某个行为(如手术)的目的是好的,而且也可以带来明显的良好效应(正效应),这是行为的直接效应,是行为的目的;同时这一行为也会伴随着一些不可避免的副作用(副效应),这是行为的间接效应,但不是此行为的目的。只有行为者出于善良的动机、行为的目的指向直接效应,且行为的相关各方从正效应中得到的好处必须大于或远大于副效应,同时副效应没有"不良的危害"(对人体有明显的或潜在的伤害,而不是打针、动手术的可忍受的皮肉之苦或者说吃药带来的一般副作用)时,这类行为才可以认为是正当的、道德的。由此可见,临床上的"双重效应原则"其实是认真负责、考虑周全和小心谨慎的"爱的计算"的结果,同时也体现了动机论和效果论的有机统一。

3. "爱的计算"需要"无偏见",即追求世人的利益,不管我们喜欢或不喜欢他。"无偏见的爱只能意味着公正无私的爱,范围广泛的爱,一视同仁的爱,对汤姆、狄克、亨利等任何人的爱。这种无偏见的爱是有可能存在的,因为——如我们所说——爱追求世人的利益,不管我们喜不喜欢他。"② 为何如此呢?这是由于爱的职责的特征使然,"爱的职责不是同特别喜欢的人打交道,不是找朋友,也不是'迷恋'某个唯一者。爱的范围广阔无垠,它普遍关心一切,具有社会兴趣,对任何人都一视

---

① 弗莱彻:《境遇伦理学》,程立显译,中国社会科学出版社1989年版,第71—72页。
② 同上书,第98页。

同仁。"①

4."爱的计算"使仇人的利益也要在计算中考虑,"怀有爱心地对待仇人是正当的,除非这样做会伤害很多朋友。"② 在雨果的名著《悲惨世界》里,男主角、失业工人冉·阿让是诚实、善良之人,为了挨饿的外甥而铤而走险地偷面包,被判5年苦役,因不堪忍受监狱非人的生活,屡次逃跑而被加重刑罚,服苦役19年,出狱后仍遭到警察的追逐、社会的冷遇。残酷的现实迫使他产生对社会的强烈憎恨、蓄意报复心理,虽受米里哀主教的热情款待却以怨报德,偷走了他家的银器,但很快就被警察抓回。当警察询问这事时,主教却说银器是送给他的,让他带走。主教宽厚待人的慈悲之心,使他免于再次入狱,他深受感动,决心弃恶从善。冉·阿让用银器换来的钱,逐渐做起了生意,并把赚来的钱,帮助许多的穷人,还当上了市长……冉·阿让这个罪犯,在监狱里很多年的劳改没有改变他,主教爱罪人的举动,却彻底改变了他,让他脱胎换骨,使他的一生充满了爱,他又让更多的人享受了爱的阳光。这就是爱的力量——爱能化仇为恩,变敌为友,唯有这样,人间才是充满真爱的和平世界。通过爱仇敌来改变这世界冤冤相报的罪恶循环,从而进入圣洁之爱的传递。当然,"爱仇敌"是一般人力所不及的,是爱的感恩和长期修炼的结果。

5."爱的计算"甚至需要通过"伪装"来实现它。"爱甚至可以伪装自己,变换自己的面目,实际是这样,却假装成那样。在电视剧《痛苦的抉择》中,军事医院的一位护士故意使伤员十分恨她,以激励他们使自己恢复健康,不要她的关照而达到完全康复!爱可以伪装,可以计算。"③ 再如,在临床工作中对于重病患者、年龄较大患者以及精神抑郁患者等严重疾病的诊断结论可采用"善意的谎言"的形式告知,虽然这和患者的知情同意权需要真实的告知相违背,但这种"伪装"是爱的表达,知情同意原则在这种境遇下如果与爱相违背,便不具有道德选择性。

6."爱的计算"有时不考虑使人愉快和满足。"爱不一定令人愉快。

---

① 弗莱彻:《境遇伦理学》,程立显译,中国社会科学出版社1989年版,第98页。
② 同上书,第95页。
③ 同上书,第96页。

上帝之爱不是满足。……例如，基督教的爱不会仅仅由于瘾君子自己想要就给他海洛因；如果给他海洛因，那起码是为了用于治疗。"① 正如道德可以使人愉快和满足，但愉快和满足不都是道德，爱亦如此。

总之，"爱的计算"的"计算的标准"包括上述各种考量或权衡，最主要的就是借用了功利主义的"最大多数人的最大幸福""效用""有用"的思想。"我们的境遇伦理学坦率地同穆勒通力合作，其间没有任何敌对关系。我们选择对大多数人最'有用'的东西。"②

通过深思熟虑的、既小心又充满关心的、理智的"爱的计算"，爱才能成长，才能在现实中得以实现，各种境遇下的行为选择才能达到它应有的价值——正当性或道德性。"如果爱允许理智之火温暖其善行，而寻求越来越多的光、越来越少的热，那么，爱就能成长、成熟起来并得以现实化。"③

四 行动（行为）功利主义：效果论

功利主义在其演变的过程中逐渐形成了两个学派：行动（行为）功利主义和准则功利主义。行动（行为）功利主义的主要代表人物是澳大利亚的著名哲学家斯马特。④ 行动功利主义最根本的伦理原则依赖于人的基本态度或情感：一种诉诸"普遍化仁爱"的情操，这是一种寻求所有人的幸福的情操；这种伦理学主张，一项行动是否正确取决于其后果是否使人类更幸福；具体地说，取决于它是否导致所有有关者的更大快乐（或当不可避免时两项痛苦中之较小者）；在考虑行动后果时，所需计算的是行动的可预期的直接后果，而不是那些更遥远的后果。"行动功利主义是这样一种观点，它仅根据行动所产生的好或坏的整个效果，即根据该行动对全人类（或一切有知觉的存在者）的福利产生的效果（conse-

---

① 弗莱彻：《境遇伦理学》，程立显译，中国社会科学出版社1989年版，第97页。
② 同上书，第95页。
③ 同上书，第98页。
④ 斯马特1920年生于英国剑桥，学术上深受英国传统的功利主义思想的影响。其哲学教育完成于牛津大学，并先后执教于澳大利亚阿德莱德大学和国立大学。斯马特以其直率的功利主义观点著称。他的学说通常被称为行动功利主义，因为他主张行动的正确（或正当）或错误直接取决于其后果的好或坏。与此相对照，一种被称为准则功利主义的学说主张行动的正确或错误取决于所循准则带来一般后果的好或坏。

quence），来判断行动的正确或错误。"① 行动功利主义既不同于仅仅出于动机、行动符合规则的要求、不管行动产生怎样效果的道义论，又不同于在相同的境遇中行动所应遵守准则的好或坏的效果来判定行动正确或错误的准则功利主义。行动功利主义按照行动本身所产生好或坏的效果，来判断行动的正确或错误。而境遇论依据具体情境下的具体行为所产生的效果来确证一个行为的正当性。"事物之获得价值的唯一原因，是它恰巧帮助了人（因而为善）或伤害了人（因而为恶）。……善和恶都是事物或行为的非固有特性。善恶完全依境遇而定。"② 也就是说，行动之所以有价值，是因为要么就是该行动产生了善的结果，要么就是该行动产生恶的结果。价值判断与善恶有关，善的效果是帮助了人、给人带来益处，恶的效果是伤害了人、给人带来坏处。以行为直接产生的效果来判断行为的正当性，表明了境遇论与行动功利主义的特征是相符的。而且，境遇论把是否是道德行为及其评价置于具体的境遇中进行理解和把握也和行动功利主义具有一致性。"行为功利主义本质上认为，人人都应该使自己的行为为其影响的所及的每个人都带来最大量的大于坏处的好处。这一理论的倡导者不相信可以为行为制定什么规则，因为他们认为每一种境遇和每个人都是不同的。这样，每个人都必须估量自己所处的境遇，努力认清什么行为将不仅为自己（如同利己主义那样）、而且为与此境遇相关的每一个人带来最大量的好结果，而把坏结果减少到最低程度。"③ 一般情况下，一个行动往往带来善恶并存的效果，但无论是行动功利主义（行为功利主义）者或者是境遇论者都期望此行动能够给相关各方带来最大的好处，同时产生最小的损害。例如，"救助自然灾害中的受伤者，在医疗资源不可能救助所有受伤者时，医生们就集中治疗那些他们知道可以救活的伤员，而暂时不管那些'无望'的伤员。在第二次世界大战北非战场上，当时青霉素不能满足所有战士的需要，只得用于患淋病的士兵，因为他们会很快恢复战斗力。这些事例看起来非常残酷，但

---

① ［澳］斯马特、［英］威廉斯：《功利主义：赞成与反对》，牟斌译，中国社会科学出版社1992年版，第4页。
② 弗莱彻：《境遇伦理学》，程立显译，中国社会科学出版社1989年版，第45—46页。
③ ［美］雅克·蒂洛、基思·克拉思曼著：《伦理学与生活》，程立显、刘建等译，世界图书出版公司2008年版，第40页。

在具体情境中，功利主义往往起着主导作用。"① 虽然说境遇论带有行动功利主义的色彩，但它们只是"比较"接近，两者还是有所区别的。它们的不同在于境遇论并非完全排斥原则、规范，而是乐于充分利用并尊重原则的，它把原则视为箴言而不是律法或戒律，原则是相对的，而爱却是绝对的。因为，原则不可能适用于所有的境遇，而爱却可以在境遇的道德选择中升华。由此可见，境遇论在一定程度上也带有准则功利主义的色彩，它也不完全排斥动机善和行动符合准则，只不过所应遵守的准则，不是绝对的，需要在具体境遇中来权衡，且不与最高、唯一的绝对原则——爱——相冲突，才是可行的。

---

① 张艳梅：《医疗保健领域的功利主义理论》，载《医学与哲学》（人文社会医学版）2008年第9期，第29—31页。

第 二 章

境遇论溯源

由于弗莱彻出生、成长以及学习、工作均在美国,仅大学毕业后到英国伦敦经济学院做了一段时间的访问学者,因此,他的境遇论离不开英美文化尤其是美国文化的影响。美国文化是欧洲文明与早期欧洲移民在美洲拓荒精神的历史性结合的产物,是在对英国和欧洲传统文化进行反叛和继承的基础上逐步形成的一种现代文化。清教主义、实用主义、相对主义都是影响美国文化的思想基础。正因为如此,弗莱彻的境遇论无不深深地带有这些思想的印迹。首先,清教主义(清教徒所信奉的基督教教义和道德观念)对于美国文化有深刻的影响。它强调个人的自主,强调勤俭致富、勇于开拓,强调社区的共同性,这构成了美国市民社会的道德基础;它是美国文化的根,像一条线规范了从殖民时代到如今的美国的政治和社会文化。因此,清教主义构成了弗莱彻"境遇之爱"的思想基础。其次,美国文化离不开其本土哲学——实用主义,它是"美国精神"的哲学和文化之源,也是美国式的道德价值观念系统,它成为弗莱彻道德选择理论的"战略"。另外,美国的多元文化和相对主义是美国现代或后现代出现的文化特征和思潮,成为了弗莱彻道德选择理论的"策略"。

第一节 基督教伦理与境遇之爱

弗莱彻的境遇论和西方基督教伦理有着密不可分的联系,这不仅是弗莱彻所处的美国社会的基督教背景,而且与他早年从事基督教的学习、研究以及实践有关。"境遇伦理学是基督教伦理学的精髓所系。这种新道德论——正在兴起的当代基督教良心,把基督教行为同僵化的教义与准则相分离。"①

一 基督、基督教伦理与爱

公元1世纪中叶,基督教从犹太教中产生出来,并接受了犹太教中的一些观念,如一神论②、弥赛亚—救世主③,但它没有犹太教那种严格遵守的教义和民族限制,它把人们的希望寄托在了来世,放弃了在现世与罗马帝国的直接对抗,从上帝普爱世人的信仰出发,主张爱人如己,甚至爱自己的仇敌,并且打破了民族界限,以信仰作为被上帝拣选的条件,因而成为了众多民族共同的宗教选择。基督教从其诞生、发展和壮大经历了众多的磨难和血腥,最终成为世界性的宗教,其中原因很多,但最重要的因素应该是其耶稣基督化身的教义。

耶稣(希腊文 lesous 的音译),《圣经》中预言的救世主(上帝通过耶稣要把他的百姓从罪恶中救出来),又称基督(希腊文 christos 的音译,希伯来语发音为弥赛亚,即受膏者——最初指犹太人的王在加冕时受膏油,后指上帝敷以圣膏而派其降世的救世主)、以马内利(神与我们同在)。圣经的《新约》载,耶稣为上帝的独生子,由圣灵感孕童贞女玛利亚,取肉身降世拯救人类。30岁时受施洗约翰④的洗礼,后在加利利传道,宣传上帝的天国近了,要人们悔改相信福音。虽未留下任何著作,他的生平、事迹和教诲却被记录在四篇福音书(是其门徒或门徒的门徒所写:马太福音、马可福音、路加福音和约翰福音)中。相对于基督教

---

① 弗莱彻:《境遇伦理学》,程立显译,中国社会科学出版社1989年版,第62页。
② 一神论(monotheism),是犹太教、基督教和伊斯兰教的特点,它们都将上帝看作是世界的唯一创造者,并且是仁慈的神圣的至善者,管理并插手人类的活动。
③ 弥赛亚(Messiah),希伯来语,与希腊语词基督是一个意思,在希伯来语中最初的意思是受膏者(以油或香油抹在受膏者的头上,使他接受某个职位的意思。就好像在旧约里的君王、祭司及先知,都是用橄榄油来抹在他们的头上,使他们受膏接受神所给他们的职分),指的是上帝所选中的人,具有特殊的权力,是一个头衔或者称号,并不是名字。
④ 约翰这个名字的原意是:耶和华所喜爱的,新约圣经中有四个约翰,其中就包括使徒约翰和施洗约翰。使徒约翰不仅写了记载耶稣言行的《约翰福音》以及记录天上的异象的《启示录》外,还写了三封书信"约翰壹、贰、叁书"。而施洗约翰这个名字前为什么要加上施洗二字?这是跟他为人施洗分不开的,约翰不但宣讲悔改之事,也在约旦河为承认自己有罪的人施洗,甚至还为耶稣施洗。

认为耶稣是弥赛亚,犹太人并不承认耶稣是弥赛亚(因为犹太人苦难深重,盼望的弥赛亚应该是个位高权重、坚强有力之人,或者说应该是带领犹太人推翻罗马统治的强大有力的政治领袖,以除去民族羞耻、重新恢复荣耀地位。谁知道却来了个降生马槽的木匠之子,无权无势,还宣称自己是上帝的儿子,却被钉上十字架好像连自己都救不了),也不接受基督教的新约圣经,他们认为救世主还未降临,还在等待弥赛亚的来临。约公元30年或33年的逾越节(上帝将以色列百姓从埃及的奴役生活中拯救的日子)前夕,耶稣由以色列前往耶路撒冷,犹太上层当权司祭(主持宗教祭典的人)与教士收买了耶稣十二门徒之一的犹大,以30银钱将其收买(犹大不仅仅是为了三十块钱出卖了耶稣,关键是他的贪婪、私欲,甘愿被魔鬼利用,成为工具。或许犹大卖主是撒旦的诡计,撒旦想通过耶稣之死来败坏弥赛亚从而破坏上帝对人类的拯救,而上帝知道撒旦的诡计,反而通过耶稣之死使其真正成为救赎者),在"最后的晚餐"上以亲吻耶稣为暗号,将耶稣拘捕,门徒彼得拔剑削掉一个打手的耳朵,耶稣让其收刀入鞘,申明暴力并不解决问题,彼得只好放下刀来,耶稣在治好了那人之后,终于被抓走,被控"自称为犹太人的君王"的罪名被判处死刑,钉在十字架上,三天后复活,并多次在门徒面前显现(让门徒坚信传讲他曾经传讲的信息),于四十日升天。耶稣的复活日后被定为"复活节"(在每年春分月圆之后第一个星期日。按基督教的说法,耶稣的死是为赎世人的罪,其身体的复活是为了叫信徒得到永生)。一些追随耶稣的犹太人发现,上帝想要通过耶稣基督的献身来拯救所有归信之人(包括犹太人),并使归信者得以永生,于是宣告耶稣是真正的弥赛亚,是基督。自此,即使罗马帝国禁止,基督徒也未曾中止传教活动,影响越来越大;由于罗马皇帝尼禄指示将烧毁罗马城的罪名由基督徒顶下,在耶稣之后的前3个世纪,基督徒受到来自部分犹太教派和罗马帝国政府的迫害。其中罗马政府的大规模压迫和残害,使得许多基督徒死于监狱、斗兽场等地。公元4世纪时,许多罗马上层社会已有相当人数信仰基督教,而母亲是基督徒的君士坦丁一世则认为基督宗教可以拉拢帝国东部新征服地区信奉各种宗教的居民,安抚他们的宗教矛盾,以及出于自己认同基督提倡公义的精神,就把基督宗教定为国教。由于罗马帝国的准许,基督教以更快的速度传遍至罗马帝国全境和邻国。

基督教伦理是从基督教信仰和人类理性的角度出发，以基督教教义作为其重要表现形式，以上帝之爱作为实现人类幸福的纽带，探求人的行为所应遵循的基本规则的理论。

基督教教义是基督教伦理的重要表现形式，基督教的《圣经》是教义的摇篮，最基本的是旧约中的"十诫"和新约中的"登山宝训"。这些戒律具体体现了基督教所要求的伦理规范，是基督教伦理的表现形式之一。《旧约》中最有代表性的是脍炙人口的十条诫命（"摩西十戒"，《申命记》5：7—21），前面的四戒是：除上帝之外不可有别的神（一神教）；不可崇拜偶像（除上帝外，没有别的偶像）；不可妄称神的名（尊重上帝）；要守安息日。① 这些都是基本的宗教规范，是如何建立正当的神人关系的教诲。后面的六诫是：孝敬父母；不可杀人；不可奸淫；不可偷盗；不可做假证陷害人；不可贪恋他人的房屋，也不可贪恋他人的妻子、仆婢、牛驴和他人的一切所有。这些规范是对人类社会的一些最基本的道德要求，也是人与上帝关系在人与人的社会关系中的展现和延伸。"登山宝训"（《马太福音》5：17—48）是指：不可杀人、不可奸淫、不可离婚（除非是为淫乱的缘故）、不可起誓（因为发誓并不能实质增进自己话语的可信度，而应该实话实说、不借用自己无法掌握的其他权威来让别人更加相信自己）、不可报复、爱仇敌。"十诫"和"登山宝训"其总的原则是"爱人如己"（在西方基督教伦理史上被称为"黄金定律"），它奠定了基督教伦理的基础。

耶稣基督的品格是上帝品格的再现，是基督教教徒的模范和基督教伦理的基础。作为上帝（基督教和犹太教的耶和华神名）的儿子，耶稣的品格和行为就是基督教的爱和示范。耶稣在十字架上的死充满了悲壮的色彩，却是饱含了爱的寓意，体现了为世人获得拯救的崇高道德行为。

---

① 安息日（Sabbath），七、休息、停止工作之意，是犹太历每周的第七日（其实是从周五日落开始到周六晚上结束，是每周的星期六，因从日历来看，星期日都是排在一周的第一天的）。安息日不同于后来基督教的礼拜日（主日、星期日，一周的开始，目的是庆祝耶稣复活）。安息日表明了一周的结束，是犹太教每周一日休息日，象征创世记六日创造后的第七日。创世记一开始便记录耶和华在空虚混沌中，用六天的时间先后创造光、空气、地、天、水和活物。第六天耶和华按自己的形象造亚当和并用他的肋骨造了妻子夏娃，将他们安置在伊甸园。耶和华非常满意这一切的创造，定第七日为安息日，歇了他一切的工作。

在基督教信徒看来，人要获得拯救，就要以耶稣这种爱的行为为楷模并按照教义要求的去做。

基督教教义的遵循必须建立在基督教信仰的基础之上，它是由上帝爱的属性与信徒对爱的实践的观念而产生的，只有有爱的信仰才能有爱的实践。爱是对世人的，爱世人是对上帝爱的回应和具体实践，彼此互为一体，不可分开。也就是说，爱世人就体现了上帝之爱，上帝之爱的表达形式就是爱世人。正是这种爱的存在使得基督教的教义成为基督教伦理思想的真实写照。基督教伦理强调的爱是爱世人甚至爱仇人的博爱，它的核心思想是"爱人如己"，它是判定行为正当与否的标准。"在基督教看来，正如我们将要谈到的那样，用以判定任何思想或行为之成功或失败、即正当与否的准则或尺度，就是爱。"①基督教的基本教义是想唤醒人民打破成见、彼此平等相爱，以归向上帝之国——天国②，其宗旨就是要人人都接受上帝，做他的儿女，由于人人爱上帝而又彼此相爱。

二 爱的源泉和内涵："感恩的爱"

"如今常存的有信，有望，有爱；这三样，其中最大的是爱。"（《圣经·哥林多前书》13：13）"爱在《圣经》中占据着重要地位，是整部新约的要旨所在，也是人类生活的要旨所在。因此，人的首要任务就是理解这种爱，向它敞开我们的存在并在生命中将其表达出来。"③"爱"的伦理思想在以一神崇拜为中心的基督教伦理中占据了非常重要的地位。然而，这种爱是一种什么样的性质呢？其实，从某种程度上"基督教的爱是感恩的爱、对上帝感恩的爱，因为上帝为我们、为人类，特别是在耶稣基督的生、死与复活中付出了努力。"④

爱在基督教的道德观念中可分为两个层面：神之爱和人之爱。神之爱包括上帝之爱与基督之爱。由于基督是上帝之子，故基督之爱就体现了上帝之爱，"上帝就是爱"（《圣经·约翰一书》4：8），上帝就是爱的

---

① 弗莱彻：《境遇伦理学》，程立显译，中国社会科学出版社1989年版，第31页。
② 天国在圣经上又称为"神的国"系指神的选民将来要去的永生国度（马太福音8：11）。
③ [德]卡尔·白舍客著：《基督宗教伦理学》，静也、常宏等译，上海三联书店2002年版，第104—105页。
④ 弗莱彻：《境遇伦理学》，程立显译，中国社会科学出版社1989年版，第131页。

化身和代名词,表现为上帝创造天地万物、赐予人的生命,同时对人类"原罪"①的惩罚亦是出于爱,表现为上帝不忍看到人类背负永远的罪责和苦难的命运而差其子耶稣为人类赎罪,直至上十字架。"不是我们爱神,乃是神爱我们,差他的儿子为我们的罪作了挽回祭,这就是爱了。"(《圣经·约翰一书》4:10)这就表明,上帝是爱的本源,爱是上帝的显明,显明在了耶稣基督的身上。"主为我们舍命,我们从此就知道何为爱。"(《圣经·约翰一书》3:16)"耶稣基督的真正意义就在于具体体现了上帝之爱,体现了上帝与其创造物之间的真正统一。"②

人之爱,包括人对上帝之爱和对他人之爱。两者都可以理解为"感恩的爱"。因为前者是后者的基础,后者是前者的体现。爱他人乃爱上帝的表现,是感恩,是神圣,是超越,并与终极的价值关怀相联系。

"感恩的爱"需要你爱上帝,这是对神的爱的回应。在《圣经》中,爱这个词"首先指的是上主对人的爱或人对自己邻人应有的爱,而很少用来描述人对上主的态度。在人与天主的关系之中,人所应持的态度是信仰(faith)。尽管如此,好几个《圣经》文句还是或含蓄或直白地谈到了人对上主的爱。的确,人对天主的回应(man's response to God)包括了一些不能仅仅被'信仰'这个概念所穷尽的要素。"③也就是说,信仰是人对天主(上主、上帝)之爱的回应,但信仰这个概念是不能穷尽人对天主的回应的所有要素的,还包括"感恩的爱"即人对上帝的感恩之爱。而人是看不到上帝的,上帝在信仰者的心中,因此,作为上帝的子民,"感恩的爱"在现实社会中的表达就是人对自己邻人(世人)应有的

---

① 原罪:是与生俱来、无法洗脱的罪。由于隐身于蛇形的魔鬼的引诱,使亚当、夏娃偷吃禁果,从此,他们眼睛明亮、能分别善恶、知道羞耻,并用树叶蒙上了自己的下身,开始成为知羞耻、善恶,有思维能力的"人",但他们却违背了上帝的意志——住在伊甸园、不能吃善恶树上的果子。因而亏欠了上帝的荣耀,产生原罪,并遗传给后世子孙,成为人类一切罪恶、灾难、痛苦和死亡的根源。按照西方的观念,人一生下来就在上帝面前成为"罪人",即便是刚出世即死去的婴儿,虽未看到世界,仍有与生俱来的原罪。"原罪"是基督教教义、神学的根本,因为"原罪",才需"救赎",才有"救世主"和基督教的产生。否则,干吗要基督教呢?

② 姚新中著:《儒教与基督教——仁与爱的比较研究》,赵艳霞译,中国社会科学出版社2002年版,第150页。

③ [德]卡尔·白舍客著:《基督宗教伦理学》,静也、常宏等译,上海三联书店2002年版,第105页。

爱。弗莱彻认为，"如果基督不是由于我们做出反应的爱，即回答他的赎罪之爱的感恩而降生在我们自己的心中，即使他千百次地诞生在千百个马厩里，被放在千百个马槽里和千百个伯利恒城镇，我们也没有作为基督化身的信仰，也不知道何谓基督教。"① 这就表明，"感恩的爱"是回答基督赎罪之爱的感恩而降生在内心的爱，是对基督赎罪的反应之爱和对基督化身的信仰之爱。

"感恩的爱"引领你遵循上帝的教导——爱人如己。这就需要对他人有一种慈爱和包容的心怀，恒久和信任的态度，不嫉妒和不算计的品德，不自夸和不张狂的个性，求真理和讲义气的气概。"爱是恒久忍耐，又有恩慈；爱是不嫉妒，爱是不自夸，不张狂，不作害羞的事。不求自己的益处，不轻易发怒，不计算人的恶，不喜欢不义，只喜欢真理；凡事包容，凡事相信，凡事盼望，凡事忍耐。"（《圣经·哥林多前书》13：4—7）如此，就能够赎罪而获得救赎或拯救。

"感恩的爱"召唤你将爱付诸行动。"爱是永不止息"（《圣经·哥林多前书》13：8），即爱需要在永不止息、一生一世的行动中予以表达。爱是生命过程中善行与感恩的信仰之统一。否则，光有内在爱的情感和语言却没有行动的爱是苍白的、虚伪的、戏剧表演式的；而外在的善行若不是出于内在的爱的激励，却是欲望、名誉、荣耀的驱使，也不是真正的爱，而是自爱、私爱。故而，无善行的爱是虚假，没有爱的善行是自私。

三 绝望中的希望：道德行为的动力

经耶稣十二门徒的传教，基督教首先在被压迫的犹太人中传播，然后在罗马帝国的奴隶、贫苦百姓中流传，再后来流传到了罗马帝国的达官贵人甚至国王以及其他国家的人民。基督教有如此大的感召力和魅力，不是仅仅对悲惨的生活采取悲观消极、听之任之的态度，而是在于让绝望的人满怀希望、苦难的人满怀憧憬、悲观的人得到安慰、没有尊严的人得到尊严。基督教脱胎于犹太教，但却超越了犹太教的此岸性，把人们的希望寄托在了来世，变成了人们的向往、追求、勇气和动力，成为

---

① 弗莱彻：《境遇伦理学》，程立显译，中国社会科学出版社1989年版，第132页。

人们希望走向彼岸世界的福音和期盼。

彼岸世界（天国）是令人期待和向往的充满正义、平等、无私、光明、纯洁、真理、永恒的爱的世界和伊甸园，而现实世界充满了矛盾与痛苦、阴暗与罪恶、虚假与不公、谬误与私利。人的困惑与痛苦正是在这种现世与来世、此岸与彼岸、人间与天国的矛盾、冲突中产生。这种现世（人间）和来世（天国）的二元论观点正是基督教的基本预设，而且通过基督教贬低现世、歌颂来世，主张生活真正的、唯一的意义在于和上帝沟通，如此，基督教才有了存在的意义，人们才能进入天国，获得拯救，并享永恒的荣耀、光明和幸福。这样就使被压迫的贫苦百姓在信仰中感到了尊严和公平，他们会这样认为："不公正之所以能在现世畅行无阻，是因为地狱早已为不公正者们预备好了，而永恒的祝福则专为虔敬者们保留。"①这是对无奈而痛苦的现世采取一种带有强大力量的消极态度。韦伯②说："这种对所有经验到的存在的摒弃，是一种消极的态度；但同样明显的是，这种摒弃可以给人们的伦理生活注入强大的力量。"③生活贫困、地位低下、欲望难填，所有这些痛苦的经历，却在基督教的感召和教诲下，产生了积极意义。这使得每一个信仰之人都不再孤独，同时也获得了生活的目标、生命的意义，从而在现世的绝望中给人们带来心中的光明和希望，成为践行道德行为的不竭源泉与动力。"希望给予人一种力量，有了这种力量，人在困境与不幸之中也可以从事和追求分配给自己的各种任务和目标，可以做出饱含着巨大努力与牺牲的

---

① D. N. Barrett, T. Parsons, E. Shils, K. D. Naegele, J. R. Pitts, *The Theories of Society, Foundations of Modern Sociological Theory*, The Free Press of Glencoe, Inc 1961, p. 1390.

② 马克斯·韦伯（Max Weber, 1864—1920）德国著名社会学家、政治学家、经济学家、哲学家，曾在柏林大学、维也纳大学、慕尼黑大学等高校任教，现代社会学的三大奠基人之一（其他两人是卡尔·马克思和埃米尔·涂尔干），公共行政学最重要的创始人，被称为"组织理论之父"。他认为"新教伦理"与"资本主义精神"之间存在一种内在的联系，新教伦理是一种把个人在尘世中完成所赋予他的工作责任当作一种至高无上的天职和义务，这样特定的世俗活动也具有道德意义，人也能获得拯救，这种联系成为促进社会发展的心理驱动力和道德能量，从而导致了资本主义精神的萌芽和发展。

③ D. N. Barrett, T. Parsons, E. Shils, K. D. Naegele, J. R. Pitts, *The Theories of Society, Foundations of Modern Sociological Theory*, The Free Press of Glencoe, Inc 1961, p. 1129.

道德选择，并可以在其中百折不挠。"①

四　信仰与境遇之爱

彼岸世界与此岸世界，"神圣性与世俗性似乎在基督教的宗教哲学中可以合一，因为两者有共同的精神关切：追求生命的永恒。在世俗社会中寻求安身立命之本，以希冀在神圣世界中寻求人的个体生命的永恒。于是，人的个体生命的有限性与上帝的无限性不再是矛盾的，在基督教那里，是可以统一的，因为他们可以通过信仰的力量，将'自己的有限同上帝的无限联系起来'"。②

基督教把信仰奠定为道德的基础，信仰就是让圣灵常住心间。圣灵是万有被立之前创造宇宙的三位一体之上帝中的第三位格，是出于圣父和圣子，上帝借着圣灵向人说话，其中的特殊启示就是圣经。圣灵是受上帝差遣派到世间来的保护者，当一个人真心诚意信仰上帝时，圣灵就会住在其心中，成了他更高标准的良心。"如果上帝的灵住在你们心里，你们就不属肉体，乃属圣灵了。人若是没有基督的灵，就不是属基督的。基督若在你们心里，身体就因罪而死，心灵却因义而活。"（《圣经·罗马书》8：9—10）有了信仰，人才能得到"救赎"——"对灵魂的救赎"。救赎与原罪观念是联系在一起的。由于原罪，人人都成了永不可变的负罪之身；由于救赎，人们又被重新赋予了新生的希望。原罪是受到蛇的引诱背叛上帝的结果，而救赎是信仰的使然、是圣灵住在心中的悔过行动、是新的希望的复活。"基督已经从死里复活，成为睡了之人初熟的果子。死既是因一人而来，死人复活也是因一人而来。在亚当③里众人都死了，照样，在基督里众人也都要复活。"（《圣经·哥林多前书》15：20—22）

---

① ［德］卡尔·白舍客著：《基督宗教伦理学》，静也、常宏等译，上海三联书店2002年版，第92—93页。

② 张庆熊、徐以骅主编：《基督教学术（第2辑）——宗教、道德与社会关怀》，上海古籍出版社、上海世纪出版集团2004年版，第48页。

③ 亚当是耶和华按照自己的形象用尘土创造的第一个人类，后上帝又用亚当的肋骨造了其妻子夏娃，二人住在伊甸园中，上帝告诉他们，除善恶树上的果子不可吃外，园中果实均可享用。然夏娃经不住蛇的引诱，偷食了善恶树的禁果，并让亚当食用，从此二人被耶和华逐出伊甸园，成为人类的祖先。

信（仰）与爱是分不开的，信（仰）是人对上帝之爱的回应。爱不能取代信，没有信，爱便失去方向；没有爱，信就失去本质。基督教的精神集中地体现在两条最大的诫命之中，即"你要尽心、尽性、尽意、尽力爱主你的上帝。其次就是说，要爱人如己。再没有比这两条诫命更大的了。"（《圣经·马可福音》12：30—31）这两条诫命构成了基督教的核心和精髓，"尽心、尽性、尽意、尽力地爱主你的上帝"表达了基督教最基本的信仰：跟随、坚信上帝和基督教，超越现世和此岸，追求来世和彼岸，淡漠世俗的物质生活，潜心精神修养，体现了"信仰的共同性"。"爱人如己"传递和展示了关心他人的仁爱思想，与孔子所主张的"己欲立而立人，己欲达而达人""己所不欲，勿施于人"的忠恕之道表达了相同的含义，是基督教伦理的核心思想和主题，体现了"亲密共同体的道德"。

在"爱上帝"和"爱人如己"二者的关系中，无疑包含着和谐统一的一面。新约的许多论述，如"我们若彼此相爱，上帝就住在我们里面，爱他的心在我们里面得以完全了"（《圣经·约翰一书》4：12），"人若说，'我爱上帝'，却恨他的弟兄，就是说谎话的；不爱他所看见的弟兄，就不能爱没有看见的上帝"（《圣经·约翰一书》4：20）等，都清晰地体现了两条诫命之间的这种统一关系：既然爱上帝是爱他人的本原根据，爱他人又是爱上帝的体现完成，那么，一个人只有出自真心地去爱创造世上万物的上帝，才有可能出自真心地去爱作为上帝造物的他人；反之，一个人只有出自真心地去爱作为上帝造物的可见的他人，才有可能充分体现他（她）对不可见的造物主——上帝的真心之爱。

十分明显，这里的"爱上帝"体现了"信仰的共同性"；这里的"爱人如己"，意味着尊重、关心、善待他人，就像尊重、关心、善待他自己一样。从根本上说，爱人就是尊重人之为人的本性，并将其个性从受压抑的环境中解放出来。用尊重人、善待人、解救人、把人当人看待等来诠释"爱人如己"，这里面包含着一种"亲密共同体的道德"以及"人人生而平等"的社会公平理念。人是按上帝的形象造的（《圣经·创世记》1：26），这是人人生而平等、必须受到尊重和善待的最根本的依据。

境遇之爱是在具体的境遇或情景中所要践行与表达的人间之爱，境遇之爱也是以基督教信仰为基础的,同样强调"爱世人""爱人如己",体现出一种"亲密共同体的道德"。只不过对"亲密共同体的道德"弗莱彻用同样意思的另一句话来表达即"爱是信仰的横向功能",他说:"上帝无需我们服务,我们为世人服务便是为上帝服务。这就是我们报答上帝之爱的方式。我们只有如此才能报答上帝之爱。用一位美国路德教教友 J. 西特勒的话来说:'爱是信仰的横向功能,正如祈祷是信仰的纵向功能一样。'"① 这就是说,人具有爱心、爱意是与人的信(仰)密切相关的。"爱是信仰的横向功能"意味着在处理横向的人与人的关系方面,每个人都要像尊重上帝那样尊重他人、要像爱上帝那样爱他人,要遵循这样的原则:爱人如己。弗莱彻的境遇论的核心恰恰是继承了基督教的爱的伦理思想,因此,又被他称其为基督教的境遇伦理学。"基督教境遇伦理学只有一条规范、原则或律法(随你怎么叫)具有约束力而无可指摘,不论境遇如何它总是善的和正当的,这就是'爱'——关于爱上帝,爱世人这一综合戒律的神爱。其他一切律法、准则、原则、典范和规范,毫无例外都是有条件的,只有当它们在某一境遇下恰好符合爱时,它们才是正当的。基督教境遇伦理学并不是依照某种规则生活的体系或纲领,而是要通过服认爱的决疑法,努力把爱同相对性的世界联系起来。"② 这种在具体境遇下具体问题具体分析、不把律法作为绝对性的要求而把爱作为最高准则和判断标准就是"境遇之爱",它体现了基督教伦理"爱人如己"的核心思想和博爱情怀。从而表明了弗莱彻的境遇伦理(境遇论)和基督教伦理一脉相承的关系。

五 基督教伦理与境遇伦理

弗莱彻的境遇伦理(境遇论)和基督教伦理虽然有一脉相承的关系,但也不是完全相同。两者既有相同之点、又有差异之处。

基督教伦理以爱作为伦理原则。"上帝就是爱"(《圣经·约翰一书》4:8),上帝是道德的典范、楷模,不仅具有真诚、善良、怜悯、慈爱、公正、圣洁的本质特征,同时上帝也把这种美德传递给他人,要求跟随

---

① 弗莱彻:《境遇伦理学》,程立显译,中国社会科学出版社 1989 年版,第 133 页。
② 同上书,第 20—21 页。

之人效仿。基督教的爱不是一种配得的爱、不是企图占有的爱，也不是一种论功行赏的爱；它是自发的、无缘由的爱，它是主动给予、是不自私、是以上帝爱人为榜样的爱。基督教伦理中，善是与爱相统一的。善行即指爱人、爱上帝，并且把"爱你的邻舍""爱人如己"作为爱上帝的体现。

境遇伦理同样继承了基督教伦理爱的精神，并作为具体境遇下道德选择的最高和绝对的原则，"只有爱，倘能很好地实行，在每个境遇中就总是善的和正当的。爱是唯一的普遍原则"①，而且弗莱彻也认为善是与爱相统一的，"我们说爱永远是善的，这意味着在任何特定境遇中，凡是表达了爱的东西都是善的！"②

伦理学所讨论的是善恶问题，而分辨善恶首先应该判别动机的善恶。基督教伦理正如康德的道义论一样也是一种强调动机善的伦理，强调内心有做善事的渴望，引导人们行善不是出于勉强而是出于甘心，判别善恶的着眼点在于人的心中、在于人的动机。"你们或以为树好，果子也好；树坏，果子也坏。因为看果子就可以知道树。……因为心里所充满的，口里就说出来。善人从他心里所存的善就发出善来；恶人从他心里所存的恶就发出恶来。"（《圣经·马太福音》12：33—35，《圣经·路加福音》6：45）既然基督教伦理是强调人的动机，那么是什么动机呢？新约的"书信"已回答了这个问题，它所要求的伦理动机就是爱的动机或者说是善的动机；而且基督教伦理又是追求结果善的伦理，"上帝之爱所规定的一切就是，我们要努力促成他人的利益。"③ 境遇伦理继承了基督教伦理同时兼顾动机善和结果善的观点，强调在具体的境遇中，道德选择必须首先具有善（爱）的动机，同时还要关注、追求善的结果；不仅如此，境遇伦理还需要在具体境遇中以"爱的计算"作为道德选择过程中的"运作戒律"，体现从动机到结果整个过程的"过程善"。

基督教伦理强调普遍的平等，即在人格、权利、尊严、自由、生存

---

① 弗莱彻：《境遇伦理学》，程立显译，中国社会科学出版社1989年版，第47页。
② 同上。
③ 同上书，第89页。

等方面的普遍平等。这是基于在上帝面前人人平等、人在上帝面前具有同等的价值的理念。因为人是上帝按照自己的形象和样式造的,人都是"上帝之子",所以彼此间拥有平等的身份,因而彼此需要平等相爱,"爱你的邻舍""爱人如己"。境遇伦理同样继承了基督教伦理人人平等的理念,为此,弗莱彻提出了其境遇论的重要观点:"爱同公正是一回事"。但弗莱彻并非主张一种无差别的平等,而是在具体境遇下更多照顾弱者利益的平等。

基督教伦理以《圣经》(基督教信仰的最高权威)为基础、以上帝与人的关系为先,强调人在处理好横向的人与人之间的关系之前,先要处理好人与上帝间的这种纵向关系。纵向关系是横向关系的保证,如果纵向关系处理好了,就有了行善的内在动力,横向关系就能处理得好。这说明基督教伦理是从神学开始的,是神学伦理学。而境遇伦理是"世俗化"的基督教伦理,因此,纵向关系是为世俗化的横向关系"服务"的,它更强调在具体境遇下处理好横向的人与人之间的关系,强调"爱是信仰的横向功能"。境遇伦理作为世俗化的伦理流派,反映了西方社会生活的需要和变化,表达了人们在谋求发展的过程中力图处理好人与人之间的关系的心声。

基督教不仅仅关注今生,更重要的是关注来世,认为人的罪恶可以通过信仰在上帝那里得到宽恕,在来世中解除痛苦和灾难,在彼岸中获得幸福。而境遇伦理重点关注的是今生今世、关注当下、关注在具体境遇下的道德选择;境遇之爱的一条原则就是:"爱当时当地做决定",但并不完全抛弃未来,"它处理此时此地之事,不热烈地关注过去,也不逃避现实地关注未来。"①

基督教伦理是启示的伦理、是绝对的律法伦理,这种"绝对"就体现在《圣经》的戒律之中。"西方三大宗教传统——犹太教、天主教和新教都是律法主义的。……依照这种方法,人们面临的每个需要做出道德决定的境遇,都充满了先定的一套准则和规章。不仅仅律法的精神实质,连其字面意义都占据支配地位。"② 但境遇伦理不是这样的,它是介乎律

---

① 弗莱彻:《境遇伦理学》,程立显译,中国社会科学出版社1989年版,第113页。
② 同上书,第11页。

法主义与反律法主义的无原则方法之间的"第三种方法",这种方法带有明显的相对主义色彩,"我们在理解良心的时候,力图具备境遇的和当代的特点,所以我们可以再为我们的方法贴上一个标签,即相对主义。"① 这是它区别于基督教伦理的最大地方,即准则或原则相对论。而且境遇伦理的这种相对主义是有限的相对主义,不是绝对的相对主义,因为它并没有将原则或规则完全排除掉。境遇论者"他尊重这些准则,视之为解决难题的探照灯。他也随时准备在任何境遇中放弃这些准则,或者在某一境遇下把它们搁到一边,如果这样做看来能较好地实现爱的话。"②

第二节 境遇论的实用主义"战略"

诞生于19世纪70年代的实用主义是美国的本土文化的代表和反映,也是美国社会脱胎于欧洲文化母体之后所创生出来的鲜明而独特的哲学和伦理学。在美国独立(1776年7月4日)后的一个世纪里,渗透着创业者的锐意进取、乐观向上、注重实效的精神,一个欣欣向荣、充满生机的崭新大陆开始令世人刮目相看,这种成就正是实用主义在哲学上的概括和反映,它构成了整个美国文化和科技时代的精神气质,是"美国精神"的标志。而弗莱彻的境遇论在美国的产生不可能离开美国的本土文化,从一定意义上说,可以把境遇论看作是美国实用主义和基督教伦理学中爱的精神结合的产物。弗莱彻说,他的《境遇伦理学》这本书自觉地吸取了美国实用主义的启示。当他还是个神学学生时,就曾公开宣称是皮尔士③、

---

① 弗莱彻:《境遇伦理学》,程立显译,中国社会科学出版社1989年版,第32页。
② 同上书,第17页。
③ 查尔士·皮尔士(Charles S. Peirce, 1839—1914)美国哲学家、实用主义的创始人,他的《如何使我们的观念清楚》一书的出版(1878年)标志着实用主义的来临,后来又发表了一系列阐述他的科学逻辑的文章,但都没有引起人们的注意,直到1898年詹姆士把他的哲学冠以"实用主义"的名称大力推广,人们才把他尊为实用主义的创始人。皮尔士生前没有出版过一本哲学著作,他丰富的思想是在他的遗稿出版之后才被发掘出来的。大部分论著由后人整理成《皮尔士文集》。

詹姆斯①、杜威②的拥护者。作为实用主义的忠实继承者,弗莱彻坚定地说道:"我们的战略是实用主义的"③,他把实用主义当作境遇论中事关全局的、整体的、宏观的"战略",足以说明弗莱彻受其影响之深。

一 境遇论实用主义"战略"的论证

境遇论为何将实用主义作为自己的"战略"呢?这是因为实用主义反应了美国的历史和文化,从美国建国之初就深深扎根于美国人民的心中,而境遇论作为比较晚的诞生于美国的伦理学方法当然深深地打上实用主义的烙印。

美国1776年获得独立,19世纪上半叶进行工业革命,1861年南北战争(美国工业革命后的唯一一次内战,北方获胜,消灭了奴隶制)后经济起飞。19世纪末20世纪初,自然科学技术突飞猛进的发展,给人类社会生活和思想带来了巨大的变化,尤其是达尔文④的进化论传入美国,使人耳目一新,现代自然科学的实践性、实效性和具体性,成了实用主义哲学的楷模,极大地改变了人们固有的传统哲学思想及传统思维方式。正是借助自然科学的伟大成果,实用主义的主要代表人物如皮尔士、詹

---

① 威廉·詹姆斯(William James,1842—1910)美国哲学家、心理学家和教育学家,实用主义的倡导者,美国机能主义心理学派创始人之一。詹姆斯在其《心理学原理》提出了著名的"意识流"思想,他反对当时流行的冯特式心理学把心理现象分解为各种感觉、感情元素的做法,主张意识是不可分解的整体。他把"自我"分为物质自我、社会自我、精神自我。1907年,詹姆斯出版了《实用主义:旧的思维方法之新名称》,扩展了皮尔士的实用主义,使之更加体系化。他把"有用就是真理"运用到道德领域,试图以结果的有用性给善下定义。

② 约翰·杜威(John Dewey,1859—1952)近代美国教育家、思想家,曾提出"教育即生活"、"学校即社会"以及"从做中学"的观点,也是实用主义的集大成者(实用主义理论大厦的建造者,而皮尔士是实用主义的创始人、詹姆士使实用主义更加体系化)。民国时期一些重要人物如胡适、陶行知、郭秉文等均是其学生,在其执教的美国哥伦比亚大学留学,他的"从做中学"的教育主张,对蔡元培、晏阳初以至毛泽东等都有一定的影响。"五四运动"前后,他曾来中国讲学,促进了实用主义在中国的传播。

③ 弗莱彻:《境遇伦理学》,程立显译,中国社会科学出版社1989年版,第32页。

④ 查尔斯·罗伯特·达尔文(Charles Robert Darwin,1809—1882)英国生物学家、进化论的奠基人,曾进行历时5年的环球航行,对动植物和地质结构等进行了大量的观察和采集。1859年出版了轰动世界的名著《物种起源》,认为各种生物并非上帝创造,而是在生存斗争中不断进行自然选择,并由简单到复杂、低等到高等的不断发展变化的过程,提出了"物竞天择、适者生存"的进化论思想。

姆斯、杜威等创立和发展了实用主义哲学，并以此作为解决实际问题的世界观和方法论。

人类工业文明所升华的一种宝贵的品格以及人类向自由王国飞跃所展现的一种基本态势就是一种开拓进取、注重实效、积极行动、乐观向上的精神，它给人类塑造了一种崭新的价值观。美国这种不断走向科技时代的进程中展现的竞争、求实、创新、奋斗、进取的精神就是"美国精神"。这种文化财产和精神气质积淀于她的不断扩张自己地盘的西进运动[①]；积淀于她的废除南方奴隶制度[②]；积淀于她的超越了君主、教皇等旧传统的束缚；积淀于她的多元民族、文化交融的历史。而实用主义正是"美国精神"在哲学上的升华和提炼，并成为美国人行为方式和思想基础。"'美国精神'孕育了实用主义，实用主义升华了'美国精神'，两者相辅相成，相得益彰，共同成为美国工业文明的精神和理论支柱，为美国民族所接受，并进而对当代美国人的价值观念和行为取向产生了极其重要的影响。正如美国前国务卿基辛格所言：实用主义是美国精神，美国领导是'官僚—实用主义型领导'，美国人民是求实进取型人民，美国民族注重实效、讲求行动的精神和前锋意识正是实用主义培养起

---

① 西进运动（Westward Movement）是指 18 世纪末至 20 世纪初美国东部居民向西部迁移和开发的运动，该运动大大促进了美国经济的发展，培育了美国人民的拓荒精神，特别是西进过程中所体现出的不畏艰苦的牛仔精神，成为美国人勇于开拓、探索不止的民族精神，并为美国成长为世界上头号经济强国奠定了基础。但西进运动却是印第安人的"眼泪之路"，他们被大批屠杀、被迫迁徙、并被强行赶到更为荒凉的"保留地"。

② 废除南方奴隶制度：在北美殖民地时期，由于殖民地急需大批劳动力，对非洲黑人奴隶的贩卖和奴役构成了资本原始积累的重要内容。1686—1786 年的 100 年间，约有 25 万非洲黑人被贩卖到英属北美殖民地，黑奴地位低下、生活悲惨、终日田间劳动、被当作"耕畜"使用。1776 年独立后，虽制定了联邦宪法，但仍保留奴隶制，维护奴隶贸易。19 世纪初，美国开展了反奴隶制运动。1852 年，《汤姆叔叔的小屋》一书对黑奴的悲惨生活作了动人的描述和揭露，引起强烈反响，有力地推动了废奴运动的发展。尽管如此，到 1860 年美国黑奴人口仍然达在 400 万。1861 年，美国南北战争爆发。1862 年，美国总统林肯发表《解放黑奴宣言》，宣布黑奴获得自由，从根本上瓦解了南方叛乱各州的战斗力，扭转了战局。1865 年 1 月，美国国会通过了《宪法第 13 条修正案》，规定奴隶制或强迫奴役制不得在合众国境内和管辖范围内存在。1865 年 12 月 18 日，《宪法第 13 条修正案》正式生效，从此，奴隶制在美国被废除。（参考 2009 年 12 月 18 日凤凰网历史综合《美国废除奴隶制》）

来的。"①

不仅生物进化论、西进运动以及逐渐形成的"美国精神"对实用主义的发展产生深刻的影响,而且传统的英国经验主义哲学以及欧洲大陆实证主义哲学②也对实用主义的发展产生一定程度的推动作用。"实用主义哲学发展的四个主要的背景是:(1)19世纪中叶,科学和科学方法享有盛誉;(2)在随后流行的哲学中经验主义有相当的实力;(3)生物进化论被接受;(4)美国民主理念被接受。正是这四种影响的结合产生了这种哲学发展的不同方向。这四种因素对所有主要的实用主义产生了不同程度的影响:科学方法的影响在 C. 皮尔斯哲学中最为明显,W. 詹姆斯的哲学则深受哲学经验主义的影响,生物进化论的影响在 G. 米德③哲学中最为突出,J. 杜威的哲学则深深地打下了美国民主理想时期的烙印。"④

实用主义是美国社会的政治、经济和文化的特殊产物,它迎合了历史、把握了时代,是社会发展和时代精神的代表,它与美国特殊历史条件下人们的主观愿望相吻合,对美国社会产生了重大的影响,并逐渐传遍了整个世界。"就个人来说,每个人都是他那时代的产儿。哲学也是这样,它是被把握在思想中的它的时代。"⑤

"实用主义这个名词是从希腊的一个词 πραγμα 派生的,意思是行动。'实践'(practice)和'实践的'(practical)这两个词就是从这个词来的。"⑥ 重行动、重实践、重经验、重效果(效用)、重探索,这些正

---

① 王岩:《从"美国精神"到实用主义——兼论当代美国人的价值观》,载《南京大学学报》(哲学·人文科学·社会科学版)1998年第2期。

② 实证主义(positivism),又称实证哲学,是强调感觉经验、注重现象研究、排斥形而上学传统的西方哲学派别。产生于19世纪30—40年代的法国和英国,创始人为法国哲学家、社会学始祖 A. 孔德(Auguste Comte,1798—1857,1830年出版的《实证哲学教程》为实证主义哲学形成的标志),主要代表人物有英国的 J. S. 密尔和 H. 斯宾塞。

③ 乔治·赫伯特·米德(George Herbert Mead,1863—1931),美国社会学家、社会心理学家及符号互动论的奠基人。

④ [美] C. 莫里斯:《美国哲学中的实用主义运动》,孙思译,载《世界哲学》2003年第5期。

⑤ 黑格尔:《法哲学原理》,范扬、张企泰译,商务印书馆1961年版,第12页。

⑥ [美] 威廉·詹姆士著:《实用主义》,陈羽伦、孙瑞禾译,商务印书馆1996年版,第26页。

是实用主义的价值与意义所在。而境遇论是基于境遇或背景的决策方法，是做决定的道德而不是查询决定的道德；它强调以人为中心，以"爱"为最高原则，并把"爱"与境遇的估计和行动的选择结合起来，通过"爱的计算"进行道德选择，也就是说计算如何在特定的境遇下能够做最大爱心的事。对此，可将两者的特征进行比较，看看两者有哪些相同之处，就可以论证境遇论深受实用主义的影响而将其作为"战略"的理由。

境遇论和实用主义的相同特征主要表现为。

1. 注重行动和实践。"有生命的地方就有行为，有活动。要维持生命，活动就要连续……生活的形式愈高，对环境的主动的改造就愈重要。"① 人所依赖的物质条件不会从天上掉下来，人必须行动，没有行动就没有人的一切。人的行动产生了社会，人又是社会的主体。人要生存、要改造世界以获取生存条件首先就要行动，要在现实生活中不断奋斗，在行动中、在实践中去创造既属于自己又属于社会的美好未来。"实用主义突出人的行动（acting）、创造（making）和干（doing）的现在进行时态，强调过程、手段、条件、不断的实验和实践，不偏爱静止的目的、终结、暂时的结论和理论。"② 境遇论继承了实用主义的传统，同样注重行动和实践。这种行动是在具体的境遇中按照爱的原则而不完全是按照一般的律法原则的行动，这种实践不是"查询决定"或按照"预定规则"按部就班的行事，而是具体问题具体分析、体现境遇之爱的实践。"境遇伦理学同其他某些伦理学不同，它是决定即做决定的道德，而不是在预定规则的手册中'查询决定'的道德。这使我想起歌德'行动为先'的话。……它注重实际（行动），而不是教义（某种原则）。它所关心的是按照一定的信仰去行动。它是一种活动，而不是情感，是一种'活动分子的'道德。"③

2. 经验主义的态度。经验主义（Empiricism）是一种认为人类知识起源于感觉的认识论学说。英国哲学家约翰·洛克（John Locke，1632—1704）是经验主义的开创人，他认为人的心灵开始时就像一张白纸（白

---

① 杜威：《哲学的改造》，许崇清译，商务印书馆1958年版，第45页。
② 万俊人著：《现代西方伦理学史（下卷）》，北京大学出版社1992年版，第258页。
③ 弗莱彻：《境遇伦理学》，程立显译，中国社会科学出版社1989年版，第40页。

板），主张认识来源于经验。"洛克明确地说，心灵原是一块白板（tabula rasa），上面没有记号。只是通过经验的途径，心灵中才有了观念。因此，经验是观念的唯一来源。但洛克所说的'经验'意义也非常宽泛，不限于感觉。他把经验分为感觉和反省两类：感觉是观念的外在来源，它是通过外物的刺激面产生观念的过程；反省是观念的内在来源，心灵不但消极地接受外物的刺激，它本身就是'内部感官'，有对刺激进行反作用的主动性。心灵通过感觉面对取得的观念进行反思，从而得到新观念；它还会对自身的活动进行反思，得到另外一些观念，这些观念多与情感有关。洛克说，感觉和反省不是相互独立的活动，它们可以共同起作用，因此，有些观念同时有两个来源。"① 遵循经验意味着需要边干边试、边干边学，没有一个明确而稳定的终极尺度去来衡量、判断，它不像理性主义那样通过理性建构而形成、抽象一个相对明确、稳定的终极"标准"或者"理念"。经验主义是逻辑实证主义（逻辑经验主义）的前身。直到今天，经验主义的方法还在影响自然科学，是自然科学研究方法的基础。经验主义采用自然科学中的观察实验方法——经验归纳的方法，具有知识的现象、个别、或然性特征。"在认识方法上，理性主义的'自明原则+演绎'方法与自然科学中的数学公理方法有密切联系，经验主义的'经验+归纳'方法与自然科学中的观察实验方法有密切联系。……由不同方法的运用带来了不同确实性的知识：理性演绎的知识是本质的、普遍的、必然的，经验归纳的知识是现象的、个别的、或然的。"② 人是个别的独立存在，所经验的世界才是个别具体的；而人又是一种有限的存在，认识到的当然是一种有限的经验，"一切真理都以有限经验为根据"③。

"实用主义代表一种在哲学上人们非常熟悉的态度，即经验主义的态度……它避开了抽象与不适当之处，避开了字面上解决问题，不好的验前理由，固定的原则与封闭的体系，以及妄想出来的绝对与原始等等。

---

① 赵敦华：《西方哲学简史》，北京大学出版社2001年版，第243页。
② 周晓亮：《西方近代认识论论纲：理性主义与经验主义》，《哲学研究》2003年第10期。
③ ［美］威廉·詹姆士著：《实用主义》，陈羽伦、孙瑞禾译，商务印书馆1996年版，第133页。

它趋向于具体与恰当，趋向于事实、行动与权力。这意味着经验主义者的气质占了统治地位，而理性主义者的气质却老老实实地被抛弃了①；这就意味着空旷的野外和自然中的各种可能性，而反对那独断、人为和假冒的最后真理。"② 之所以实用主义继承和发展了英国近代经验主义哲学传统，是因为美国早期移民主要是英国人，英国人注重经验而不像德国人注重思辨，早期移民把这种重事实、重经验的英国思维方式带到了美国，正好适应了美国社会的这种开疆拓土的精神，将经验与行动（活动）、权宜、效用结合起来，来考虑被认识的对象、活动、关系。实用主义的经验不仅指感觉、情感和体验，更强调在行动中积累经验并努力取得实际效果，它表现的是一种面向未来的探索和进取精神；实用主义的经验主义态度展现出来的是既重视现实的结果又重视未来希望的哲学和精神。境遇论者同样秉承了实用主义的经验主义态度和传统，它努力从丰富多彩的现实生活中积累经验，不断地总结、归纳出较为普遍的规律并在实践中逐渐完善，它通过寻找到的具有一定普遍意义的经验加之爱的规则的指导，具体问题具体分析，在实践中企求找出一种最佳的解决问题的方案。"境遇伦理学的实用主义—经验主义倾向，要求彻底改变传统方法。它注重实例，从经验出发而不是从观点出发，努力引证而不是演绎出只供暂时地适当保持的某些'一般'观念。它完全根据实际问题的具体特性来解决问题，它战战兢兢地服从的只有爱的规则。"③

3. 以效用为中心。"实用主义的方法不是什么别的结果，只不过是一种确定方向的态度。这个态度不是去看最先的事物、原则、'范畴'和假定必需的东西，而是去看最后的事物、收效、效果和反应。"④ 这就是说，思想产生行为，而行为必有效果。要研究思想的正确与否，不能从思想本身来探究，而是通过行为的效果来检验。实用主义的方法就是要把注

---

① 同样是威廉·詹姆士的话却有点前后矛盾，在该书第 44 页的话语中表达了实用主义并没有完全抛弃理性主义之意，在此应理解为淡化或降为次要地位，而不是完全放弃。

② [美] 威廉·詹姆士著：《实用主义》，陈羽伦、孙瑞禾译，商务印书馆 1996 年版，第 29 页。

③ 弗莱彻：《境遇伦理学》，程立显译，中国社会科学出版社 1989 年版，第 42—43 页。

④ [美] 威廉·詹姆士著：《实用主义》，陈羽伦、孙瑞禾译，商务印书馆 1996 年版，第 31 页。

意之点从最先的事物移到最后的事物，从通则移到事实，从范畴移到效果。詹姆士还提出了真理就是有用，有用就是真理的著名公式。"它是有用的，因为'它是真的'；或者说，'它是真的，因为它是有用的'。这两句话的意思是一样的。"① 他是根据以功利为基础的效用原则来阐述其实用主义的真理论的，这就把效用与真理直接联系了起来，从而将"有用即真理"变成为实用主义的至理名言。因为，美国人要开拓新大陆，其思维方式就必须以解决一些当前的现实问题为目标；而一些欧洲大陆人的理性、抽象却源于相对安逸状况下对自然界充满的好奇之心。境遇论和实用主义一样离不开效用、同样以效用为中心。不过，这种"效用"不是单指对个人的效用，而是首先对大多数人的效用，也就是通常所说为人民谋福利。"境遇伦理学坦率地同穆勒通力合作，其间没有任何敌对关系。我们选择对大多数人最'有用'的东西。"② 因为，为大多数人带来效用或有用的东西、谋福利就体现了利他之爱，是基督精神的体现，就是无私和爱。

4. 兼容并蓄、倡导价值多元论和相对论。"理性主义坚持逻辑与崇高。经验主义则坚持外在的感觉。实用主义愿意承认任何东西，愿意遵循逻辑或感觉，并且愿意考虑最卑微的纯粹是个人的经验。"③ 这就说明，实用主义秉承了开放和包容的传统，在一定程度上遵循理性主义（唯物的、刚性不动感情的、理智的、悲观的、无宗教信仰和相信因果关系的）传统，但更强调遵循经验主义（唯心的、柔性重感情的、凭感觉的、乐观的、有宗教信仰和相信意志自由的）的气质。实用主义则是要在当代哲学的两种主要分歧之间找出一条中间道路来，是经验主义思想方法与理性主义思想方法的调和者。

实用主义者既忠于事实又没有反对神学的观点，既承认达尔文又承认宗教，也不承认是二元论的，即既唯物又唯心，而是认为自己是多元论的。实用主义强调现实可变、实际经验、实际效果，强调理论是行为

---

① ［美］威廉·詹姆士著：《实用主义》，陈羽伦、孙瑞禾译，商务印书馆1996年版，第104页。
② 弗莱彻：《境遇伦理学》，程立显译，中国社会科学出版社1989年版，第95页。
③ ［美］威廉·詹姆士著：《实用主义》，陈羽伦、孙瑞禾译，商务印书馆1996年版，第44页。

结果的总结、是工具，是否有价值取决于是否能使行动成功。"实用主义者接受了社会科学的各种发现，并且承认了各种价值确实是相对的。"①实用主义者认为，任何事物的价值不是唯一的、绝对的，而是多元的、相对的，任何事物的价值都具有多重意义。其目的是要求人们具有探索、冒险的精神，反对既定的原则和先验绝对的预设，反对因循守旧、故步自封，反对单一的对确定性的寻求和自足。这样就可以从不确定性中寻求多种可能性的真理和价值，就可能为人们提供丰富的机会和创造性。境遇论和实用主义一样，提倡价值多元论和相对论。"境遇论是我们时代的实用主义和相对主义在基督教伦理学中的结晶。……当我们根据每一场合的具体情况裁剪道德的衣料时，陈旧的律法主义负罪感和骗人的理想观念已一去不复返了。"②也就是说，具体境遇下的道德判断不应该完全以律法的框框为限，也不应以不切实际的理想观念为教条，而应抱有多元和相对的观念，具体问题具体分析。不过，境遇论提倡价值多元论和相对论是在一种"绝对"和"一元"的"爱的原则"统领下的多元和相对，是绝对中的相对、是一元中的多元。因为，"爱是在良心上始终约束我们的唯一原则。爱同你所能提到的其他一切原则不同。只有爱，倘能很好地实行，在每个境遇中就总是善的和正当的。"③

5. 民主、自由、平等思想。"归根到底，民主主义的问题是个人尊严与价值的道德问题。"④ 这是杜威实用主义思想中所表达出来的愿景，因为民主、自由、平等是人的生活的基本条件，是人们的现实追求。他认为民主是涉及人的尊严与价值的道德问题，而民主的概念"必须积极地而不是消极地征询每人的意见，使每人本身成为权威过程和社会支配过程的一部分；必须使每人的需要与欲望有被记录下来的机会，使其在社会政策的决定上起着作用。当然，与此同时，实现民主主义的另一必要的特点是：互相讨论与互相咨询，并最后通过综合和归纳一切人的观念

---

① [美] L. J. 宾克莱著：《理想的冲突——西方社会中变化着的价值观念》，马元德等译，商务印书馆 1983 年版，第 20 页。
② 弗莱彻：《境遇伦理学》，程立显译，中国社会科学出版社 1989 年版，第 124 页。
③ 同上书，第 47 页。
④ 杜威：《人的问题》，付统先、邱椿译，上海人民出版社 1965 年版，第 32—33 页。

与欲望的表现而达到社会支配。"① 他认为，自由是一种争取权力的要求，"如果有人想要知道在一定的时间自由的条件是什么，他就要考察一下哪些事情人们能够做，而哪些事情他们不能够做。当人们一开始从实际行动观点来考察这个问题时，就立即明白了：对自由的要求是一种争取权力的要求，或者是掌握尚未被掌握的行动权力，或者是保持和扩张已有的权力。"② 自由一定是与平等联系在一起的，"一个人实际的自由是依赖于现有制度的安排所给予别人的行动权力的。……实际具体在机会与行动上的自由，依赖于政治和经济条件平等化的程度，因为只有在这种平等化的状态之下，个人才有在事实上的而不是在某种抽象的形而上学的方式上的自由。"③ 平等也和民主相联系，平等是民主信条的一个因素；这种平等不是生理上的或财富上的平等，而是受到法律的平等对待、在其行政管理中有平等的地位以及每个人从事各种活动的机会的平等，"相信平等，这是民主信条的一个因素。……一切个人都有权利受到法律的平等对待以及在其行政管理中有平等的地位。……每个人都享有平等的机会来发展他自己的才能，无论这些才能的范围是大是小。"④ 个人的平等和自由是和社会相联系的，个人的平等机会是需要社会制度或社会条件加以保障的；同时，个人的自由能否得以实现还要取决于他所在的社会的整体利益或自由是否得到了实现。境遇论者继承了实用主义民主、自由、平等的思想，认为民主就意味着政治自由，还特别强调只有树立责任意识，民主、自由才有坚强的保障，只有树立平等的意识才能实现爱、才能实现自由和民主。

"实用主义就是实用的或成功的态度。实用主义的惯用语表达了美国文化和科技时代的思潮、精神气质或生活方式。……实用主义把善、美和知识三者完全结合在一个大保护伞——价值之下。这就把伦理学问题提到了首要位置。"⑤ 作为时代的精神气质，实用主义为现代美国人提供一种行动指南、生活教导以及实践哲学或道德哲学，因为它的理论本色

---

① 杜威：《人的问题》，付统先、邱椿译，上海人民出版社1965年版，第26页。
② 同上书，第89页。
③ 同上书，第93页。
④ 同上书，第52—53页。
⑤ 弗莱彻：《境遇伦理学》，程立显译，中国社会科学出版社1989年版，第31页。

是实践、是价值而非本体论式的和体系化的，这就在一定程度上反映了实用主义的伦理学特质。

二 实用主义自由意志与境遇论自由意志

实用主义的一个重要聚焦点是人的自由意志问题，原因是：如果道德主体的意志是自由的，才能最大限度地发挥其主观能动性，人的创造性潜能才能得到不断释放，才能不断创造新事物。"自由意志的实用主义的意义，就是意味着世界有新事物，在其最深刻的本质方面和表面现象上，人们有权希望将来不会完全一样地重复过去或模仿过去。"① 意志自由才能不断创新，并带来物质的丰富和思想的多元，创造一个色彩斑斓、日新月异的社会，才能使得人们有更多机会和选择。詹姆士的自由意志论告诉人们，世界充满了风险、挑战和机遇，每个人都可以通过自由意志展现自己，在实践中创造条件、把握机遇，合理进行多元的价值选择。自由不是简单的主观任意性、也不是重复或模仿，而是需要每个人在充满机会、希望、偶然、不确定和新奇变化的未来世界，尊重客观规律、自由地发挥主观能动性，在实践中开拓进取、努力创造属于自己的美好未来。

有了自由意志还必须行动，行动常常表现为选择。何为选择？"让我把在两种假设之间所作的决定叫作选择。它们可以有好几种。它们也许是：1. 有生命力的或无生命力的；2. 强制性的或可以避免的；3. 重大的或非重大的。对于我们来说，如果一种选择是强制性的、充满活力的和重大的，我们就把它称作一种真正的选择。"② 詹姆斯的话说明了真正的选择是一种人生的重大选择（譬如人生理想、人生信念的选择），它是带有强制性（也就是说是人生征途中人人都必需的选择，而非可选可不选、含含糊糊）的、有生命力的（代代相传）。但更多的选择是非重大的、非强制性的以及无生命力的。不管怎样，选择是个人意志的真实表达、具

---

① ［美］威廉·詹姆士著：《实用主义》，陈羽伦、孙瑞禾译，商务印书馆1996年版，第64页。
② 詹姆斯：《信仰的意志》，《詹姆斯集》，万俊人、陈亚军编写，上海远东出版社2004年第2版，第350页。

有明确的目标，同时还需要选择者充满对未来选择目标实现的真切期待。

选择与自由意志相关，没有自由意志就没有选择，"选择是自由意志的本质"①，而在这充满机会和选择的世界里，如何选择？这不仅和人的自由意志有关，而且还和道德有关。没有选择，对行为是否道德就难以评判；而行为是否道德也需要在是非面前进行选择予以体现，故道德的内容具有选择的意义。比如，和生活方式有关的人生观、价值观的选择，和生活道路有关的人生理想、信念的选择，和人们的行为和交往有关的道德原则、准则的选择等。

正因为人能够在自由意志的支配下进行道德选择，也就必须有为这种自由的选择承担道德责任的准备和勇气。"自由意志的问题，也曾用实用主义观点去讨论过；很奇怪，辩论者双方在这问题上都采取了实用主义的解释。你们都知道在伦理学的争论中，责任问题所起的作用有多么大。听见了某些人的意见以后，一个人会这样设想，他以为伦理学所指望的一切不过是一部功与过的法典而已。"②詹姆士所说的"责任"就是指行为选择的道德责任，如果道德主体的意志是自由的，具有自由选择的能力，才能承担道德责任。这里的"实用主义的解释"意味着：只有自由才能使选择者负有责任，也只有责任才能说明选择者是自由的；"人们往往习惯于把伦理当作'一部功与过的法典'，也就是当作一部抽象评价原则或规范的体系。这是令人置疑的。因为凡原则都是既定的、固定不变的，人的道德生活却是经验的、不断改变着的。他们的心理、感觉、意识、观念和行动都是特殊境况的，任何完全固定不变的道德原则都不可能完全适合于对这些特殊道德现象的解释。"③伦理学不同于"一部功与过的法典"意味着伦理学不是一部任由人对其功与过评说的抽象评价原则或规范，否则就容易扼杀丰富多彩的世界给人们带来的变化与期待。因为，道德原则或规范也是随着时代的变迁而不断地完善、发展的，那种普世的道德原则（例如，对国家的"忠"、对父母的

---

① 万俊人著：《现代西方伦理学史（下卷）》，北京大学出版社1992年版，第273页。

② ［美］威廉·詹姆士著：《实用主义》，陈羽伦、孙瑞禾译，商务印书馆1996年版，第62—63页。

③ 万俊人著：《现代西方伦理学史（下卷）》，北京大学出版社1992年版，第270—271页。

"孝"、对长辈的"恭"、对他人的"信"与"义"、对子女的"慈"就具有普世性）虽然具有稳定性，但如何体现这种普世的道德原则却需要在具体的生活中、在具体的境遇下，进行道德选择，这种道德选择是以自由意志为前提的，既然意志是自由的，你就应该为你自己的选择承担相应的道德责任。

由此可见，自由意志、道德选择、道德责任三者是密切联系的。"道德的根本问题就是我们的自由意志问题"[①]。一般来说，只有在自由意志的前提下才有可能进行道德选择，而在选择自由的条件下，人也就应该为自己的选择所造成的后果负责。因为选择将人带进了价值冲突的氛围中，使人在多种可能性中进行思考、权衡和取舍，表明自己的价值倾向，实现自己的价值目标。因此，我们可以这样认为：自由意志是道德选择的条件，道德责任是道德选择的固有属性或者是其必然的结果。

詹姆士不赞成机械决定论[②]的自由意志观，他认为如果世界的命运全是受必然性和不可能性所支配的就会使人失去创造和奋斗的勇气和希望，人的主观能动作用和创造性就无法发挥，人的行为之价值意义和责任意识就无法体现，那还要人的自由意志干吗呢？"自由意志意味着新的事情，就是指把原来没有的移植在旧的东西上面。自由意志者说，如果我们的行为是预先就决定了的，如果我们只能传递整个过去的推动力，我们又有什么可以得到表扬或受到谴责的呢？我们不是主要当事人而只是代理人，那么，哪里还有什么可贵的归咎与责任可言呢？"[③] 机械决定论者片面地认为，人是由人以外的力量预先决定了的，并没有选择行为的自由，人所能做的就有服从或遵照某种律令去行事，因而人也无须或无力为自己所做的事负责任，社会也无法对行为主体发表或好、或坏、或

[①] 万俊人著：《现代西方伦理学史（下卷）》，北京大学出版社1992年版，第270页。
[②] 机械决定论（又称形而上学决定论），指17—18世纪在西欧兴起的一种只承认必然性、否认偶然性，只承认客观规律性、否认人的主观能动性，视机械运动为唯一的因果关系而不懂得因果联系的多样性、复杂性的形而上学观点。例如，17世纪法国哲学家笛卡尔提出"动物是机器"就是这种观点，牛顿力学的创立更加强化了这种观点。
[③] [美]威廉·詹姆士著：《实用主义》，陈羽伦、孙瑞禾译，商务印书馆1996年版，第63页。

善、或恶的评价。这种观点的错误在于否认人的意志自由进而否定人的行为责任。所以，詹姆士又说："如果过去和现在是全善的，谁又希望将来不是也这样的呢？谁愿意有自由意志呢？谁不愿意象赫胥黎①那样地说：'如果我也能象钟表那样每天上满发条，宿命地向前走，那我就宁愿不要自由了。'在一个已经是很完善的世界里，'自由'只意味着变坏的自由。"② 这段话也就意味着：过去和现在的社会并非是完善的社会，正因为如此，才需要人的自由意志，不断地去创造、发展一个美好的社会，才需要人的道德责任，即使将来也不会完美，但还需不断奋斗，创造一个相对美好的未来。因此，"实用主义自由意志论所指向的不是过去，而是现在和将来；不是既定事实，而是未定可能；不是封闭的规则，而是开放的社会。"③ 这就意味着，实用主义伦理学与非决定论（或自由意志论）站在了相同的立场上。因为，非决定论的自由意志意味着机会和创造、多元和包容、差异和偶然、可能与未来。这是一个充满希望、多元而丰富的未来世界，尽管现实世界充满矛盾、艰难与险阻，然而，实用主义自由意志论恰恰就是要引导人们把现实世界作为研究对象，探索、冒险、进取、开拓，在探索中寻求人生之路，在探索中勇于创造、锐意进取、乐观向上、注重实效，从而创造出一个美好的未来世界。

境遇论同样强调道德主体的意志必须是自由的。"对于真正的道德决断来说，自由是必要的，具体境遇中不受限制的方法是必要的。"④ 这里的"不受限制的方法"是指具体境遇下不受他人给予的外在压力或外在

---

① 托马斯·赫胥黎（Thomas Henry Huxley，1825—1895），英国教育学家、达尔文进化论坚定的拥护者，其《演化论与伦理学》一书被中国近代启蒙思想家、翻译家严复（1853—1921）译为《天演论》，主要讲述了宇宙演化中的自然力量与人类社会演变中的人为力量都具有某种相似性，人类和自然界一样都是不断进化的，自然界的物竞（生存竞争）、天择（自然选择），同样适用于人类社会，那些适于生存的人一定是具有道德伦理修养的佼佼者。这种"物竞天择，适者生存"的思想是在达尔文的《物种起源》基础上建立的，对当时中国的救亡图存运动具有一定的影响。

② [美]威廉·詹姆士著：《实用主义》，陈羽伦、孙瑞禾译，商务印书馆1996年版，第64—65页。

③ 万俊人著：《现代西方伦理学史（下卷）》，北京大学出版社1992年版，第274页。

④ 弗莱彻：《境遇伦理学》，程立显译，中国社会科学出版社1989年版，第116页。

律法的限制，强调道德选择中自由意志的重要性，因为没有自由意志就没有真正的道德选择。"境遇伦理学旨在扩大自由"①，否则如何在特定的境遇下进行更好的道德选择呢？同时，自由需要一定的勇气和冒险精神，"在需要做出道德决断的紧急情况下，每个人的决疑者就是他自己。决断是'根源于享受自由的勇气的冒险'。"②而自由增加的同时责任随之增加，"自由是责任的另一面"③，自由是以责任为代价的，没有责任就没有自由，这就表明了境遇论者在追求道德选择自由的同时更加强调责任的意义，说明道德的选择自由是以道德责任作为代价、限制和必要条件的。而且，道德选择的自由和责任本身就体现了"爱"。在具体的境遇下，特别是在律法空白、律法冲突或遇到特定的规则不是体现"良法"而是"恶法"时，"我们必须做出决定和选择：究竟要依赖律法，还是要为了爱而自由行事。"④

三 实用主义道德选择与境遇论道德选择

我们每个人都要面对生活，而且经常遇到各种各样的难题，需要不断地作出选择和决定，而在各种具体情境（境遇）下如何选择和决定自己的行为就"可能"涉及道德问题。道德是一种"可能生活"⑤。"可能生活"意味着希望与机遇并存、挑战与风险共在，意味着在未来生活中、具体的情境下每个人需要把握好意志自由和道德责任的关系。事实上，人并不是生活在抽象的社会中，而是生活在具体的世界中，生活在各种具体情境（境遇）下，因此，作出的道德选择和道德行为也是具体的、特殊的，"行动总是特殊的、具体的、个别的、独一无二的。并且相应

---

① 弗莱彻：《境遇伦理学》，程立显译，中国社会科学出版社1989年版，第68页。
② 同上书，第67页。
③ 同上书，第68页。
④ 同上书，第130页。
⑤ 如果一种生活是人类行动能力所能够实现的，那么就是一种可能生活。尽可能去实现各种可能生活就是人的目的论的行动原则，就是目的论意义上的道德原则，这是幸福生活的一个最基本条件。（参见赵汀阳著《论可能生活》，中国人民大学出版社2004年版，第22、148、149页。）

地，与从事的行为有关的判断也必定是同样特殊的。"①

"道德的善和目的只在有事可为时才是存在的。'有事可为'这个事实证明，在现存的情境中存在着不足和罪恶。这个恶（ill）正是它所肯定的特殊的恶。它从来不是任何别的东西的准确复制。因而这种情境中的善必须按照所要纠正的不足和困难去发现、规划和获取。"② 也就是说，对善行的判断，在很大程度上要根据具体情况才能确定，即能否解决或纠正特殊情况下（现存的情境中）的不足、困难、危险、不幸，这就是"有事可为"的含义。

道德是研究行为价值的，道德的基本范畴是善与恶，道德判断和选择也就是对于人在具体情境（境遇）下行为之善与恶的价值判断和选择。道德行为是一种善的行为，杜威把善分为自然善和道德善，"……健康、富有、荣誉或好的名声、友谊、审美情趣、学问等自然善（natural goods），以及诸如公正、节制、仁慈等道德善（moral goods）。当这些目标互相冲突（因为它们必定互相冲突）的时候，什么或谁去判定哪一条是正路？"③ 尤其是在具体境况中的道德选择往往涉及多种价值的比较和选择，如何衡量价值的大小、如何适当地进行价值的取舍，的确是一种较为复杂的判断和选择，"正是由于道德行为蕴涵多种目的并因之具有多种不同价值，甚至陷入多种目的的冲突或价值冲突之中，才使得道德行为具有必然的选择性、责任性和可判断或可评价性。因此，在伦理学中，我们遇到了自然科学有过的类似情境，产生了同样的方法论需求：由于人的各种意愿和目的相互抵牾，构成了一种价值选择的疑难境况，因之产生了在此境况中作出选择的必要，也有依此境况作出各种假设、观察、推理、判断、实验、证实等复杂的方法运用程序。伦理学只是为解决上述道德疑难问题提供方法作出实验和判断，以使人们作出正确的价值选择。"④ 对此，实用主义者并不否认一般道德理论的意

---

① 杜威：《哲学的改造》，载约翰·杜威等著《实用主义》，世界知识出版社2007年版，第256页。
② 杜威：《哲学的改造》，载约翰·杜威等著《实用主义》，世界知识出版社2007年版，第256—257页。
③ 同上书，第255页。
④ 万俊人著：《现代西方伦理学史（下卷）》，北京大学出版社1992年版，第293页。

义，而只反对离开各种特殊的具体情况，用一般理论、一般规范去硬套。实用主义者强调要把一般道德理论与特殊的具体的事件结合起来，以一般道德理论为工具，去指导分析特殊事件中的具体的问题和冲突，从而确定特殊情况下的善的行动。"说每一个的道德的情境都是一个独一无二的、有它自己不能取代的善的情境，这种说法不仅显得笨拙，而且显得愚蠢。因为，既成的传统告诉我们，行为需要普遍的指导恰好说明了特殊情境的无规律性，美德倾向的本质就是使每个特殊情境受一种固定原则裁定的意愿。随之而来的结论就是，使普遍的目的和法则受具体的情境的决定，必然引起大的混乱和无限制的放纵。"① 也就是说，由于特殊情境的无规律性，需要制定普遍的行为指导原则。但处理具体的问题时，既不能完全依照普遍原则行事，也不能完全抛弃普遍原则。杜威既反对只要普遍的目的和法则的主张，也反对认为道德的情境是独一无二的。因为，过分强调情境的特殊性，否认行为有普遍原则指导，必然会引起大乱和无限的放纵。这就需要将普遍原则与具体的境遇结合起来，实事求是去处理和解决问题。这就表明了道德需要的是考察和解决特殊的困难和不幸的方法，而不是道德上的教条主义，即机械地将道德行为的目录、规则汇集，离开各种特殊的具体情况，用一般理论、一般规范去硬套各种复杂的特殊情境下人们的行为。

　　杜威十分崇尚理智的力量，希望通过理智来解决道德选择中的问题与矛盾。何为理智？杜威认为，对情境的详细构成的观察、对各种不同因素的分析、对模糊部分的澄清、对各种十分顽固和鲜明的属性的怀疑、对各种行动方式所暗示的结果的追踪等的研究就是理智。理智在道德判断和选择中起着极大的作用，因为，杜威认为在现实生活中存在着各种冲突的欲望、存在着不能两全的善，所以需要用理智找出行动的正确路线和正确的善。"具体情境的独特的、道德的终极的特征的首要意义，就在于把道德的沉重负担转移给理智。它并未毁弃责任；只是找出责任。道德的情境就是在公然行动之前需要判断和选

---

① 杜威：《哲学的改造》，载约翰·杜威等著《实用主义》，世界知识出版社2007年版，第254页。

择的情境。"① 也就是说，在具体的情境中，通过理智的分析进行道德选择，并勇敢地承担起相应的道德责任。理智的分析和决定应需要具备哪些条件？杜威认为："我们的道德的欠缺，在于气质的软弱，同情心的缺乏，以及使我们轻率地或任性地作出关于具体情境的判断的偏执。广泛的同情，敏锐的感受性，对于不快之事的容忍，使我们能够理智地从事分析和决定工作的各种兴趣的平衡②，都是典型道德的属性——美德或道德上的优点"③。也就是说，从事理智的分析和决定所应具备的条件，必须有广泛的同情、敏锐的感受性、对于不快之事的容忍以及勇敢的气质，这种同情、感受性、容忍和勇敢的品质是保证我们在具体的情境中通过理智的分析进行道德选择的美德和必要条件，并能够使我们在具体情境中避免在判断上轻率、任性、偏执。

人的行为伴随活动的过程、经验的不断积累，这就是成长、生长。杜威认为道德本身和人的道德行为是一个不断"生长"的过程。"只有生长自身才是道德的'目的'"④。生长是一个连续不断的一生的历程；生长是判定一个行为是否有价值的标准；生长创造了一种有利于人的发展的条件；生长是终极目的。"生长、改善和进步的过程，而不是静止的后果和结果，成了更有意义的东西。……完美并不是最终目标；永远持续的完美、成熟和纯化的过程，才是生活的目的。"⑤在这里，杜威所要表达的含义是：生活的目的不是追求静止的后果和结果，不是追求一时的所谓的完美，而是在人生的长河中，在人的生长、改善和进步的过程中，时时刻刻、不断追求永远持续的完美、成熟和纯化的过程。人生就是一种不断追求、进取和奋斗的"过程"，"不唯静而唯动，不唯结果而唯过程，实际上也就是不唯理论和体系而唯实践和行动，使所谓目的价值和手段价值统合于行动的过程价

---

① 杜威：《哲学的改造》，载约翰·杜威等著《实用主义》，世界知识出版社 2007 年版，第 255 页。
② "兴趣的平衡"在此处应译为"利害的权衡"较好。
③ 杜威：《哲学的改造》，载约翰·杜威等著《实用主义》，世界知识出版社 2007 年版，第 255 页。
④ 同上书，第 259 页。
⑤ 同上。

值。因此，杜威的道德理论指向既不是康德式的主观内在的动机、精神和理想，也不是功利论者的客观外在的效果、物利和事实；而是把伦理学的重心从行为发生整体的两端（即作为发生之始的动机和发生之末的结果）移向行为整体的全过程。其实际意义则在于突出道德的行为创造和不断开拓的价值意义。"① 其实，目的是在现实活动的过程中、是在具体的情境中产生的，而不是外在于活动且指引活动的事物；目的和结果的善是在具体情境（境遇）下道德行为发生的两个端点；生活的目标并不在于追求理想的最后关口上，而在于这种修养、成长的历程中；道德感在一个人心中的内化、生长的历程对生活来说才是最真实、最有意义的。

弗莱彻的境遇论继承了实用主义的境遇的方法即从实际出发、具体问题具体分析的方法、在具体境遇中追求正当和善，用弗莱彻自己的话说："不论境遇论者是不是基督教徒，他都遵循着实用主义的战略。"② 也就是说，境遇论对道德行为的判断和实用主义一样首先是基于个人的、情境的、具体的考量，它必须由个人的见解、判断和选择而产生。如何在各种具体境遇下进行道德判断和选择呢？非常重要的是对"道德行为"的把握和理解，这是正确选择和判断的前提。对道德行为的判断和选择就是一种价值判断和选择，它是道德判断和选择的目标和方向。"行为即生活，道德行为也就是人们的道德生活。它表现为两个方面的特征：其一，'它是一种有目的的生活'或目的性行为，'意味着思想和感情、理想和动机、评价和选择'，也包括人的道德理想和精神信念。……其二，是道德行为或生活的外在方面，亦即'它与自然、特别是与人类社会的各种关系'。……前者指（a）人的理想、知识、自由、权利和较高级的精神生活；（b）以公正、同情、仁慈的感情尊重他人的存在。后者指（a）对客观评价标准的认识与适应；（b）自觉的义务感和对法则的尊重、对善的真诚之爱等等。"③ 道德行为其实是

---

① 万俊人著：《现代西方伦理学史（下卷）》，北京大学出版社 1992 年版，第 295 页。
② 弗莱彻：《境遇伦理学》，程立显译，中国社会科学出版社 1989 年版，第 31 页。
③ 杜威、塔夫茨合著：《伦理学》，纽约，亨利—荷尔特出版公司 1908 年英文版，第 8 页。转引自万俊人著：《现代西方伦理学史（下卷）》，北京大学出版社 1992 年版，第 289 页。

内在善与外在善的统一，它不仅包括内在的公正、同情、仁慈、尊重等情感和善的动机，而且包括外在的行为，处理好与自然、人类社会的各种关系以及在行为中表现出的自觉义务感和对法则的尊重等。在这个方面，弗莱彻和杜威的观点是一致的，道德选择必须体现内在善与外在善的统一，即它不仅指向善的感情和动机，而且指向善的结果，实现普遍的公正、人类的最大利益，同时也获得了自身的幸福。"境遇论者的实用方法，使他通过在最大的可能范围内追求邻人的好处而谋求自身幸福（连同快乐和自我实现！）"[1] 他和杜威等实用主义者一样也强调自觉的义务感和对法则的尊重，只不过不是机械地对法则的尊重，而是强调法则的相对性和"原则相对论"，如果法则、原则在具体境遇下不适宜、冲突、落后、空白等，就需要以爱的精神为最高原则通过计算或权衡、考量进行行为的道德选择。

境遇论和实用主义一样既重视动机善又重视结果善，体现了从动机到结果的整个过程的"过程善"。这既不同于强调行为发生动机的道义论，又不同于行为发生结果的结果论（功利主义），而是强调行为整体的全过程（包括了开始和结果），目的在于突出对道德行为判断的整体性。因为，道德行为是一个不断生长的过程，它的"生长"更多的是人的道德行为和道德本身不断完善和丰富的"过程"。人的发展既不能满足于行动的开始，也不能停止于行动的结束。人是一种动态的、发展的存在，是创造和不断开拓的存在，人的存在是生长、改善和进步的过程，而不仅仅是静止的一时后果或仅仅是不考虑后果的动机。

境遇论和实用主义有所不同的是，弗莱彻把杜威在道德判断和选择中起着极大作用的"理智"换成"爱的计算"，从而把基督教伦理和实用主义伦理进行了一定程度的"嫁接"。"爱的计算"需要计算在当前的境遇下行为的目的、手段、动机和带来的结果等，也就是要计算、考量行为整体的格式塔；需要计算在当前的境遇下的决定行为的各种背景因素。通过这种深思熟虑的、既小心又充满关心的、理智的"爱的计算"，弗莱彻期望达到或实现道德选择的整体"过程善"。不过从本质上看，"理智"和"爱的计算"含义是相同的，即都是在"审慎"的前提下体现对人的

---

[1] 弗莱彻：《境遇伦理学》，程立显译，中国社会科学出版社1989年版，第78页。

关怀。

第三节 境遇论的相对主义"战术"

相对主义"是一种拒斥确定性的哲学学说,表现在本体论上,它否认存在永恒的、超历史的'本体',表现在认识论[1]上,它否认存在绝对真理和可独立存在的'最终语汇',表现在价值论[2]上,它否认存在终极的、确定的价值原则。"[3] 境遇论所采用的战术或策略是相对主义的。弗莱彻说:"我们在理解良心的时候,力图具备境遇的和当代的特点,所以我们可以再为我们的方法贴上一个标签,即相对主义。我们的战略是实用主义的,而战术则是相对主义的。……我们思想方式的相对主义程度,是我们的前人难以想象的。不但对于具体的思想,而且对于思想本身的思想(认识价值)、对于善本身(道德价值),我们都持有完全的、不可改变的'偶然'态度。境遇论者正如避免祸患、避免'绝对'一样,也避免诸如'决不'、'完美'、'永远'和'完全'之类词语。"[4] 战略是整体的、宏观的,而战术是局部的、微观的、手段的。境遇论以相对主义为"战术"意味着它在局部的、微观的、手段上以其作为策略的。其实,战略与战术本质上是目的与手段的关系。也就是说,境遇论以实用主义作为目的、以相对主义作为手段或策略来构建其理论和方法的。

一 境遇论的相对主义"战术"之论证

境遇论为何将相对主义作为自己的"战术"呢?这是因为相对主义

---

[1] 认识论(又称知识论)是对认识本身进行的认识和研究。其任务是:揭示认识的本质,探讨认识发生、发展的过程和规律,寻找认识与客观实在(不以人的意识为转移)的关系等方面内容的哲学理论。思维和存在、精神和物质何者是本原这个哲学基本问题始终贯穿其中。

[2] 价值论是讨论社会存在和自然存在对于人类的生存与发展的意义或价值的哲学理论。人的行为、思想、情感和意志都以是否具有一定的价值作为动力和出发点的,通过价值思维和权衡,才能采取进一步的行动。价值论主要从主体有何需要?客体能否满足?通过何种途径满足主体需要等方面考察和评价社会存在和自然存在对人的意义或价值的。

[3] 贺来:《"相对主义"新议》,载《人文杂志》2000年第3期。

[4] 弗莱彻:《境遇伦理学》,程立显译,中国社会科学出版社1989年版,第32页。

不仅是一种古老的、不断丰富的哲学流派，而且在推动人类社会的发展进程中起着重要作用，它不仅对欧洲文化而且还对美国文化有着重要影响。而境遇论作为20世纪中后期诞生于美国的伦理学方法当然也就深深地打上相对主义的烙印。

相对主义源远流长。早期希腊哲学的奠基人赫拉克利特（约公元前530—前470年）看到事物的运动变化是按照一定的规律进行的，第一个提出了"逻各斯"[1]的思想。他认为万物都是在不断运动变化中的，并提出了"我们不能两次踏进同一条河"[2]的哲学命题，表明了世界上的一切事物都在不断地产生、消亡、运动、变化的辩证自然观；智者派的开创者普罗泰戈拉（约公元前490或480—前420年或410年）认为世界上没有绝对不变的真理，他的"人是万物的尺度，是存在者存在的尺度，也是不存在者不存在的尺度"[3]的观点就说明了事物的存在就是每个人所感觉到的样子，表明了人们对事物的认识都是相对的观点；怀疑主义学派的创始人皮浪（约公元前365—前275年）认为，古希腊早期哲学所孕育的理性主义和经验主义提供了两种截然不同的探求真理的途径，或者相信理性、或者依靠感性的经验。然而，理性也好，感性也好，都不能提供真实的知识。因此，人对一切事物最好都采取怀疑的态度、保持沉默、不要轻易下断语，这样就可以达到心神恬静了（因为追求心神恬静是人生的目的）。他认为，对同一事物，不同的人可以作出不同的判断，"我们对任何一个命题都可以说出相反的命题来"[4]；笛卡尔（1596—1650）是近代唯物论的开拓者且提出了"普遍怀疑"的主张。为了追求真理，必须对一切都尽可能地怀疑，甚至怀疑"上帝存在"。怀疑不同于否定一切知识的不可知论，怀疑是一种积极的理性活动，怀疑是手段，在怀疑中用理性作为公正的检验员和校正的尺度，以达到去粗取精、去伪存真、破旧立新之目的。他认为理性是世间分配得最均匀的东西，权威不再在

---

[1] 逻各斯是西方哲学史上最早提出的关于规律性的哲学范畴。赫拉克利特主要是用来说明虽然万物变幻无常，但其从无到有、从有到无的变化具有一定的规律和尺度，只要掌握了这种规律就能够把握它。
[2] 全增嘏主编：《西方哲学史》（上册），上海人民出版社1987年版，第47页。
[3] 同上书，第113页。
[4] 同上书，第254页。

上帝那里、教会那里，而在每个人的心里。他曾这样写道："要想追求真理，我们必须在一生中尽可能地把所有的事物都来怀疑一次。"① 他把目标指向对可感知的物质世界的认识，要有对事物进行普遍怀疑的目光，甚至对于宗教神学领域中的存在物和观念，也同样可以怀疑。但有一件事是不能怀疑的，这就是"我在怀疑"这件事本身，并最后得出了"我思故我在"这一"哲学的第一原理"。该命题不是由于我思考所以我存在，而是通过思考而意识到了（我的）存在，由"思"而知"在"。我们可用"怀疑"的方法求证一切"知识"之来源的可靠性，但只有"怀疑那个正在怀疑着的'我'的存在"是无法怀疑的，也就是不能怀疑"我们的怀疑"，如此才能肯定我们的"怀疑"。

弗里德里希·威廉·尼采（Friedrich Wilhelm Nietzsche，1844—1900）的相对主义介于近代哲学向现代哲学的转向，尼采的"主要贡献在于对传统和现代的文化，特别是传统理性主义、基督教道德和启蒙主义的文化加以猛烈抨击……提出了'重估一切价值'的口号，要批评一切流行价值，推翻一切偶像，并提出了以'强力意志'为标准的'超人'价值观。"② 强力意志说的核心是肯定生命与人生的一种本能的、自发的、非理性的力量。强力意志不是世俗的权势，它决定生命的本质和人生的意义，其特性是：激情、欲望、狂放、活跃、争斗（而理性的特性是：冷静、精确、逻辑、生硬、节欲），它是源于生命、归于生命的现实人生和最高的价值尺度，它能帮助人实现自己的价值、成为精神上的强者。"超人完全按照强力意志行动，……是强力意志的化身。"③ 强力意志肯定了人生的价值，同时也为人间的不平等作了辩护——人类与自然的生命一样，都有强弱之分，强者总是少数、弱者是多数，历史与文化是少数强者创造的。尼采推翻了神的等级制度，肯定了人的等级制度。"强力意志实际就是生命力。……在他眼里，世界处于万类竞长、生生不息的状态，这就已经证明了能动的生命意志的普遍的存在和支配作用。"④ 尼采是极端的反理性主义

---

① 全增嘏主编：《西方哲学史》（上册），上海人民出版社1987年版，第498页。
② 赵敦华：《现代西方哲学新编》，北京大学出版社2001年版，第16页。
③ 同上书，第23页。
④ 同上书，第16—17页。

者，他认为，理性把流动的历史僵化，用一些永恒的概念去框定活生生的现实生活，扼杀了生命和事物的变化；他是叔本华唯意志论的继承者，他要建立的是将生命意志置于理性之上的哲学——一种非理性的哲学，试图用强力意志取代上帝的地位、取代理性主义哲学（传统形而上学）的地位。

在当代，相对主义颇为盛行，有人甚至概括为"相对主义的时代。"[①]境遇论正是在这种相对主义不断发展、盛行的时代产生的，其总的目的就是关心人类如何更好地生存和发展、如何更好地过一种值得期待的幸福生活。它关注生活、关注现实、注重实践和行动。

境遇论是以一种"有限"的相对主义的方法作为自己的"战术"或策略，从而进行具体境遇下的道德选择。"境遇论把绝对的东西做了相对主义的说明，但没有把相对的东西绝对化！"[②] 在此我们需要讨论的是：（1）为何境遇论采用相对主义的方法作为自己的"战术"？（2）这种相对主义的方法为何是有限的？

之所以境遇论以相对主义的方法作为自己的"战术"，是因为它并不想固守僵化的律法主义（指道德律法主义）的思想，而期待用一种不断发展、灵活的、具体问题具体分析的方法来对待现实生活、来处理纷繁复杂的现实问题。由于相对主义是在不断论证、反省和批判客观主义、理性主义、实在论的过程中成长起来的，通过比较境遇论者对待这些哲学流派的论点，找出境遇论者和相对主义者对待这些哲学流派的相似性论点，就能更好地证明境遇论所采用的相对主义的"战术"了。

相对主义者将批判矛头指向启蒙时代[③]以来的把客观主义当作梦寐以

---

① 宾克莱：《理想的冲突——西方社会中变化着的价值观念》，马元德等译，商务印书馆1983年版，第6页。

② 弗莱彻：《境遇伦理学》，程立显译，中国社会科学出版社1989年版，第33页。

③ 启蒙时代通常指在18世纪初至1789年法国大革命间的一个高举理性主义旗帜、新思维不断涌现的文化运动时期。在文艺复兴、人文主义思想运动的推动下，自然科学取得很大进展，自然界的奥秘不断被揭示，教会的很多说教不攻自破，人们有了更多的自信。随着资本主义的发展，不断在思想领域展开了反对封建专制统治和教会思想束缚的斗争，这场空前的思想解放文化运动就称为启蒙运动（the Enlightenment）。法语中，"启蒙"的本意是"光明"，一些启蒙思想家希望用理性之光驱散黑暗，把人类引向光明。这是继文艺复兴运动之后欧洲近代第二次思想解放运动。启蒙思想家希望用政治自由、信仰自由、天赋人权、法律面前人人平等的思想和主张来对抗专制暴政、宗教压迫、君权神授、贵族等级特权的思想，也希望通过自然神论和无神论来摧毁宗教权威和偶像，以期建立一个以"理性"为基础的社会。

求的理想的西方哲学传统。启蒙时代的客观主义理想是给全部知识以合理证明：用认识论证明科学知识、用政治哲学证明国家制度、用道德哲学证明伦理法则。归根到底，启蒙哲学家们共同的理想是用哲学来证明所有知识，但他们的证明的方法或手段却是不同，甚至是互不相容的，而且并没有更好、更合理的标准来裁决这些哲学争论。例如，在认识论方面，洛克（John Locke，1632—1704）认为知识的基础是经验，康德（Immanuel Kant，1724—1804）则主张它是先验理性；在政治哲学方面，罗尔斯（John Bordley Rawls，1921—2002）认为正义意味着平等、是社会制度的主要美德，洛齐克（Robert Nozick，1938—2002）主张正义在于捍卫个人权利；在道德哲学方面，边沁（Jeremy Bentham，1748—1832）和密尔（John Stuart Mill，1806—1873）主张功利主义，康德则坚持义务论。在这种意义上，启蒙运动试图通过建立一个以"理性"为基础社会的理想失败了，全部西方近现代哲学的历史演变和永无终结的争论在继续证实着这种失败，而相对主义的出现正是这种启蒙理想失败的时代反映。相对主义者将批判矛头指向"高高在上"的哲学，使其从封闭走向开放、从理想走进现实，紧紧和人类的生存境况相联系。"当代相对主义废黜了哲学沿袭已久的'王位'，使它仅仅成为了'后哲学时代'人类文化大家庭中的普通一员。从表面看来，哲学的地位似乎降低了，然而，换一种眼光就可发现，这样做其实并没有降低哲学的地位，而是解除了哲学不应承担的重负，把它从以前高高在上、'不食人间烟火'的封闭境地中解放出来，从而使哲学更接近自己的真实位置，并因此而获得了比先前更加广阔的存在和发展空间。……哲学家也不再是拥有超人的预言家和说教者，它既可以成为关心人类生存的'思者'（海德格尔）[①]，也可以成

[①] 马丁·海德格尔（Martin Heidegger，1889—1976），德国哲学家、20世纪存在主义哲学的创始人和主要代表之一。他的《存在与时间》（1927）是现代存在主义哲学的重要著作，奠定了其一生哲学活动的基础。海德格尔认为"我"就是"在"，"在"就是"我"，"我"的"在"就是世界。他的思想核心是：个体就是世界的存在，因为只有人类具有意识到其存在的能力；人类通过世界的存在而存在，世界是由于人类的存在而存在；我们的存在既不是我们自己造成的，也不是我们的选择。存在是强加给我们的，并将一直延续到我们去世。

为'解释学的实践家'（罗蒂）①、还可以成为'谱系学家'（福柯）②……"③

客观主义者相信存在有一个不依赖我们而存在、且能被我们所认识的世界，可以找到某种永恒的解释模式（不因历史的变化而变化）或理论框架，从而对理性、知识、真理、正义等问题做出最终的合理性解释。"我用'客观主义'来指谓这种基本信念：存在有或者必定有一些永久的与历史无关的模式或框架，在确定理性、知识、真理、实在、善行和正义的性质时，我们最终可以诉诸这些模式或框架。客观主义者宣称，存在着（或者必定存在着）这样一个模式，哲学家的首要任务就是去发现它是什么，并且以可能的最强有力的理由去支持他或她已经发现了如此模式的宣称。"④ 而相对主义者则否认存在这样的解释模式和找到这种模式的可能性，否认存在有永恒不变的"客观"世界或"实在"概念。"相对主义者不仅否认客观主义者的积极主张，而且走得更远。相对主义在其最强的形式下是一种根本的信仰，那就是当我们着手调查哲学家们亦已认为是最基本的那些概念（不管它是理性、真理、实在、正义、善行的概念还是规范的概念）时，我们就会被迫认识到所有的这些概念归根结底必须作为与特定的概念结构、理论框架、范式、生活方式、社会或文化相关的事物来理解。"⑤ 也就是说，这些概念是与特定的生活方式、社会或文化等相联系的、是相对的而不是绝对的。境遇论者和相对主义者一样对客观主义持怀疑和批判的态度。其实，律法主义就是一种客观主义在道德领域的典型表现，它试图为人们

---

① 理查德·罗蒂（Richard Rorty, 1931—2007），当代美国哲学家、新实用主义哲学的主要代表之一。在其1982年出版的《实用主义的后果》一书中提出了新实用主义主张，即在某种程度上对反本质主义、相对主义和历史主义的某种认同。
② 米歇尔·福柯（Michel Foucault, 1926—1984），法国哲学家和"思想系统的历史学家"，还被认为是一个后现代主义（对本质主义、逻各斯中心主义的批判与解构）和后结构主义（反对传统结构主义把研究的重点放在对客观性和理性问题上）者。
③ 贺来：《重新理解"相对主义"——哲学进一步发展应关注的重大课题》，载《成都大学学报》（社会科学版）2000年第4期。
④ [美] 理查德·J. 伯恩斯坦：《超越客观主义与相对主义》，郭小平、康兴平译，光明日报出版社1992年版，第9页。
⑤ 同上书，第9—10页。

的行为找到一种客观的、不变的依据，但它却没有想到生活是丰富多彩的、是复杂多样的、是不断变化的。而"境遇伦理学始终怀疑规定性律法歪曲了生活，阻碍了道德境界的提高"①，境遇论者采用具体问题具体分析的方法、通过对境遇之爱的把握，试图找到在特定境遇中爱的行为路线。

理性主义是这样的思想观念和理论学说，即认为理性高于感性、理性是一切知识来源的基础。与客观主义相比，理性主义是一种哲学方法，而客观主义者心目中的理想是日臻完善的自然科学，全部人类知识都应该客观和精确，具有一种普遍性和必然性，而达到这种知识的唯一途径就是理性。"概括地说，理性主义思想的成分之一，是对诉诸感觉的某种警告，是相信正确使用理性能使我们超越朴素的、常识的世界观。另一点是把宇宙看作一种有序的体系，其中的每一方面原则上都能为人类理智所理解。进一步的信念是被数学固有的清晰性和确定性所吸引，因而它同样被看作是建立完善的统一知识体系的模式。最后一点是相信自然界的必然联系，更一般地说，是认为科学真理和哲学真理必定指涉在某种意义上无法改变的东西。"② 也可以这样理解：理性主义是非诉诸感觉的，它是对朴素的、常识的世界观的超越，它把宇宙看作一种有序的体系，这种有序的体系能够通过数学等自然科学的方法找到其固有的清晰性和确定性，并为人类理智所理解；理性主义相信自然界的必然联系、相信真理是无法改变的东西，无论是科学真理和哲学真理都是如此。尽管理性主义最早来源于古希腊先贤的思想，但影响更为深远的是作为一种启蒙哲学出现的。启蒙哲学是对18世纪法国启蒙运动影响颇大的哲学思想。所谓启蒙，是通过近代西方资产阶级革命而引发的反对封建意识、反对蒙昧主义的一种思想解放，它的起源可以追溯到15世纪的意大利文艺复兴运动③，16

---

① 弗莱彻:《境遇伦理学》，程立显译，中国社会科学出版社1989年版，第118页。
② [英]约翰·科廷汉著:《理性主义者》，江怡译，辽宁教育出版社1998年版，第10—11页。
③ 文艺复兴是指13世纪末在意大利发生的，以恢复古希腊、古罗马艺术文化，宣传人文精神（其核心是提倡人性、反对神性，主张人生的目的是追求现实生活中的幸福，倡导个性解放，反对愚昧迷信的神学思想，认为人是现实生活的创造者和主人，肯定人的价值和尊严）为主要内容的一场思想文化运动，这是封建主义时代和资本主义时代的分界。其产生的根本原因是生产力发展和资本主义萌芽的出现，它为宗教改革以及后来的资产阶级革命或改革提供了必要条件。

世纪的德国宗教改革①,甚至更早。"文艺复兴是理性的神化过程,宗教改革运动是上帝的世俗化过程,二者是一个问题的两个方面:文艺复兴在基督教外部削弱和批判上帝对人的压抑,试图以复兴古希腊文化的方式,以现实的理性取代上帝的位置;而宗教改革试图在基督教内部实现对基督教教义的全新理解和阐释,在上帝的名义下赋予现世的生活和幸福以更大的合理性。二者都试图把理性的支点从天上转移到现实的生活中来,转移到人本身,这给近代理性主义的崛起提供了直接动因。"②理性主义以逻辑推理证明和实证的科学思维方式代替迷信、神灵等非理性的方式,促进了现代科学的发展和社会的变革。然而,人的理性是有限的,人的精神有时往往表现为非理性,特别是第二次世界大战给人类造成的严重灾难,从某种程度上均是由于人的非理性的决策和非理性地使用科学技术使然,理性的乌托邦幻想破灭了,人们不得不对理性主义进行不断的反思。德国社会学家马克斯·韦伯(Max Weber,1864—1920)提出了价值(合)理性(动机的纯正和选择正确的手段去实现目的而不考虑结果)和工具(合)理性(从效果最大化的角度考虑而忽视了人的情感和精神价值)的概念。人们认识到,理性至上的乐观主义态度激发了无数人对现代性的想象和构建,现代社会的理性本质上是"工具理性"。韦伯指出,"宗教禁欲主义的力量还给他们提供了有节制的、态度认真的、工作异常勤勉的劳动者,他们对待自己的工作如同对待上帝赐予的毕生目标一般。"③新教伦理强调节制、勤俭、认真、刻苦等职业道德,期待世俗劳作的成功荣耀上帝,获得救赎。正因如此,资本主义的发展得到了有力推动。与此同时宗教的动力或影响力却逐渐下降,物质和金钱欲望成为人们追求的直接目的,于是工具理性获得了不断发展并走向了极端化。启蒙理性的发展逐渐演变成了工具理性至上,成为支配、

---

① 一般认为宗教改革(Protestant Reformation)始于1517年马丁·路德提出的九十五条论纲,结束于1648年的威斯特伐利亚和约,代表人物有马丁·路德、加尔文等人。在宗教改革之前,教会不仅控制了普通民众的思想,还高高凌驾于世俗王权之上。虽然改革的初衷只是反对罗马天主教会,但改革无形中给欧洲带来了自由、宽容的新气息,从对不同信仰的包容到对不同政见的包容,为后来的英国资产阶级革命奠定了社会基础。

② 王国有:《西方理性主义及其现代命运》,载《江海学刊》2006年第4期。

③ [德] 马克斯·韦伯:《新教伦理与资本主义精神》,于晓、陈维纲等译,陕西师范大学出版社2006年版,第102页。

控制人的不可阻挡的力量。"自从禁欲主义着手重新塑造尘世并树立起它在尘世的理想起,物质产品对人类的生存就开始获得了一种前所未有的控制力量,这力量不断增长,且不屈不挠。"①工具理性的胜利和膨胀,不仅体现在人对自然的"征服"中,也体现在人的欲望的充分调动和不满足。而且,由于工具理性的统治也带来了人的异化和物化。如何实现价值理性与工具理性的统一,至今是学界的关注热点。比如,在经济学中公平和效率的争论,在哲学中目的和手段的争论,在文化领域中科学与人文的争论,等等。在工具与目的、事实与价值、情感与理性、传统与现代之间人们如何选择?这些二元分裂带来的冲突和张力如何消解?这时相对主义成了人们的选择,因为,人的价值选择总是在其所处的特定社会、政治、文化所体现的背景中做出的。而境遇论正是秉承了相对主义的传统,它们是对理性至上的反思而形成但并未全盘否定理性主义。就境遇论而言,它把理性用作爱的工具。因为,在行为的道德选择过程中,到底如何选择?依境遇论的观点就要进行"爱的计算",这就是理性——需要考虑在当前的境遇下的决定行为的各种背景因素以及行为的目的、手段、动机和带来的结果等,通过审慎地思考,经过分析、比较,进行价值的权衡、考量,以便找出行为的价值选择方向。境遇论者试图将价值理性与工具理性进行有机的结合。既要考虑行为是否出于善的目的与动机,又要考量行为是否是善的手段、并带来善的结果,力图实现整个的"过程善"。

实在论亦译为"唯实论",它是"解释人类知识的大家族,它宣布知识就是对事物真实状况的把握,而且这种状况独立于我们对它的认识。"②唯实论的焦点是共相,亦即普遍者或类、事物的本质,也就是柏拉图所谓理念。凡主张共相在思维的主体之外、区别于个别事物、是一个存在着的实在并认为只有理念才是事物本质的人就叫作唯实论者。中世纪经

---

① [德] 马克斯·韦伯:《新教伦理与资本主义精神》,于晓、陈维纲等译,陕西师范大学出版社2006年版,第105页。
② [美] 劳伦斯·卡弘 著:《哲学的终结》,周宪、许钧 译,江苏人民出版社2001年版,第23页。

院哲学①围绕个别与共相的关系之争形成了两个对立派别：唯名论和唯实论。"唯名论者认为，真实存在的只有个别，没有一般，一般仅仅是人用来表示个别事物的名词或概念。……同唯名论相反，实在论者认为，一般先于个别事物存在，是独立于个别事物的客观'实在'。"② 唯名论和唯实论争论的焦点是一般和个别的关系问题，也就是古希腊柏拉图和亚里士多德着重探讨的哲学问题。柏拉图建立了"理念论"，他认为世界分为有理念世界和可感知的世界。柏拉图认为理念（共相）是普遍性，独立于可感知的事物存在，可感知的事物是共相这个完美理念的复制品（个物分享了共相或理念）。而亚里士多德认为共相是一类个别事物共有的性质，存在于个别之中（共相不离个物）。经院哲学两个对立派别实在论与唯名论的争论之所以如此之激烈，除了其本身所具有的逻辑意义之外还有其宗教意义。因为"三位一体"在当时被视为天主教最基本的信条，其理论依据正是实在论。"父、子、圣灵"就是"具体的殊相"而上帝是共相。因此，对共相的否认直接威胁到了"三位一体"的信条。"唯名论的观点意味着个别人的信仰可能比教会的信条更可靠，人的救赎不一定要通过教会，因而这就有夺去教会握有的通向天堂钥匙的可能性。最后，既然个别事物是真实的，那么，人们的眼光应从虚幻的彼岸世界，转向活生生的现实世界，重视个人对现世幸福的追求。"③

而"相对主义或是使哲学判断的正确性同背景联系起来——因此它是非唯实性的。……相对主义是当代反唯实论最重要的形式。"④ 就此看来，在人类运用知识来把握事物真实状况的时候，相对主义者认为这个外在

---

① 经院哲学（Scholasticism）亦译士林哲学、经院主义。它是运用理性形式，通过抽象的、辩证的方法，论证基督教信仰，为宗教神学服务的思辨哲学。"经验哲学"一词从拉丁文"学校"（Schole）演化而来，中世纪教会垄断一切学问，修士聚在学院（经院），主要研究基督教教理，同时也研究哲学、逻辑、语法、修辞学等其他知识，以服务于基督信仰为目的，由于这一时期的哲学，主要产生于经院而得名。经院哲学寻求理性与信仰之间的调和，谋天启与人智的统一，它是唯理的，而非实验的。换言之，它根据逻辑，而非根据科学或经验观察；它依据自然理性，更依据权威的经典；通常它把圣经的经文乃至教父的论述作为逻辑推理的前提。
② 全增嘏主编：《西方哲学史》（上册），上海人民出版社1987年版，第300页。
③ 同上书，第302页。
④ ［美］劳伦斯·卡弘著：《哲学的终结》，周宪、许钧译，江苏人民出版社2001年版，第76、87页。

世界本身不是与人无关的静止世界，而是一个与人有密切关联的、有目的有意义的、动态的变化的世界。因此，人类对于世界的认识并非客观实在或客观世界的映像。就是说，不能把人仅仅看作是一个"被动"反映客观外在世界的"自然人"，而更重要的是它把人看作一个可以赋予事物以意义的"社会人"，把哲学判断的正确性同背景联系起来，从而把握事物的独特、变化和发展。其实，中世纪唯实论与唯名论的争论，部分的是围绕伦理学的最基本的问题——"价值"这一基本问题进行的。凡认为价值是事物本身固有的，某行为的正当或不正当是内在的就是唯实论者；凡认为事物的价值是在特定条件下产生的，某行为的正当或不正当是外在的就是唯名论者。而"在人的价值判断方面，境遇伦理学也是唯名论的，……不存在任何内在价值，价值的存在仅仅'同人相关'。"[①] 可见，境遇论和相对主义不谋而合地站在同样的立场上了。"境遇论者认为在具体境遇中表达了最大爱心的事就是正当和善。它不是可以原谅的恶，而确实是善。这就是外在论观点的基本点。……内在论者即律法主义者，一直支配着基督教伦理学。……一切律法主义的支柱是关于价值（善或恶）即行为'中'的属性的观念。"[②] 也就是说，外在论持一种相对的观点，它把善恶仅作为论断而非属性，或者说价值只是人的决定的功能，是在具体境遇中表达了最大爱心的事——正当和善——中得以体现。从境遇论倾向于唯名论的这一观点看，境遇伦理其实是一种世俗化（非神圣化）的基督教伦理，它把爱与环境结合在一起，强调在特殊与个别的境遇中实现爱心的表达。

由此可见，在不断论证、反省和批判客观主义、理性主义、实在论的过程中，境遇论和相对主义具有某种契合性或者说具有基本相同的论点，这就为境遇论所采用的相对主义的"战术"提供了十分有力的证明。

其实，相对主义以及客观主义、理性主义、实在论等的形成都与人类的心理需求有关。客观主义、理性主义、实在论源于人类心理希望寻找到一种"家园"的感受以避免心灵的"颠沛流离"从而产生一种对追寻确定性的渴求。而相对主义源于人类心理对这种确定、固化的不满，

[①] 弗莱彻：《境遇伦理学》，程立显译，中国社会科学出版社1989年版，第44—45页。
[②] 同上书，第51—52页。

由消解而使精神走向广阔、自由的天地。从某种意义上来说，正是这种不同的心理需求从而构成了哲学史向前发展的一种内在的精神动力。相对主义产生的另一原因乃是由于人类面临着一系列生存性问题，这就需要人具有不断发展的创造性以克服面临的生存性挑战，但人的创造性是在一定的时空中进行的，必然是有限的，这就使得这种创造有了有限的、相对的意义。因此，从一定意义上讲，相对主义不是本体论的，而是生存性的，这就比客观主义、理性主义、实在论等更贴近了人类的生活。

相对主义并非指"一切都是相对的"，否则又带有了绝对主义的色彩，它往往不体现为一种极端形式，而是一种有限的相对主义，即这种相对是针对特定的历史、文化和情境的。当极端相对主义者说服别人接受"一切都是相对的"观点时，已经先否认了说服的必要性和可能性。由于人的主观性、相对性、复杂性，故而不能以绝对固定统一的模式规范人的思想观念，而只能在一定的历史、文化和情境中的相对的统一。相对主义正是随着社会的思想观念和文化精神的不断变化中逐渐发展起来的，它是历史、文化和情境的产物。

二　道德相对主义与境遇论相对主义

道德相对主义（道德相对论）是相对主义在道德领域的一种特殊表现形式，它主张道德规范、道德原则并非是具有普遍性和同一性的，而是相对于特定的社会、民族、文化、境遇或背景的。"本世纪初，道德社会学家威斯特马克[①]最先提出了道德的相对性问题。随之，以詹姆士、杜威为代表的美国实用主义从哲学和道德（真理和价值）两方面把相对主义推向高峰，它与稍后席卷欧美的存在主义一起，使道德相对主义或自由价值观风行一时。"[②]

道德相对主义意味着"不存在普遍有效的和必不可少的道德价值，

[①] 爱德华·亚历山大·韦斯特马克（E. A. Westermarck，1862—1939），芬兰社会学家、哲学家，其学术研究秉承自然主义和经验主义传统，学术兴趣在于家庭和婚姻、道德观念和风俗习惯的比较研究。除《人类婚姻史》外，他的主要著作还有：《道德观念的起源和发展》（2卷，1906—1908）、《伦理相对论》（1932）、《西方文明婚姻制度的未来》（1936）和《基督教与道德》（1939）等。

[②] 万俊人著：《现代西方伦理学史（下卷）》，北京大学出版社1992年版，第570页。

道德只是'相对于'特定的社会、民族才是有效的。"① 由于不同社会存在的不同文化，从而造成了个人行为的道德判断必然受到这种社会文化的制约，这种源于社会文化的相对性而造成了道德的相对性。在特定的社会，个人行为的道德标准是由当时当地的社会文化所决定的，因此，社会文化的要求就成为了个人道德义务的根源。举例而言，"回教徒因为宗教的理由，认为吃猪肉是错误的，但是一般人则不以为意，如果我们继续追问：到底吃猪肉是道德上对还是错的，对回教徒而言是错的，对非回教徒而言吃猪肉和道德对错无关，因为道德是相对的。"② 另外，道德相对论的主张还来源于人的社会处境，"譬如，我们平时家里炒菜，只要你高兴，你要放多少盐就放多少盐，但是在中国西南山区食盐极端短缺的地方，对于如何使用盐应该会有一些规范。又譬如，如果你住在台北，由于水源充足，你一天要洗几次澡，大概没有人在乎，但是你如果住在中南部，在枯水期水源极缺的情况下，如果你每天一定要洗三次澡，可能会受到别人的谴责。因此，一个行为是否在道德上被允许，往往和个人所处的社会环境相关，所以道德相对论否定普遍有效的道德原则。"③ 美国学者汤姆·L.彼彻姆也认为道德信仰和道德原则都相对于不同的社会文化或个别的人以及具体环境，"许多类似的资料导致了这样一个结论，道德的正确性或错误性随地区而异，并不存在可以在一切时代应用于每一个人的绝对的或'放之四海而皆准'的道德标准。另外还需要做如下的补充：道德的正确性随个人的信仰或社会文化的信仰而定，所以，正确性和错误性的概念一旦脱离了它所由产生的具体环境则毫无意义。"④ 从特定群体或社会的角度而言，道德相对主义就表明了道德信仰和价值标准只有在具体文化或具体境遇中才能被认可，并随着历史的、环境或境遇的变化而变化的特征。

不同的社会的道德标准都受其历史、文化等因素的影响，因此，道

---

① 罗伯特·所罗门：《大问题：简明哲学导论》，张卜天译，广西师范大学出版社2004年版，第292页。
② 林火旺著：《伦理学入门》，上海古籍出版社2005年版，第224页。
③ 同上书，第228—229页。
④ [美]汤姆·L.彼彻姆著：《哲学的伦理学》，雷克勤等译，中国社会科学出版社1990年版，第50—51页。

德相对主义所秉承的态度有助于培育不同的民族、文化、社会制度下的人们形成相互尊重和理解的胸怀；同一个社会不同的历史时期以及不同的境遇下也存在不同的道德准则、道德规范和道德情感，因此，道德相对主义所秉承的态度也有助于人类在不同的历史时期以及不同的境遇下采取开放的、灵活的态度，孕育、产生符合时代特色的道德要求并将其运用到具体情境下的道德选择中。这种道德相对主义不应该是诡辩论、不应该是道德虚无主义，而应该是一种既尊重某种普遍共识，又尊重差异性的存在的有限的相对。

有限的道德相对主义就是境遇论的一种基因。"我们总是接到命令要有爱心地行动，但怎么去做，则取决于我们自己对境遇的负责的评估。唯有爱是恒定不变的，其余一切都是可变的。向相对主义的转变把当代基督教徒带离了规则伦理学，带离了僵死的、不容变通的要求作什么、不做什么的规定，带离了规定的品行和律法主义道德。"[①] 境遇论的道德相对主义是在特定的境遇下克服机械的、僵死的律法主义的弊端并以爱为行动最高准则的相对主义，或者说它是坚持只有爱是绝对的，其他的一切规则、原则或律法都是相对的相对主义。也可以说，它是绝对主义和相对主义相结合的"有限"道德相对主义。这里的"绝对主义"是指最高的道德判断标准"爱"是绝对的，这里的"相对主义"是指规则、原则的相对性，这里的"有限"并非指任何的道德选择的标准都是相对的，而是采取具体问题具体分析的方法，在具体的境遇下境遇论者一般是尊重原则、规则的，只要它们互相间不矛盾、不与爱的精神相冲突；"有限"也意味着境遇论采取原则性和灵活性（根据不同境遇的特点）相结合的方法进行道德选择。"倘若要有什么真正的相对性，就一定要有某种绝对或标准。这就是境遇伦理学的规范相对主义的中心因素。它不是无政府主义的（即没有命令原则的）。在基督教境遇论中，根本标准——正如我们将要看到的——就是'上帝之爱'。基督教境遇论把绝对的东西做了相对主义的说明，但没有把相对的东西绝对化！"[②]因此，境遇论的"真正的相对"是指相对于"某种绝对或标准"（"绝对"就是"标

[①] 弗莱彻:《境遇伦理学》，程立显译，中国社会科学出版社1989年版，第34页。
[②] 同上书，第33页。

准"——"上帝之爱")的相对,而对于世俗的基督教境遇伦理学来说,"上帝之爱"就是"爱世人"。这里,"把绝对的东西做了相对主义的说明"意味着"规范相对主义","没有把相对的东西绝对化"意味着"有限的道德相对主义","有限"即并不完全排斥原则、规则——"它不是无政府主义的(即没有命令原则的)",并不完全认为原则、规则是"绝对"相对的,而是有条件的相对,这个条件就是当它们违背"爱世人"的标准时就变成"相对"的了。弗莱彻进一步论证道:"在基督教伦理学中,律法与爱、权威与经验、稳定性与自由这三重矛盾,是当代著述中具有代表性的'富有成果的紧张关系'。其中律法与爱的关系,是境遇伦理学的基督教形式所提出的突出问题;所有这些问题在一切形式的境遇方法中都是至关重要的。"[①] 在这里,他要强调的是"律法与爱的关系"是境遇论的核心,相对性就体现在其中;当与"爱"不协调的时候,律法就成为相对性的东西了。

总的来说,境遇论的相对主义是"有限"道德相对主义,这是具体问题具体分析的"有限"、原则性和灵活性(根据不同境遇的特点)相结合的"有限"以及受这种绝对或唯一标准(爱)的约束的"有限"。

---

① 弗莱彻:《境遇伦理学》,程立显译,中国社会科学出版社1989年版,第33页。

第三章

境遇论与传统道德选择理论

任何从传统学科发展而来的分支学科都不可能有完全独立于母体学科的理论，生命伦理学也同样如此，作为伦理学的一个分支学科，其理论摆脱不了伦理学理论的痕迹，在一定程度上它也必须借鉴伦理学的理论来发展自己、丰富自己的学科方法，譬如美德论、功利主义（结果论）、道义论等，这些道德选择理论（或者说也是道德选择方法）产生于不同的时代，历史悠久、源远流长，迎合了特定时期社会发展的潮流。通过对这些传统道德选择理论或方法的研究，以便和弗莱彻的道德选择方法——境遇论进行比较，这样才能发现它们各自在生命伦理学中的侧重点以及把境遇论作为生命伦理学的方法论的价值所在。

这里主要以德性论、功利主义和道义论三个传统道德选择理论作为研究的对象，分析这些理论的核心特质和要表达的价值观。对功利主义和道义论作为道德选择理论一般无疑义，而德性论作为道德选择理论，有人可能会问：德性论研究的对象是人的善品质（德性）如何指导人的道德选择呢？其实人的善品质对道德选择起着非常重要的作用，人具有何种德性就决定了其如何进行行为选择。因此，德性论无疑是一种道德选择的基础性理论。

第一节 境遇论与德性论

德性论研究的对象是人的善品质即德性，包括何为德性？如何获得德性？为何人需要德性？等，通过对德性论的研究，来呈现人性本身的不断提升、完善需要的条件和人在超越中所展现的丰富的精神世界。

一 "德性"的道德哲学解读

在中国传统文化中德性最早见于《礼记》中。子曰:"君子尊德性而道问学,致广大而尽精微,极高明而道中庸。"(《礼记·中庸》)在此,孔子把有才有德的、具有理想化人格的人称为君子,他认为君子是善于求教和学习的有德之人,其知识既宽广博大又精微细妙,其德行既高尚文明又能达至不偏不倚的中庸之道。德性是德行的基础,无德性就无德行。道家以天地万物之自然为"道",而各种事物所得之自然为"德"。对人而言,便是优良的品性。德性就是人的道德品性,这由"德"字可见一斑。"德"的字形由"彳"、"直"、"心"三个部件组成。"彳"表示与行走、行为有关,也就是说,在人生的旅途中,一个人必须有公正、正直的心以及公正、正直的行为才可谓有"德"之人。

德性的产生和解释很早就存在于中国古代文化之中。"'德'字在商代卜辞中就已出现,作'循'与'直'相通,……在先秦时期,'德'已经具备了'外得于人,内得于己'的双重涵义。'外得于人'强调的是在处理自己与他人的关系;'内得于己'强调的是提升个人的内心修养,谨守做人的规范,做到问心无愧。……由于古人逐渐把目光由天命转向人事,'性'与人心的关联变得密切起来,并且成了道德自觉的主题。"[①]这种"外得于人,内得于己"就是一种做人的品质,因此,德性的要求不光是提升个人的内心修养,还要与他人的关系达至"和谐"的境界。"徐复观认为,在周初文献中开始出现的'德'字,最早应是'行'的意思,当时指的是具体的行为。字形从直从心,其原义应为直心而行负责任的行为;作为负责任的'直心',开始并不带有好或坏的意思,所以,有的是吉德,有的是凶德,只有加上一个'敬'或'明'字时,才表示是好的意思,后来就演进为好的行为。因好的行为多是给人以好处,就引申为恩惠之德。好的行为是出于人心,于是外在的行为,内化为人的心的作用,这就由'德行'之德,发展成为'德性'之德。"[②] 因此,

---

[①] 陈根法:《德性与善》,载《伦理学研究》2003年第2期,第13—18页。
[②] 徐复观:《中国人性论史:先秦篇》,上海三联书店2001年版,第21页。转引自高国希著《道德哲学》,复旦大学出版社2005年版,第46页。

从伦理学意义上看，德性显现的既是人性本身的不断提升和完善的秉性，人在这种超越中开拓和培育自己的精神世界的气质；同时，德性还是指个体所具有的理解、内化普遍认可的社会规范的能力，以达到化"德"为"性"的境界。"'德'是对'道'的分享，个体在行为中分享了'道'，就是'德'，正所谓'月映万川'，一切月映一月，一月摄一切月。这种分享，从潜在形态上说，是对作为本体、作为全体的人性的分享；从自在的意义是对人伦原理、社会规范的分享。人伦原理、行为准则的内化，在个体行为中就转化为人的自觉的、恒常的品性——德性，它是'道'在个体深层的凝结，也是人伦原理的自觉显现。……'道'是一般的、客观的行为准则，而'德'则是这种准则的内化。"[1]

亚里士多德[2]把"我们称那些值得称赞的品质为德性"[3]，比如，温和、勇敢、慷慨与节制等，对这种被"称赞的品质"进一步分析，其特征就是"适度"，比如，温和是麻木和愠怒的适度、勇敢是懦弱和鲁莽的适度、慷慨是吝啬和挥霍的适度、节制是冷漠与放纵的适度，等等。就是说，行为的适度表明的是道德德性。就像亚里士多德所言："道德德性同感情与实践相关，而感情与实践中存在着过度、不及与适度。例如，我们感受的恐惧、勇敢、欲望、怒气和怜悯，总之快乐与痛苦，都可能太多或太少，这两种情形都不好。而在适当的时间、适当的场合、对于适当的人、出于适当的原因、以适当的方式感受这些感情，就既是适度的又是最好的。这也就是德性的品质。"[4]

麦金太尔把德性视为善的品质。他说："我对德性的论述有这样三个阶段：第一，把德性看作是获得实践的内在利益的必需品质；第二，把德性看作是有益于整体生活的善的品质；第三，把德性与对人而言的善的追求相联系；这个善的概念只有在一种继续存在的社会传统的范围内

---

[1] 樊浩著：《中国伦理精神的历史建构》，江苏人民出版社1992年版，第25页。
[2] 亚里士多德（前384—前322年），古希腊伟大的、百科全书式的哲学家，17岁时赴雅典在柏拉图学园就读（达20年），虽为柏拉图的学生，但并不崇拜权威，学习期间常与老师辩论。后辗转出行，并回到雅典建立了自己的学园，常带学生在花园林荫大道上边散步、边讨论哲理，这就是"逍遥学派"的来源。
[3] 亚里士多德：《尼各马可伦理学》，廖申白译注，商务印书馆2003年版，第34页。
[4] 同上书，第46—47页。

才可得到阐释和才能拥有。"① 这种善的品质既要满足"内在利益",又要"有益于整体生活",以及持之以恒的"对人而言的善的追求"。而且,善的概念要在传统与历史"大浪淘沙"的检验中"才可得到阐释和才能拥有"。可以这样理解,德性作为人的向善的品质是一种个体善和整体善的统一以及不断向善的追求。

二 "幸福在于合德性的实现活动"

人为什么要有德性? 亚里士多德认为具有德性的目的在于达到幸福,用他的话说:"幸福在于合德性的实现活动"②。这是他的德性幸福论的核心命题。

什么是幸福? 不同的人对于幸福有不同的看法,亚里士多德认为幸福不完全等同于一般人认为的快乐、财富和荣誉等。

幸福和快乐不能完全画等号。"快乐不是善。或者,并非所有快乐都值得欲求。"③ 例如,吸毒者吸毒也感到一时的快乐,但这种快乐并非是真正自身欲求的,而往往受到了他人的引诱、自身的毫无防范、或者自身出于某种好奇等因素,加之毒品本身的一时的兴奋作用,使其陷入无法自拔的境地,"一失足成千古恨"。故而,这种一时的快乐并不等于幸福。

幸福不完全等于财富。"不完全"意味着:并非有财富的人都感到幸福,但没有基本的、保持生存的物质基础也是不幸的,也不可能有幸福感。"如果目的不止一个,且有一些我们是因它物之故而选择的,如财富、长笛,总而言之工具,那么显然并不是所有目的都是完善的。"④ 这表明了这样的含义:财富只有工具价值,只是内在价值存在的证据,它们是外在的。对于幸福来说,财富、食物等外在的条件也是不可少的,因为人既是精神的存在、又是肉体的存在,人是不能脱离外在的条件而生存的。"人的幸福还需要外在的东西。……我们还需要有健康的身体、

---

① [美]麦金太尔:《德性之后》,龚群等译,中国社会科学出版社1995年版,第343页。
② 亚里士多德:《尼各马可伦理学》,廖申白译注,商务印书馆2003年版,第305页。
③ 同上书,第296页。
④ 同上书,第18页。

得到食物和其他的照料。"① 这些外在的物质需要多少的量是合适的呢？是否越多越好越幸福了呢？事实上并非如此。"但尽管幸福也需要外在的东西，我们不应当认为幸福需要很多或大量的东西。因为，自足与实践不存在于最为丰富的外在善和过度之中。做高尚［高贵］的事无需一定要成为大地或海洋的主宰。只要有中等的财产就可以做合乎德性的事。"②这里"中等的财产"是符合亚里士多德"中道"的理念的，其实就是他所说的"适当"，也就是说，人要做到"适当拥有"和"适当消费"，这才是合乎道德的行为选择。

幸福不完全等于荣誉。因为荣誉是外在的、依赖他人授予的，荣誉是一种称号、是依赖他人附在你头上的光环；而幸福具有内在的、不依赖他人授予的特征，幸福是一个人内心的快乐状态和感受，是属于你自己的，同时这种状态也可以传递给他人，分享你的幸福。幸福与善具有相同的特征，即两者都是内在的、属己的、不易被拿走的。"那些有品位的人和爱活动的人则把荣誉等同于幸福，因为荣誉可以说就是政治的生活的目的。然而对于我们所追求的善来说，荣誉显得太肤浅。因为荣誉取决于授予者而不是取决于接受者，而我们的直觉是，善是一个人属己的、不易被拿走的东西。"③

幸福既然不能或者不完全等同于快乐、财富和荣誉，幸福是什么？亚里士多德认为："幸福在于合德性的实现活动"。

通过此命题可以看出：人要获得幸福，其条件之一是要合"德性"，另一条件就是"实现活动"。德性是状态（being），实现活动是行动（doing）。"实现活动不可能是不行动的，它必定是要去做，并且要做得好。在奥林匹克运动会上桂冠不是给予最漂亮、最强壮的人，而是给予那些参加竞技的人（因为胜利者是在这些人中间）。同样，在生命中获得高尚［高贵］与善的是那些做得好的人。"④ 就是说，幸福存在于行动（doing）之中，不行动就没有幸福；但这不是一般的行动，而是好的行动。所谓

---

① 亚里士多德：《尼各马可伦理学》，廖申白译注，商务印书馆2003年版，第310页。
② 同上。
③ 同上书，第12页。
④ 同上书，第23页。

好的行动就是有利于他人、有利于社会、有意义、有价值的行动,尽管这个行动对自己可能有益或无益,也就是不计较自己的得失;与此同时,在伴随着好的或者有意义的行动中自己收获了快乐。"快乐是灵魂的习惯。当一个人喜欢某事物时,那事物就会给予他快乐。例如,一匹马给爱马者快乐,一出戏剧给予爱剧者快乐。同样,公正的行为给予爱公正者快乐,合德性的行为给予爱德性者快乐。"①

但是我们不能今天喜欢这个东西,明天喜欢那个东西,这是一种偶然的快乐,如果一旦找不到这种快乐,这样他的过度欲望和善的要求往往就会发生冲突,他就会不满、沮丧、焦虑、愤怒,甚至做出有害社会的行为。而对善的追求或者说对幸福的追求是因为其本身就是值得欲求的,就是说这种好的行动本身就是值得欲求和令人精神愉悦的。"许多人的快乐相互冲突,因为那些快乐不是本性上令人愉悦的。而爱高尚[高贵]的人以本性上令人愉悦的事物为快乐。合于德性的活动就是这样的事物。这样的活动既令爱高尚[高贵]的人们愉悦,又自身就令人愉悦。所以,他们的生命中不需要另外附加快乐,而是自身就包含快乐。"②

"合于德性的活动"是为他人和社会的、是"自身就包含快乐"或者说是"自身而值得欲求的"(也即自身就是目的、是最完善的)。也就是说,幸福始终是因其自身而从不因它物而值得欲求的东西。"那些因自身而值得欲求的东西比那些因它物而值得欲求的东西更完善;……我们把那些始终因其自身而从不因它物而值得欲求的东西称为最完善的。与所有其他事物相比,幸福似乎最会被视为这样一种事物。"③ 人要在实践中追求一种合德性的生活,这种实践活动是在本性上令人愉悦的、做的好的实践活动。做的好的实践活动首先要有利于他人与社会,其次才能谈到为自己(有益,甚至是无益),是一种整体善与个体善的统一。这种好的实践活动本身就包含着快乐(本身就是值得欲求的,或者说其本身就是目的)。合德性的实现活动之目的是人的追求幸福生活的本质需求、是一种追求真正快乐(自身才值得欲求的快乐)或心灵得到长久慰藉的

---

① 亚里士多德:《尼各马可伦理学》,廖申白译注,商务印书馆 2003 年版,第 23 页。
② 同上。
③ 同上书,第 18 页。

途径。

这里,"合德性的实现活动"并非是短暂的、一次二次的,而是一生的。只有在人的一生中努力追求、不断完善自己道德情操,并使自己的德性在行为中实现,才是一个高尚的人,才能达到幸福。"人的善就是灵魂合德性的实现活动,如果有不止一种的德性,就是合乎那种最好、最完善的德性的实现活动。不过,还要加上'在一生中'。一只燕子或一个好天气造不成春天,一天的或短时间的善也不能使一个人享得福祉。"①

亚里士多德的幸福观中幸福与"合德性的实现活动"是一致的,也就是说"德"与"福"是完全统一的。有德性之人才能获得幸福,无德性之人不可能获得幸福,这是毫无疑问的。但在康德幸福观中"德"与"福"并非是完全统一的。现实生活中"好人没好报"、"英雄流血又流泪"的现象时有所闻,就印证了这种"德"与"福"的分裂。康德幸福观中"德"与"福"的关系是一种"可能"的关系,而不像亚里士多德的幸福观中"德"与"福"的关系是一种"必然"的关系。为何说是"可能"呢?因为,康德的义务论强调善良的动机,强调遵循道德法则的无条件性,然而,善的动机不一定结出善的果实,因此,在其《实践理性批判》中,他必须设定实践理性的三个条件:灵魂不死、上帝存在和意志自由,由此,"德""福"得到统一,有德之人在天国中配享了幸福、获得永生,无德之人在来世(后世)中得到惩罚、走向地狱,这同中国的佛教在彼岸世界的因果报应如出一辙。

亚里士多德"幸福在于合德性的实现活动"这一德性幸福论思想,把德性和幸福相连,这就使得德性有必要成为人们的自觉追求,并通过实践活动中不断地丰富和完善,这对于树立一种积极向上的价值观、人生观具有非常重要的现实意义。

三 德性和德行总是统一的吗?

作为一种历史悠久的伦理学形态,德性论的目标主要是探讨成为好人的标准和途径:成为好人应具备的品质、如何成为好人、怎样获得好生活(幸福)等。

---

① 亚里士多德:《尼各马可伦理学》,廖申白译注,商务印书馆2003年版,第20页。

成为好人应具备的品质包括公正、诚实、慷慨、友善、勇敢等，也就是亚里士多德所说的中道或"适度"，故德性论是强调中道或"适度"的伦理。正如亚里士多德所说："过度与不及是恶的特点，而适度则是德性的特点。"[①] 在亚里士多德看来慷慨是一种德性，因挥霍和吝啬是过度与不及，而慷慨却是适度；诚实是一种德性，因自夸和自贬是过度与不及，而诚实却是适度。如何成为好人？就需要在实践中锻造人的好的品质；实践就是行动，按照中道或"适度"的伦理行动，这样的行动就是"合德性的实现活动"，才能获得好的生活，并达至幸福状态。

亚里士多德认为，德性是一种"情感"（很显然，这里德性就变成了一种"心理"的照应，无疑德性论还带有道德心理的意蕴），因此，对"适度"这种德性的理解还需要结合情感因素并在具体的境遇来判定。"而在适当的时间、适当的场合、对于适当的人出于适当的原因、以适当的方式感受这些情感，就既是适度的又是最好的。这也就是德性的品质。"[②] 可见，亚里士多德对"适度"的解释似乎并非是绝对的，而是带有某种相对的成分，也许这就是相对主义以及境遇伦理的最早的表达方式，这或许说明了境遇伦理和德性论的渊源关系。

德性论特别关注行动者的内在品质，是一种强调走向至善（尽管可能难以达到）的伦理，其德行的生成是主动的、由内而外的。这和近代以来兴起的重视道德规则的制定以及人的外显的行为与规则是否相符合的规范论（功利主义和道义论）道德哲学理论不同。按照规范论，人之德行的生成是被动的、是由外在规范的、是由外而内的，因此，义务或者责任就成为了道德的核心概念，这被形象地称为底线伦理。与德性论更注重人之品德相比，规范论更关注人之行动（应该如何行动才是善的？）。德性论"作为一种以'以行为者为中心'（agent-centred）的伦理学，而非'以行为为中心'（act-centred）的伦理学；它所关心的是人'在'（being）的状态，而非'行'（doing）的规条；它强调的问题是'我应该成为什么样的人'，而非'我应该做什么'；它采用特定的具有德

---

① 亚里士多德：《尼各马可伦理学》，廖申白译注，商务印书馆2003年版，第47页。
② 同上。

性的概念（如好、善、德），而非义务的概念（正当、责任）作为基本概念；它拒绝把伦理学当作一种能够提供特殊行为指导规则或原则的汇集。这样，基于行为者的德性伦理，就是从个体的内在特质、动机或个体本身所具有的独立的和基本的德性品格出发，来对人类行为做出评价（不论是德性行为，还是义务行为）。"①

德性论强调从内在品德出发对人之行为做出评价。但是，一个品德优良的人是否总会做符合道德的事，这是很难说的，这样的人可能比通常人更"倾向于"为善，也就是在动机上他会朝善的方向努力，但却不能说他总会为善，因为任何人都可能做错事，即使是有德性的行动者。也就是说，德性和德行（或德行的效果）不总是统一的，心理的善和行为的善不能完全做到密不可分，动机的善和结果的善不一定总是步调一致的。

为何会产生这种德性和德行（或德行的效果）的不统一？

德性论产生于古希腊时期，当时的城邦制是面积不大的区域，是一个熟人社会，如此，就对人的德性提出了很高的要求，故德性和德行（或德行的效果）的分裂就比较小。而当代社会是生产力高度发达的社会，人的流动性增强，时空相对缩小，是一个陌生人社会，因此，德性和德行（或德行的效果）的分裂就比较大，这是由于时代、历史与社会形态的不同特点所造成的。另外，德性论是一种强调走向至善的伦理，其道德要求是一种对完美和卓越的道德人格或理想人格的追求，这就具有了更多的理想主义色彩，而每个人却生活在世俗与物质的世界中，人是离不开现实的物质存在，人既要有精神也离不开物质，这种理想与现实、精神与物质、灵与肉的矛盾与冲突正是德性和德行（或德行的效果）时常达不成统一的重要原因。"为了成为一个具有美德的人，一个人不仅需要内在的气质，而且也需要某些外在的条件。如果一个人生来并不富有，那么，纵然他富有同情心，也很难成为一个真正慷慨的人。"② 这就说明有德性只是一个方面，另一方面德性的实现即德行也需要外在的条件。外在条件是手段、是工具，德性是内在的气质和品格、是道德实践

---

① Rosalind Hursthouse, on Virtue Ethics, Oxford, 1999, p. 17. 转引自李建华、胡祎赟《德性伦理的现代困境》，《哲学动态》2009 年第 5 期，第 34—39 页。

② 徐向东著：《自我、他人与道德（上下册）》，商务印书馆 2007 年版，第 646 页。

的目的、是德行的心理照应和心理、精神基础。

四 境遇论与德性论之异同

境遇论与德性论有何异同呢？德性论专注于人的品格培养、展示人的品格魅力，强调人的品德对行为的决定与指导作用。境遇论也是如此，"境遇论者是个人人格至上论者"①，这句话充分表明了两者的一致性。但品格良好或高尚的人不一定总是办好事或者说也有好心办错事的时候。境遇论强调以爱作为出发点，在具体境遇中进行行为选择，它着眼于特定的情境，较之德性论着眼点更具体、更现实。如果说德性论强调人的"德性"的培育、品质的重要，那么境遇论则更强调具体境遇下的"德行"以体现"德性"。它强调的"德性"是为"德行"服务的，它的侧重点是如何在具体境遇下体现"德行"。"它注重实际（行动），而不是教义（某种原则）。它所关心的是按照一定的信仰去行动。它是一种活动，而不是情感，是一种'活动分子的'道德。"②它是一种立足于现实的伦理，强调在具体的境遇中必须从爱出发来处理、解决矛盾和道德冲突，根据"爱的计算"，达到符合伦理的行为效果。爱就是善，反映人的德性，境遇论汲取了德性论的成分，也十分强调人的品格塑造、强调品格对人行为的意义与作用，可以这样认为：境遇论是对德性论的继承、发扬和有益的补充。

第二节 境遇论与功利主义

功利主义（Utilitarianism）③是一种强调行为的功利后果和对他人、

---

① 弗莱彻：《境遇伦理学》，程立显译，中国社会科学出版社1989年版，第38页。
② 同上书，第40页。
③ 伦理学史上有两种主要理论，即结果论（以行为结果为基础或关心结果的）和非结果论（不以行为结果为基础或不关心结果的）。这两种理论传统上分别被称为"目的论"和"义务论"。……两种主要的结果论的道德理论是伦理利己主义和功利主义。它们都认为，人们应该以将要带来好结果的方式行动；其区别在于，它们对谁应从这些好结果中获益的看法不同。伦理利己主义者实质上是说，人们应该为了自己的自身利益而行动；而功利主义者实质上是说，人们应该为一切相关者的利益而行动。（参见［美］雅克·蒂洛、基思·克拉思曼著《伦理学与生活》，程立显、刘建等译，世界图书出版公司2008年版，第32页）

对社会的普遍功用作为道德价值评价标准的伦理思想。"最大多数人的最大幸福"代表和反映这种伦理思想本质特征。

一 苦乐原理

苦乐原理是功利主义基本理论，来源于古希腊的快乐主义。

德谟克利特[①]认为，人生最好的生活就是最大限度地促进快乐，而快乐并不是暂时的、低级的感官享乐，而是有节制的、精神的宁静和愉悦。[②] 伊壁鸠鲁[③]也提出过类似的思想，认为快乐是最高的善，我们的一切取舍都从快乐出发，而且快乐有肉体快乐和心灵快乐之分，前者应该是有节制的、淡泊的，而后者是高级快乐、应该达到灵魂的平静。[④]

到了近代启蒙运动的兴起，理性觉醒，人们从蒙昧、禁欲中解放，个体的自我发现和自我意识得以强化，从天堂回到了尘世，追求现实的快乐和人性的自由，强调道德来自感性经验并与人的自然属性相关。"17世纪以霍布斯、洛克为代表的近代英国经验论哲学认为人的基本的苦乐情绪是一种最简单、最普遍的经验事实。这在18世纪大卫·休谟那里得到了发展，他认为正是快乐或痛苦的感觉才构成为道德善恶的根源，并直接将产生幸福的倾向取名为功利；18世纪以爱尔维修、霍尔巴赫为代表的法国唯物主义哲学坚持人的本性是自爱自保的，而'快乐和痛苦永远是支配人的行动的唯一原则'。"[⑤]

边沁[⑥]主张从人的感性经验出发，评价行为的对错要以带来多少快乐、避免多少痛苦作为标准。在他看来，快乐和痛苦是决定人们应该如

[①] 德谟克利特（约公元前460—前370年），古希腊唯物主义哲学家、第一个百科全书式的学者，最早提出原子论（万物由原子构成），其原子唯物论思想是古希腊唯物主义发展的最重要成果。他主张有节制的、精神的宁静和愉悦，是古希腊幸福论伦理思想的典型。

[②] 参见章海山著：《西方伦理思想史》，辽宁人民出版社1984年版，第77—78页。

[③] 伊壁鸠鲁（公元前341—前270年），古希腊哲学家、无神论者、伊壁鸠鲁学派的创始人、花园哲学家（即在与世隔绝的花园中、在不受干扰的宁静状态中进行学术探讨）。

[④] 参见周辅成主编《西方著名伦理学家评传》，上海人民出版社1987年版，第55—57页。

[⑤] 项久雨、胡玉辉：《近代西方功利主义的苦乐原理及现实价值探析》，载《学习与实践》2006年第6期，第49—54页。

[⑥] 杰里米·边沁（Jeremy Bentham，1748—1832），英国法理学家、功利主义哲学家、经济学家和动物权利的宣扬者。

何行动的标准，因为趋乐避苦是人的本性和深层动机，故而人类的一切行为是否合理的价值评判标准都可用快乐和痛苦的量来衡量，功利就是和快乐与痛苦相联系的代名词。

什么是功利？"功利是指任何客体的这么一种性质：由此，它倾向于给利益有关者带来实惠、好处、快乐、利益或幸福（所有这些在此含义相同），或者倾向于防止利益有关者遭受损害、痛苦、祸患或不幸（这些也含义相同）；如果利益有关者是一般的共同体，那就是共同体的幸福，如果是一个具体的个人，那就是这个人的幸福。"[1] 功利主义创始人边沁对功利的定义意味着：功利就是指给利益有关者带来实惠、好处、利益或幸福，实惠、好处、利益或幸福含义相同，并且既可以是个人的又可以是共同体的，最为关键的是以结果或目的作为价值评判的标准。边沁功利原理的含义就是指，"它按照看来势必增大或减小利益有关者之幸福的倾向，亦即促进或妨碍此种幸福的倾向来赞成或非难任何一项行动。我说的是无论什么行动，因而不仅是私人的每项行动，而且是政府的每项措施。"[2] 这就意味着，符合功利原理的行动，无论是私人或集体的（包括政府的）行动，是增大利益有关者（个人或共同体）之幸福的行动。例如，"（就整个共同体而言）当一项行动增大共同体幸福的倾向大于它减少这一幸福的倾向时，它就可以说是符合功利原理，或简言之，符合功利。"[3]

边沁的功利原理并不强调道德行为的动机，而只强调行为的效果，即围绕苦与乐的分析展开的。"自然把人类置于两位主公——快乐和痛苦——的主宰之下。只有它们才指示我们应当干什么，决定我们将要干什么。是非标准，因果联系，俱由其定夺。凡我们所行、所言、所思，无不由其支配：我们所能做的力图挣脱被支配地位的每项努力，都只会昭示和肯定这一点。一个人在口头上可以声称绝不再受其主宰，但实际上他将照旧每时每刻对其俯首称臣。功利原理承认这一被支配地位，把

---

[1] ［英］边沁著：《道德与立法原理导论》，时殷弘译，商务印书馆2000年版，第58页。
[2] 同上。
[3] 同上书，第59页。

它当作旨在依靠理性和法律之手建造福乐大厦的制度的基础。"① 这里道出了边沁功利主义伦理学的出发点（苦乐原理或功利原理）：人的最基本的情绪是苦与乐的感觉，人的天性就是趋乐避苦。凡有助于产生快乐、增进幸福的行动就是善的、道德的，凡带来痛苦、不幸的行动就是恶的、不道德的。边沁是从趋乐避苦这一人的基本目的出发，进而得到一个评价人的行为好坏、善恶的标准的。因为，对快乐的追求和对痛苦的避免是人的一切行为的潜在指导者和深层动机。

在道德选择、权衡的过程中，"一项行动的总倾向在多大程度上有害，取决于后果的总和，即取决于所有良好后果与所有有害后果之间的差额。"② 功利主义对结果的判断是所有良好后果与所有有害后果的差额，只有所有良好后果超过所有有害后果这样的差额才有道德意义。差额的比较就是苦乐的比较、利害的比较，差额的比较过程就是道德选择过程。"功利主义的苦乐原理的一个根本特点在于把苦与乐看成在本质上就是善与恶的代名词。快乐本身具有善的内在价值。功利主义把一切带来个人的感性痛苦的东西都看成恶，直接否定了宗教禁欲主义对人的感性幸福压抑的合理性。"③ 功利主义成为对抗宗教神圣、宗教束缚的思想武器，为英国的工业革命奠定了理论基础。

对苦与乐的强调决定了功利主义伦理学必然采用后果论的形式，也就是将道德评价建立在人的行为后果之上，即判断行为正当与否是看行为是否最大限度地促进了所涉及的所有人的快乐的增加或者痛苦的免除。每一种道德行为选择均有其苦乐结果，在多样结果可能下的道德选择就有一个比较的问题。把趋乐避苦的功利原理运用到现实生活中，必须在权衡、比较的情况下进行道德行为选择、评价和预测。于是，边沁提出了快乐量大小的判断方法。"对一群人来说，联系其中每个人来考虑一项快乐或痛苦的值，那么它的大小将依七种情况来定，也就是前面那六种——（1）其强度；（2）其持续时间；（3）其确定性或不确定性；（4）

---

① ［英］边沁著：《道德与立法原理导论》，时殷弘译，商务印书馆2000年版，第57页。
② 同上书，第122页。
③ 龚群著：《当代西方道义论和功利主义研究》，中国人民大学出版社2002年版，第298—299页。

其临近或偏远；（5）其丰度（指随同种感觉而来的可能性，即乐有乐随之，苦有苦随之）；（6）其纯度（指相反感觉不随之而来的可能性，即苦不随乐至，乐不随苦生）；以及另外一种：（7）其广度，即其波及的人数，或者（用另一句话）说，哪些人受影响。"① 然而，穆勒②却认为，快乐不仅有量的不同，而且还有质的分别和高下。快乐有两种形式，即肉体的物质享乐和精神享乐，而后者更为高尚。"必须承认的是，总体而言功利主义信奉者们在将精神愉悦置于肉体愉悦之上时，主要注重的是广义上的永恒、安全、节俭等因素。"③

从对快乐质和量的判断，通过功利的权衡，就可以进一步得出"最大幸福"原则。

二 "最大幸福"原则

由边沁最先提出的"最大幸福"原则也是功利主义的一条重要的道德原则，"最大多数人的最大幸福是正确与错误的衡量标准"④。

这就意味着，"最大多数人的最大幸福"是道德行为选择或善恶判断的基本原则，同时也说明功利主义以功利的最大化为价值选择的基本目标。这里的"最大"并非是个人的最大，而是最大多数人的最大也就是社会的最大。对此，穆勒说："功利主义的标准不是指行为者自身的最大幸福，而是指最多数人的最大幸福。"⑤ 这样的界定，使得功利主义超越

---

① [英] 边沁著：《道德与立法原理导论》，时殷弘译，商务印书馆 2000 年第一版，第 87—88 页。

② 约翰·穆勒（John Stuart Mill, 1806—1873），英国哲学家、经济学家、古典自由主义思想家，也被译为"密尔"，是著名功利主义哲学家詹姆士·穆勒（James Mill, 1773—1836）的长子，父亲对他的教育以功利主义当作伦理学的基础，源自 James 与边沁的交情，事实上约翰·穆勒自己也与边沁常有接触，边沁去世后他还负责整理边沁的著作。密尔的代表作《功利主义》（1861）使其成为功利主义学派的接班人。他最早从欧洲大陆把孔德的实证主义哲学传播到英国并与英国经验主义传统相结合。他对西方自由主义思潮影响甚广，尤其是其名著《论自由》（On Liberty, 1859）更被誉为自由主义的集大成。书中谈道：只要不涉及他人与社会之利益，人就有完全的行动自由而不受干预，只当行为危害他人与社会利益时，才应承担相应的责任。密尔划定了个人与社会的权利界限，1903 年严复第一次将此书介绍到中国时就译为《群己权界论》。

③ [英] 穆勒著：《功利主义》，叶建新译，九州出版社 2007 年版，第 21 页。

④ [英] 边沁：《政府片论》，沈叔平等译，商务印书馆 1995 年版，第 92 页。转引自宋希仁主编《西方伦理思想史》，中国人民大学出版社 2004 年版，第 296 页。

⑤ [英] 穆勒著：《功利主义》，叶建新译，九州出版社 2007 年版，第 29 页。

了狭隘的个人快乐幸福，使得个人利益与社会快乐幸福或社会整体的利益相统一，并带有明显的利他主义色彩，从而把个人对快乐的追求，最终引向对社会整体利益的关注。

为什么人会去追求最大多数人的最大幸福这种利他主义的精神呢？

穆勒首先借用联想原理进行解释。"联想是良心形成过程中的重要因素，观念的联想往往将某一种事物与一种观念、或是与另一种事物联系起来，所以，很有可能当我们接受某一事物后，对它的好恶就转移到另外那个与之相联系的事物上去了。这种好恶情绪的转移就产生了习得性的道德心理。"[①] 而良心是利他主义或者说是道德行为的内在动力。联想的规律是什么？休谟[②]归纳为三条："（1）接近律：指两个或更多的事物常常同时出现在一个空间里，于是便产生了它们彼此之间存在联系的观念。例如，我曾见到一朵玫瑰，同时感到它的色、香、形，以后，我一听玫瑰这一名字，色、香、形这三个观念也会以一种联合状态同时出现。（2）因果律，两件事物存在因果关系，于是作为因的事物和作为果的事物便形成一个联合观念。例如我们总将美的食物同吃饱喝足后的愉快联想在一块。（3）相似律，两个彼此相似的事物反映在我的观念中会彼此接近，最后形成一个联合观念。例如我在路上看见一位酷似我朋友的人我马上就会想起我的朋友。"[③]

除此之外，穆勒还用"社会感情论"来解释。他说："假如功利道德缺乏一种自然情感基础，那么即使通过教育灌输，这种关联也可能被分解。但事实上确实存在这样一种强大的自然情感基础，并且一旦普遍幸福被认可为道德标准，这一情感基础将构成功利道德的力量源泉。这种坚实的基础便是人的社会情感，即渴望与同类和谐统一。而这种渴望已经成为人性的一大原则，并在不断进步的人类文明的影响下，正变得越

---

① 宋希仁主编：《西方伦理思想史》，中国人民大学出版社2004年版，第310页。

② 大卫·休谟（David Hume，1711—1776），苏格兰的哲学家、经济学家和历史学家。休谟对因果关系的普遍、必然性进行反思所提出的问题被康德称为"休谟问题"——"实然与应然问题"，即由"是"这个"因"能否导出"应该"这个"果"。休谟认为，科学只能回答"是什么"的问题（being、事实、物质、自然规律），而道德告诉我们"应该怎样"的问题（ought to be、价值、精神、社会规律）。科学能否解决道德问题？尽管休谟自己没有明确回答他提出的问题，但其著作隐含的意思是：科学不能解决道德问题，从"是"中不能推出"应该"。

③ 王润生著：《西方功利主义伦理学》，中国社会科学出版社1986年版，第71页。

来越强烈，甚至无需加以谆谆教导。"① 这种"社会感情"，来源于人们的社会联系、互相需要、共同利益，并随着人类文化的发展而加深，这样就必然使人与人之间结成命运共同体，从而逐渐形成一种重视他人利益的习惯，加上良心及其制裁作用，就使得"最大幸福"原则成为人人遵循的最高道德原则。在此，穆勒的思想脉络在这里是清晰的："社会产生合作，合作产生共同利益，共同利益产生共同的追求目标，于是就有利他主义。这样，利己的天性和利他的行为终于统一了：我追求公共的（包括他人的）利益，我也能从中得到一份满足，反之我要得到自己的利益，也必须到公共利益中去寻找，这也是一个联想心理，一个基于事实的因果联想，一个'我'与'他'的实际关系的联想。"②

功利主义伦理思想在其形成后，受到各方面的挑战。尤其是"穆尔③和以后的分析哲学家基于他们对事实与价值之差别的分析，认为功利主义模糊了'是'与'应该是'之间的界限，宣称功利主义走入了'自然主义的谬误'④，罗素则说在'是'与'应该是'之间画等号，'简直荒谬得令人难以理解'。"⑤ 这就表明，功利主义用最大多数人的最大幸福这种效果来定义善，实质上是用自然属性（功利）来定义、说明非自然属性（善），如此就混淆了实然与应然、事实与价值的区别，另外，功利主义追求最大多数人的最大利益，这势必会造成对少数人的利益的忽视和损害，这些问题的确都是值得我们认真思考的。

---

① ［英］穆勒著：《功利主义》，叶建新译，九州出版社2007年版，第73页。
② 王润生著：《西方功利主义伦理学》，中国社会科学出版社1986年版，第75页。
③ 乔治·爱德华·摩尔（或译为穆尔，George Edward Moore，1873—1958），是现代西方新实在论和英国分析哲学的开创者之一，也是20世纪西方伦理思想史上划时代的人物。他是最先明确地把伦理学划分为元伦理学（Meta-Ethics）和规范伦理学（Normative-Ethics）两大类型，并最先对元伦理学进行了系统的论证，创立了所谓"常识合理化的直觉主义伦理学"。被现代西方伦理学界称为20世纪英国伦理学史上的一次"哥白尼式的革命"。参见周辅成主编《西方著名伦理学家评传》，上海人民出版社1987年版，第762页。
④ 自然主义谬误（the naturalistic fallacy），这一表述由G.E.摩尔（穆尔）提出，是摩尔对自然主义伦理学的批判性反思的结果。摩尔认为："善"与"善的东西"是截然不同的；自然主义伦理学包括进化论伦理学、功利主义伦理学和各种形式的快乐主义伦理学三种具体形态。它们都从存在（is）中求应当（ought），把单纯的善性质混同于自然物或具有善性的东西，实际上是混淆了善（good）与善的东西（Something good）。参见周辅成主编《西方著名伦理学家评传》，上海人民出版社1987年，第765页。
⑤ 王润生著：《西方功利主义伦理学》，中国社会科学出版社1986年版，第121页。

三 功利和"最大多数人的最大幸福"如何协调？

功利主义产生于 18 世纪的苏格兰启蒙学派①，形成于 19 世纪穆勒的理论，经由西季威克和摩尔的方法论批判，到 20 世纪 50—60 年代的行为功利主义和规则功利主义之争，最终成为一种影响广泛而深远的近现代西方伦理学理论流派。功利主义以经验主义为其思想渊源，以趋乐避苦的抽象人性论为哲学基础，以个人主义为出发点，以行动的效用大小为价值评价依据，以功利（苦乐）为计算标准来判断人们行为的善恶，以实现最大多数人的最大幸福为价值导向和最高理想。它的理论构成了近现代西方社会（主要是英美体系国家）的政治、经济和法律的伦理基础，体现了市场经济理论的价值观，对现代人类思想的丰富和社会发展影响深远。

然而，进一步反思功利主义思想的产生、形成和发展也引发了许多困惑。

以趋乐避苦的抽象人性论为哲学基础能否概括人性的全部内容或实质呢？这是对功利主义理论的困惑之一。的确，人作为高级动物和其他生物一样具有趋乐避苦的天性，但仅仅把人性看成为趋乐避苦就很容易把还具有精神、理想、信念、同情、正义的人类"庸俗化""生物化"。人是一个既有"趋乐避苦"的本能性的存在，又是一个具有"崇高理想"的精神性的存在。否则，我们身边就不会有许许多多的感动中国、感动世界的人物，正是他们兢兢业业、无私奉献、忘我牺牲的精神成为我们的"楷模"和学习的榜样。在医疗卫生领域，如果医生们"趋乐避苦"，危重患者谁来抢救？看来，以趋乐避苦来概括人性的全部特征是不全面的、甚至是片面的。因此，趋乐避苦应该是有条件的，我们现在困惑的是这个条件是什么？是不涉及公共领域而仅涉及私人领域就可以了呢？

---

① 苏格兰启蒙学派，即在 18 世纪早中期的英国，一些著名学者如历史学家爱德华·吉本、思想家边沁、哲学家哈奇森和休谟、经济学家亚当·斯密、文学家司各特、社会学的鼻祖弗格森等人活跃在苏格兰地区，以爱丁堡为中心，形成的一个思想派别。18 世纪的苏格兰实际上成了当时英国文化繁荣的代表，苏格兰的文化中心爱丁堡被称作"大不列颠的雅典"。该学派具有强烈的经验主义和反唯理论特点，重视个人知识在形成人类秩序中的作用，注重常识，强调社会演化的重要性，主张经济放任主义。

就字面意思而言，趋乐避苦恰恰不是道德的本意而带有本能的色彩，道德恰恰需要对本能的克服。如果每个人都趋乐避苦，那么这个社会只能就是事不关己、唯利是图和只顾自己不顾他人的社会。如果是这样的话为何功利主义还盛行了几百年呢？西方社会也不见得完全是一个人情淡漠、自私自利的社会。可见，对功利主义的理解关键还要抓住"乐"与"苦"的含义。

趋乐避苦的抽象人性论和最大多数人的最大幸福价值导向和最高理想似乎是相互矛盾的？它又是如何导向最大多数人的最大幸福的呢？这是对功利主义理论的困惑之二。快乐和痛苦是指什么或意味着什么？边沁认为快乐和实惠、好处、利益或幸福含义相同，而痛苦和损害、祸患或不幸含义相同。快乐和痛苦的大小是以结果给利益有关者带来利益或不利作为标准的，所谓功利就是指这些给利益有关者带来好的结果或者防止利益有关者遭受不好结果的结果量的大小。边沁认为只要人人都趋乐避苦获得幸福，那么，不仅每个人自身获得了幸福，而且共同体的成员也获得了幸福。"共同体是个虚构体，由那些被认为可以说构成其成员的个人组成。那么，共同体的利益是什么呢？是组成共同体的若干成员的利益总和。"[1] 边沁的幸福观强调的是：个人的利益实现了，共同体的利益"自然"就会实现，个体获得了幸福，共同体就"自然"获得了幸福。

但密尔对快乐或幸福的理解从偏向于个人，逐渐偏向于他人和社会，只有共同体中的所有人的幸福才是幸福。"在功利主义的理论中，作为行为是非标准的'幸福'这一概念，所指的并非是行为者自身的幸福，而是与行为有关的所有人的幸福。"[2]，密尔心中的功利主义是一种幸福主义的理论，他以个人幸福作为道德的最终标准，同时也包容了对他人的关切、对德性的渴望等广泛的内容，使个人的幸福与他人的、社会的幸福联系起来。[3]

---

[1] [英]边沁著：《道德与立法原理导论》，时殷弘译，商务印书馆2000年版，第58页。
[2] [英]约翰·斯图亚特·穆勒：《功利主义》，叶建新译，九州出版社2007年版，第41页。
[3] 参见宋希仁主编《西方伦理思想史》，中国人民大学出版社2004年版，第302页。

密尔的幸福观使得功利的性质发生了变化，不仅表现在幸福的范围方面，而且还表现在快乐的质和量方面。边沁只认为快乐有量的区别，这种快乐的量的大小的判断方法是：快乐的强度大小，持续时间长短，确定性程度，感受作用的远近。边沁更多的是以感官的快乐定义幸福，但在密尔那里快乐或幸福不仅有量的不同，还有质的差异，幸福不仅包括物质的含义，更包括精神的快乐或幸福。

密尔的幸福观在一定程度上克服了边沁主要以个人的快乐为最终标准的褊狭性。但他也没能够论证好：不同的个人的幸福以什么样的方式联合为普遍幸福？或者说个人的幸福究竟如何过渡到普遍的幸福？以及普遍的幸福为何比个人的幸福更值得追求？毕竟社会与个人是不同的，不可能两者的利益总是趋向一致，有时，两者之间反而可能存在着冲突，不能简单地替代或等同。但这个问题到罗尔斯那儿采用的是契约论的方法进行了解释，使这个问题有了一个交代。他认为社会是每个人通过契约的方法构成的，要确保每个人追求自己快乐的平等自由权利，每个人都得到自己最大的快乐，又都不损害他人的快乐，社会在快乐总量就达到了最大，于是个人利益与社会利益便会协调一致。但人性是复杂、多样的，如何保证人人不损害他人的快乐却还是经不起推敲的，还会引起人们的困惑。

功利主义的最大多数人的最大幸福原则关注了最大多数人的利益，但是少数人的利益，特别是少数弱势群体的利益如何保证？最大幸福如果在结果上、在量的方面的考量，但总量怎样在个人之间进行分配？这是对功利主义理论的困惑之三。"例如病人甲心脏衰竭需作心脏移植手术，病人乙需要作肺脏移植术，病人丙需要作肝脏移植术，病人丁需要作肾脏移植术，病人戊也需要作肾脏移植术，但是找不到可供移植的心脏、肺脏、肝脏和两个肾脏，那么，可以不可以用一个健康人来供给这五个病人移植的脏器呢？按照最初形式的功利主义理论，这似乎也是在道德上允许的，这当然是荒谬的。"[①] 这个案例说明：不能只顾大多数人的利益而忽视少数人的利益。因此，就像罗尔斯所说的公平的正义就彰显其重要意义。这里关键是如何理解"最大多数人"？是整体的"最大多数人"还是局部的"最大多数人"？

---

① 马家忠、孙慕义主编：《新医学伦理学概论》，哈尔滨出版社 1995 年版，第 22—23 页。

功利主义的最大幸福原则注重结果的考量，是一种强调结果的善，它并没有考虑出于何种动机而导致这样的结果，尽管结果和动机并不总能达成一致，但任何的结果不可能没有动机的因素，单单考虑结果会不会造成以偏概全的局面？这是对功利主义理论的困惑之四。

功利主义是欧洲近代启蒙运动的产物。启蒙运动发生在18世纪的欧洲，最初产生在英国，而后发展到法国、德国等国。启蒙思想家宣扬天赋人权，三权分立，提倡自由、博爱、平等思想，影响和推动了欧美的资产阶级革命，促进了社会的进步。自此，注重现实，维护个人利益，争取尘世生活的快乐，已逐渐成为一种社会趋势。而在思想领域必须找到一种与这种诉求相一致的理论作为价值观的指导。于是，功利主义就在这种背景下产生了。但早期出现的以强调个体的独立与自由为特征的价值观并不能真正或从理想意义上实现人类的幸福，因为个体的独立与自由是相对的，总是不能脱离社会的，只有在社会层面上实现人类整体的幸福，个体的独立与自由、个体的幸福才能在真正意义上得到保证。其实，早期的功利主义理论是契合市场经济发展的价值诉求，市场经济的关键词或所要追求的目标是利润、利益、效率、最大化结果。但是，由于片面强调利益和效率，出现了资本主义社会人的异化以及社会环境的异化现象，因此，密尔以后的功利主义者试图克服这种缺陷，于是，联系或协调个人利益和社会利益的"最大多数人的最大幸福原则"就逐渐盛行。由此可见，对功利主义的上述困惑的原因在于社会发展中遇到的矛盾与困惑。因为，功利主义在为资本主义的商品经济逐利行为作价值合理性辩护的同时，为了努力缓和个人利益同社会利益的矛盾，试图寻求协调社会矛盾的良方，而这种良方可能至今还没能够真正找到，还在不断地探索与完善的过程中。

四 境遇论与功利（效用）主义之异同

功利主义或称效用主义，后者的使用是为了避免对功利含义的误解，以为功利之目的好像完全是为了自己的利益，就功利的字面含义来理解功利主义的含义。"对效用主义来说，重要的思虑在于权衡两个或更多的行为选择中哪一个总体上更令人愉悦，带来快乐对痛苦的更大余额，或在所有选择都必定带来痛苦的情况下，带来最小的痛苦。这种思虑完全取决于每一个选择项的效果或后果。所有效用主义又常常被称为后果主义。显而易见，在效用主义中，尽管那个目的——快乐并未退场，对那个就其自身来说是从属于目的的东西——效用——的计较却成为这个学说中的'新主人'。这种哲学或伦理学也正是因为效用计较成为其中心的关切才被称为效用主义的。"[1] 功利或效用的"目的"是使最大多数人获得最大快乐、带来最小痛苦，或者给最大多数人带来最好的"结果"，故功利主义或称效用主义又可称为目的论、结果论。

境遇论与功利主义（目的论）有何异同呢？"目的论则用以指目的的或志向的伦理学，据说它关心的是愈来愈多地实现利益，而不是单单服从规则。根据这些传统术语的涵义看，境遇伦理学无疑地较为接近目的论。"[2] 也就是说，境遇论与目的论在"同"的方面比"异"的方面表现更为突出，表现为两者都关心现实利益。境遇论受功利主义（目的论）的影响可谓非常之大，这种影响可以说是一种间接的，因为境遇论直接受到实用主义思想的滋润，而实用主义和功利主义是一脉相承的。功利主义以利益、效用的大小作为价值大小的衡量依据，采用是一种经验主义的方法，而境遇论在具体境遇下用"爱的计算"进行利益的衡量和分配，也是采用经验主义的方法；两者都强调"最大多数人的最大利益"以便尽可能多地给邻人或他人带来最大量的幸福。这些都是它们的相似之处。不同的是境遇论以"爱"的原则取代其功利主义的快乐原则，将享乐主义者的计算变成"爱的计算"，计算如何使最大多数人获得最大利益。"由于爱的伦理学认真寻求一种社会政策，爱就要同功利主义结为一体。它从边沁和穆勒那里接过来'最大多数人的最大利益'这一战略原则。请注意，这是一个真正的结合体，尽管它重新界定了功利主义者的'利益'概念，以上帝之爱取代其快乐原则。在这个结合体中，享乐主义者的计算变成上帝之爱的计算，变成了尽可能多的邻人的最大量幸福。它运用了功利主义的程序原则——利益分配，但还有它自己的见于圣经概要中的价值原则。"[3] 也就是说，这种计算不仅要考虑到利益的量，还

---

[1] 廖申白：《对伦理学历史演变轨迹的一种概述》（上），载《道德与文明》2007年第1期。
[2] 弗莱彻：《境遇伦理学》，程立显译，中国社会科学出版社1989年版，第78页。
[3] 同上书，第77页。

要考虑到利益的分配，爱的作用与功利主义的分配相结合，尽可能多给他人与社会带来更多的利益，这样才能体现把"爱"作为境遇论唯一的或绝对的价值原则的意义所在。

第三节　境遇论与道义论

道义论（义务论）是一种强调道德动机，强调依据责任、职责或义务而行动的伦理学理论。"所谓道义论，是指以责任和义务为行为依据的伦理学理论。……任何道义论的伦理学理论都有一个显著特点，即不诉诸行为后果，而诉诸一定的行为规则（原则、规范等此类道德标准）。道义论认为，一个行为的正确与错误，并不是为这个行为所产生的后果所决定的，而是为这个行为的动机、行为本身的特性所决定的，即这个行为的动机是否是善的，行为本身是否体现了一定的道德准则。"[1] 因此，根据道义论的观点，我们应当做这些事只是因为这类事情符合一定的行为规则、规范及标准，且行为动机也要和这些规则、规范及标准相联系、相符合；这些规则、规范及标准具有普遍性的，是被普遍认可的标准，因此，就变成了我们的义务或责任；另外，履行这些行为义务或责任的过程并非是被迫进行的而是自觉履行的。道德行为就是一种自觉履行这些道德义务或责任的实践活动，而与做这些事情的后果无关，它没有实质的目的指向性，只是将道德规范践履视为无条件义务。故而，道义论是与目的论或效果论的伦理学的出发点和理论的指向性是不同的。

康德[2]是最重要的道义论理论家。他说："道德法则在人类这里就是

---

[1]　龚群：《当代西方道义论与功利主义研究》，中国人民大学出版社2002年版，第3页。
[2]　伊曼努尔·康德（Immanuel Kant, 1724—1804），德国古典哲学的创始人，"三大批判"构成了其集真、善、美或者说信、望、爱于一身的伟大哲学体系。《纯粹理性批判》（1781年）研究的是如何认识外部世界——自然现象界由于受自然必然律支配，属理解力的认识范畴，借助自然科学予以认识；《实践理性批判》（1788年）研究的是伦理学问题；人应该怎样做？实践理性（意志）批判——考察规定道德行为"意志"的本质（自由、自由律）及遵循的原则（绝对命令——"要这样做，永远使你的意志的准则能够同时成为普遍立法的原则"——体现自由——自律——职责或义务）；《判断力批判》（1790年）要回答的问题是：希望什么？如何实现自然界的必然王国与道德界的自由王国的沟通并达至和谐？这就需要在审美与崇高、上帝存在与道德、人类精神活动的目的意义等方面进行探讨。

一个命令，这个命令是用定言方式提出来，因为这条法则是无条件的；这样一个意志与这个法则的关系就是在义务名下的依赖性，这种依赖性就意味着对行为的一种强制性，尽管是凭借单纯理性和其客观法则的一种强制性，这种行为因此就称为职责……"① 康德把道德法则规定为定言命令，就是一条强制性的义务、职责，又被称为道德命令或绝对命令，就是行动中意志遵循的准则能够成为一条普遍的立法原理。定言命令本身就是行为的目的，它不依据任何具体情况而改变，是无条件的、必然的。与此相对的是，康德所说的假言命令，其本身不是行为的根据，而是达成另一目的的手段，它是实然的。比如做善事是因为在做善事之后会得到嘉奖及名誉，这是假言命令。而做善事本身就是期望追求的、对的、无其他目的，为做善事而做善事，就是定言命令。这种强制性是凭借单纯理性和其客观法则来决定的，它的履行是无条件的、自愿的，也即道德义务的履行不是条件性的，而是绝对的（无上命令或绝对命令）；判断行为道德与否，要看行为是否符合道德法则、动机是否善良、是否出于义务心等。

一 只有出于自由意志的自律才能成为道德法则

在康德看来，只有意志是自由的，才能摆脱自然必然性、感性欲望的制约，才能排除一切外来力量的干扰进行独立判断，才能自己立法、服从作为自律的自由而不选择作为他律的自由。自由意志意味着人的意志不是外界强加的，而是出于人们自觉、主动和自愿的行为，如此才能使道德表现为个人的自觉服从和自律行为。没有自由意志，就没有道德行为的存在。"道德法则无非表达了纯粹实践理性的自律，亦即自由的自律，而这种自律本身就是一切准则的形式条件，唯有在这一条件下，一切准则才能与最高实践法则符合一致。"② 这里的"最高实践法则"就是绝对命令，而要做到一切准则与此相符，需要在自由意志的基础之上所表现出来的自由的自律，这是道德法则的形式条件，它是一种纯粹实践理性的自律，预示着对道德法则的遵循需要人的理性自律。

---

① ［德］康德：《实践理性批判》，韩水法译，商务印书馆1999年版，第33页。
② 同上书，第34—35页。

康德认为，道德法则只能是来源于理性，是一种出自理性的、清除了经验内容的、具有纯粹性的法则。道德行为的规律不同于自然规律。自然规律是客观的，独立于人的意志的。道德规律虽然也是客观的，但是源于理性，是理性对于意志的主导。在这里，客观规律和主观的意志达到了统一：人的意志所主导的符合规律的行为就是一个道德行为，意志是道德行为的前提。

康德的道德哲学继承了柏拉图以来的理性主义传统。理性主义者认为，在纷繁的世界的表象之下，存在着一个稳定的基础，这个稳定的基础是事物的本质，理性的作用就是发现这种本质之所在和本质自身。在道德哲学上，康德认为，存在着脱离经验的道德法则，这些法则往往被各种经验的见解所遮蔽，而道德哲学家的任务是要找到使法则显露出来的途径。而"理性自律"就是一条寻找法则所显露出来的一条"途径"。

康德认为，自律是职责而他律不是。"意志自律是一切道德法则以及合乎这些法则的职责的独一无二的原则；与此相反，意愿的一切他律非但没有建立任何职责，反而与职责的原则，与意志的德性，正相反对。"[①]自律是人的职责而他律不是，就表明了康德所认同的道德法则是自律的而非他律的。在康德看来把道德意志服从于外在因素的他律是不道德的，只有服从法由己出的自律才是自由的、道德的。自律的意志既不受欲望的驱使，也不受神意、天命的支配；人不只是物，也不是神，而是服从自己立法的主人。

理性自律是人独有的，是人之为人的根据。动物没有理性和意志，完全是按照直觉行动，只能根据刺激—反应的模式行事，没有能力对行为加以控制，故而动物是不自由的。而人类不同，具有自我意识，能够对情感、直觉和冲动等加以控制，这是因为人是具有理性的，可根据理性的决断行事。正因为人是有理性的，根据道德准则行事，所以，从一定的意义上说就获得了行动的相对自由，并在这种自由中获得了自我完善。

---

① [德]康德：《实践理性批判》，韩水法译，商务印书馆1999年版，第34页。

二 道德法则就是可普遍化的绝对命令

人的意志自由在于他理性的本质，而理性具有立法作用，"人类理性的立法作用是双重的：在理论理性领域依据自然概念为自然立法，而在实践理性领域则依据自由概念为自身立法。于是，我们就有了两类不同性质的法则：自然法则与道德法则。……自然法则与道德法则虽然同为'法则'，但相互之间存在着严格区别。自然法则是知性的法则，它是一切经验现象的先天条件，亦即规定存在的事物的普遍必然的客观规律。与此相反，道德法则是理性的法则，它是人之自由本体品格的体现，是规定应该存在的事物的定言命令。"① 道德法则或纯粹实践理性的基本法则是"这样行动：你意志的准则始终能够同时用作普遍立法的原则。"② 这是道德判定的基本的准则，或者说就是道德判定的公式。行为的善存在于行为本身所遵循的可普遍化准则，而不是追求的具体目标、结果。也就是说要只按照你同时认为也能成为普遍规律的准则去行动。道德之所以为道德就在于服从和执行这条道德律令。

意志对于主体符合客观规律的行为的强制是所谓的命令。人的理性对行为的命令康德将分为两种：一种是假言命令，它是附有条件的命令，一种是定言的命令或称绝对命令，它是善良意志的本身的要求，是无条件的命令。"一个彻底善良的意志，它的原则必定表现为定言命令，包含着意志的一般形式，任何客体都不能规定它，它也就是作为自律性，由于它，一切善良意志，才能使自己的准则自身成为普遍规律，也就是每个有理性的东西加于自身的、唯一的规律，不以任何动机和关切为基础。"③ 这就表明，义务论所关心的不在于行为的目的与成效，而是善良意志，即判断行为善恶标准的行为意图或动机本身的合乎道德法则，是一种意志善，它是可普遍化的也就是得到普遍认可的、无条件的善，是价值判断的最终标准。"作为惟一无条件善的善良意志，在康德伦理学

---

① 张志伟著：《康德的道德世界观》，中国人民大学出版社1995年版，第119页。
② [德]康德：《实践理性批判》，韩水法译，商务印书馆1999年版，第31页。
③ [德]康德：《道德形而上学原理》，苗力田译，上海人民出版社2002年版，第64—65页。

中，是一切道德价值的必要条件。首先，人的一切内在品质，只有具备善良意志才具有善的道德价值。通常所谓的聪明、勇敢、勤奋等好品性，如果离开善良意志的统帅，就必将酿成恶行。其次，人们通常追逐的身外之物，诸如'财富、权力、荣誉甚至健康，也就是那名为幸福的东西'，如果没有善良意志，也都可能造成道德祸害。……因此，善良意志是一切品质和行为之具有道德价值的必要条件。"[1]

三 "人是目的"——道德上正当行为的标准

人具有理性，因为这个特点，这就表明了每一个人都应该被他人当作目的来看待。康德认为任何道德上的正当行为必须将人当作目的，而不能仅仅作为手段。"在这个目的秩序里，人（以及每一个理性存在者）就是目的本身，亦即他永远不能为任何人（甚至上帝）单单用作手段……"[2]

"人是目的"之"可能性"——人是理性存在者。"在全部被造物之中，人所愿意的和他能够支配的一切东西都只能被用作手段；唯有人，以及与他一起，每一个理性的创造物，才是目的本身。"[3]理性与目的相连，理性是人有别于动物和其他自然之物的本质体现，这使人获得了不同于他物的自尊、自我意识和意志自由。但人与他物也是互相联系的，万事万物是相互联系而构成的目的链条，在此链条中，任何事物既是目的、又是手段，而只有人才是他事物的最终目的而不是手段，"人是目的"意味着人是"最终"的目的——要尊重人、关心人、以人为本。

"人是目的"之"现实性"——道德上正当行为的判断标准。"人是目的"中的"人"是一个具有普遍性的概念。以人为目的既包括以自身为目的，也包括以他人为目的；既要关注自身的生存状况，更要关爱他人、理解他人；只有以他人为目的作为道德要求，以自己为目的才可能实现。

人是价值的存在和道德的存在，道德是理性的产物，道德就是将人

---

[1] 宋希仁主编：《西方伦理思想史》，中国人民大学出版社2004年版，第330页。
[2] ［德］康德：《实践理性批判》，韩水法译，商务印书馆1999年版，第144页。
[3] 同上书，第94—95页。

当作人、就是以人为目的。不仅将自己当作目的,同样也把他人当作目的,这就形成了一个尊重自己和他人人格的目的王国。目的王国是"理想"的世界,每个人都被最终视为目的而不是仅仅作为实现目的的手段——这是实现人与人之间保持人格独立,并相互尊重、平等、自由、和谐的保证。虽然现实中难以全部实现,但需要这种"理想"——解决、协调现实生活中的各种纷争、矛盾、冲突的尺度和客观准则。

道义论强调自由意志、强调理性自律、强调动机善,从而凸显了道德价值的应然性,因为只有应然的才有可能是超越的、才有可能拥有神圣性与崇高性。然而自由是相对的、自律是痛苦的、动机善是不够的。自由意志只有在对道德法则的"敬重"基础上才能实现,"敬重"是什么?"敬重……我的心灵鞠躬"①。因此,只有对道德法则产生心灵鞠躬的人才能获得自由意志。然而,这对于现实中的人来说,想要做到是何其之难,毕竟现实中的人是生活在各种矛盾冲突与利益得失诱惑之中的"凡人";自律是痛苦的,就决定了有的人有自律精神,有的人缺乏这种精神,对于那些缺少自律精神的人,道义论就显得软弱无力。道义论对于良知寄予厚望。然而,良知只对有良知的人起作用;动机善也是不够的。因为,动机的善仅仅是主观的善,只有当它变为客观存在时,善才成为客观的,才具有现实性。然而,道义论不是空想主义,它所要孕育的是一种理想主义精神,是一种据于应然、反观实然的精神。理想就是对存在的反思、就是一种克服欠缺趋于完满的运动,理想标识了人的理性与灵性特质,理想指向人类未来的美好明天。这就是道义论的核心所在。

四 道义善和结果善如何一致?

道义论(义务论)是强调动机的伦理学理论和方法,即一个行为的道德与否不是看一个行为的后果而是看一个行为是否出自于善良意志,善良意志之所以善良,并不是在其指导下的任何行为均可获得一个好的结果,而在于其动机本身就是善良的。

然而,道义论过分强调行为动机,而忽视行为的结果。"康德的伦理

---

① [德]康德:《实践理性批判》,韩水法译,商务印书馆1999年版,第83页。

学是典型的道义论的伦理学。他完全反对一切从功利后果考虑的伦理准则。因此，他的道义论又是唯动机论的。"[1] 这里的问题是道义善（动机善）和结果善有时是统一的，有时却并非统一，出现动机善和结果善分离的情况。例如，某年北京某大医院的医生出于善良的动机，为了尽快治好两位患者的眼疾，一人独自走进该院太平间，从该院一刚死亡不久的女性眼睛取走了一对角膜，使两位眼疾患者重见光明。然而，死者在接受整容时其家人发现其两只眼球不翼而飞，大为震惊，经公安部门调查方知是这位医学博士在未经死者家属同意的情况下私自做主的行为，使死者家属在失去亲人的悲痛时刻，受到了双重的精神痛苦。在此案例中，该医生由于考虑不周，一个动机带来了两种效果，既有动机善和结果善的统一，又出现了动机善和结果善分离的情况，说明一个善良动机并非总是带来善良的结果。这里需要讨论的是以主观动机善作为价值合理性评价的全部根据是不是合理？这是道义论面临的主要困惑。"康德的道德哲学具有'不存在例外情况'的特征，这使得它过于严格，不适合现实生活。现实生活状况是如此变化多样，因此不可能创造出在所有情况下都可以指导我们行动的规则。"[2] 由于现实和环境的复杂性，使得一个善良动机很可能带来不良的效果，因此，必须结合具体的境遇，考虑到实现动机的各种复杂的条件，以达到最佳的效果，才是合理的行为选择。

这种唯动机的道义论理论和方法有它产生的现实条件和土壤。19世纪，资产阶级在经济与政治上的统治地位的确立，加之资本主义生产方式带来的社会变革，生产力得到迅速发展。然而，贪图享受、唯利是图、责任意识的或缺等风气逐渐抬头，面对这种情况，社会急需一种新的价值精神，以唤起人们的道德责任意识。道义论的伦理学正是在这种时刻产生，它强调责任、强调动机，批判以效果、利益、快乐为导向的功利主义的思想。真正道德的行为是具有善良意志的道义之心和对道德规则

---

[1] 龚群著：《当代西方道义论与功利主义研究》，中国人民大学出版社2002年版，第95—96页。

[2] 雷蒙德·埃居、约翰·兰德尔·格罗夫斯（Raymond S. Edge, John Randall Groves）著：《卫生保健伦理学——临床实践指南（第2版）》，应向华译，北京大学出版社、北京大学医学出版社2005年版，第35页。

即绝对命令无条件地遵守（义务、义务感）。真正的善出自于善良意志、自身为善和无功利的善，这是判断一种行为之是否道德的依据。因此，上述道义论面临的主要困惑其实和它产生的社会环境和背景紧密相连，同时，也和它的价值导向和理论基础有关。

五 境遇论与道义论（义务论）之异同

境遇论与道义论（义务论）有何异同？道义论强调善良意志，所追求的是德性本身的普遍性与崇高性、道德行为的自律性和自觉性，注重行为本身所遵循的道德准则，注重行为的动机是否符合善良意志的道德要求，并且把人作为目的，要求尊重人、爱护人。而境遇论也强调善良意志，也就是出于爱的动机，"只有一样东西永远是善的和正当的，不论情境如何都具有内在的善，这就是爱。"① 这是两者的相同之处。对此，弗莱彻说："康德的第二准则——'把人作为目的，决不要作为手段'，同《新约全书》的爱的律法十分相似。康德的论点'唯一真正善良的东西是善良意志'，正是《新约全书》中上帝之爱的涵义，它必然地合乎逻辑地同他的第二准则相一致。"② 两者的不同之处是：（1）道义论指向的理论目标是一种强调先验原则的理性主义伦理学，而境遇论指向的理论目标除此之外还有一种反先验原则的经验主义伦理学；（2）道义论强调对规则（绝对命令）服从，而境遇论并不拘泥于对规则和原则的绝对服从，而是从具体的境遇出发，以爱作为心中的指南，具体问题具体分析来进行行为的恰当选择。"爱的方法是根据特殊性做出判断而不规定什么律法和普遍规则。它不鼓吹漂亮的命题，而是提出具体问题、境遇问题。"③ 境遇论其实并不是完全放弃原则、规则一切根据境遇来决定，而是强调一种原则性和灵活性的统一，即在特殊境遇或背景下，当原则、规则的应用有违公正和爱的绝对律令时，可通过"爱的计算"进行道德选择。"境遇伦理学是乐于充分利用并尊重原则的，它把原则视为箴言而不是律法或戒律。我们可以称之为'原则相对论'。用前已提到的术语来

---

① 弗莱彻：《境遇伦理学》，程立显译，中国社会科学出版社1989年版，第47页。
② 同上书，第50页。
③ 同上书，第111页。

说,原则、箴言或一般规则是探照灯,而不是导向器。……而境遇伦理学要求我们把律法置于从属地位,在紧急情况下唯有爱与理性具备考虑价值"①;(3)道义论是一种强调动机善的伦理学理论和方法,而境遇论既强调动机善又强调通过"爱的计算"达到结果善,境遇论努力做到动机善和结果善的有机统一,它是一种强调从行为开始前的动机到行为带来的结果整个过程中所体现的"过程善"的道德选择方法。

第四节　传统道德选择理论与生命伦理学之联结点

一门学科的发展离不开理论支撑,否则就是无本之木、无水之源。生命伦理学的发展同样需要传统道德选择理论的支撑,毕竟传统道德选择理论形成了伦理学丰厚的理论积淀,否则生命伦理学就会在道德本体意义上失去理论根据。因此,了解传统道德选择理论是全面把握生命伦理学思想脉络和理论基础的基本要求;通过寻找传统道德选择理论与生命伦理学的关联性,进一步揭示传统道德选择理论对生命伦理学的支撑点。

一　德性论与医务工作者的职业品质

作为一种道德选择理论——德性论——强调人的品行、素质的重要,坚信一个人的德性是道德选择的基本条件和关键因素。而生命伦理学研究的主体就是人,研究的重点是为人类生存过程中卫生保健政策制定、医疗卫生活动中遇到的道德难题的判断以及医学高新生命科学技术的使用等提供价值选择的方向,涉及在生命的维护、支持系统中作为主体的人——医务工作者——如何提高自身的德性从而在生命的维护、支持活动中更好地进行道德选择。

在与人的生命密切相关的医疗卫生领域中涉及的社会关系具有纵横交错的特点(例如,医务人员与患者之间的服务与被服务的横向关系,卫生行政管理人员与被监督、管理对象之间的管理与被管理的纵向关系等),这里,关键的主体之一医务工作者(广义来看卫生行政管理人员也

---

① 弗莱彻:《境遇伦理学》,程立显译,中国社会科学出版社1989年版,第21页。

属于医务工作者)其品行、素质对于维护人的生命和健康起着关键的作用。医务工作者服务的对象是人而不是物,这些人往往是具有身心疾患的弱势群体(对卫生行政管理人员而言,他们监督、管理的对象往往也直接或间接地从事与人的生命与健康相关的工作,责任重大),这就对医务工作者的品质或德性提出了更高的要求。

中国唐代的大医学家孙思邈①可谓是医德规范的开拓者,在其所著的《千金要方》序言中谈道"人命至重,有贵千斤,一方济之,德逾于此"就非常清晰地阐明了医务工作者的品质或德性之重要的缘由,而"千金要方"也是以此段话的意义命名的。《千金要方》共30卷,是综合性临床医著,书集汇唐代以前诊治经验之大成,对后世医家影响极大。孙思邈认为生命的价值贵于千金,而一个处方能救人于危殆,价值更当胜于此,因而用《千金要方》作为书名;其中的"大医精诚"、"大医习业"等篇章全面论述了医家的道德准则。"大医精诚"的"精"指医术,"诚"指医德,"精"和"诚"是医务工作者最重要的素质。比如,有关"诚"的要求,"大医精诚"谈道,"凡大医治病,必当安神定志,无欲无求,先发大慈恻隐之心,誓愿普救含灵之苦。若有疾厄来求救者,不得问其贵贱贫富,长幼妍媸,怨亲善友,华夷愚智,普同一等,皆如至亲之想。"② 这就是说,医务工作者要一心一意地专注于本职工作,具有仁爱之心,对行医对象不问贫富贵贱一律平等对待。

有西方"医学之父"之称的古希腊名医希波克拉底③也是西方医德的奠基人,他的著作《希波克拉底全集》是西方医学的重要典籍,其中的《誓言》是西方最早的医德经典文献。《誓言》中说道:"无论至于何处,

---

① 孙思邈(581—682),唐代医学家、药物学家、中国医德思想的创始人。他身体力行、一心赴救、淡泊名利、医德高尚;他认为,医生须以解除病人痛苦为唯一职责,对病人一视同仁、"皆如至尊"、"华夷愚智普同一等";他一生勤于著书八十多种,其中以《千金药方》、《千金翼方》(合称为《千金方》,共60卷、药方论6500首)影响最大,是唐代以前医药学成就的系统总结,被誉为中国最早的一部临床医学百科全书,对后世医学的发展影响深远。

② 徐天民等著:《中西方医学伦理学比较研究》,北京医科大学、中国协和医科大学联合出版社1998年版,第217页。

③ 希波克拉底(Hippokrates of Kos,约公元前460—前377),西方医学奠基人。他认为医师所应医治的不仅是病而是病人,治疗上注意病人的个性特征、环境因素和生活方式对患病的整体影响。

遇男或妇，贵人及奴婢，我之唯一目的，为病家谋幸福，并检点吾身，不作各种害人及恶劣行为。"反映出希波克拉底这样的思想：即把"为病家谋利益"（这种"利益"就是患者的健康）作为医生的最高行为准则，或者说把努力恢复患者的健康视为医生的最高职责。还包括不做伤害病人的任何事情、平等地对待病人。"我愿以此纯洁与神圣之精神，终身执行我职务。"要求医生对待自己的职业要兢兢业业、终身努力；《誓言》中还说道："凡我所见所闻，无论有无业务关系，我认为应守秘密者，我愿保守秘密。"这是对医务工作者提出的保密要求，因为行医者了解病人最多的隐私，病人的隐私可以不对亲朋好友讲，甚至不对父母讲，但往往需要对医生、护士讲，故而保密就成为医务工作者十分重要的一项道德要求。

医务工作者的品质或德性在具体实践中就体现于"爱"的行动。首先，要"爱"自己的职业。只有如此才能做到兢兢业业，才能不断有追求技术的进步、医学水平的提高的信心和动力，才能使自己的医德素养在职业活动中臻于完美；其次，要"爱"自己的服务对象。这里的服务对象从临床、公共卫生的角度指患者，另外从公共卫生的角度还指广大的健康、亚健康人群。"爱"自己的服务对象的过程，就是自己努力、奋斗的成果的实现过程，就是对建设和谐社会添砖加瓦的过程，就是爱与被爱实现了良性互动的过程；最后，要"爱"自己的同事，只有如此才能建立良好、和谐的医际关系，进而促进整体医学事业的健康发展。

二 功利主义与健康利益

功利主义的诞生和发展，其影响不仅局限在道德生活领域，而且对整个世界的经济、政治和文化都有着重要的影响和作用，同时也给生命伦理学注入了重要的理论支撑。"功利主义为生命伦理学提供了一个主要价值取向，生命伦理学为功利主义展示了一个重要的应用领域。"[①] 作为一种道德选择理论，功利主义（目的论或结果论）以目的或结果指向给利益有关者带来实惠、好处、利益或幸福作为价值评判的标准，这里的

---

① 孙兆亮：《论生命伦理学的理论支撑点》，载《社会科学》1992 年第 7 期，第 59—62 页。

利益有关者既可指个人又可指共同体,如果是一般的共同体,那就是共同体的幸福,如果是一个具体的个人,那就是这个人的幸福。而生命伦理学研究的重点是为人类生存过程中卫生保健政策制定、医疗卫生活动中遇到的道德难题的判断以及医学高新生命科学技术的使用等提供价值选择的方向,其结果或目的指向必然惠及利益有关者,给他们带来实惠、好处、利益或幸福,尽管主要为个体带来幸福,但就生命和健康而言,个体的幸福也就意味着共同体或社会获得了幸福。因此,功利主义(目的论或结果论)道德选择理论对生命伦理学的支持是显而易见的。

功利主义可为生命伦理学原则间冲突的解决提供理论上的依据。"在各个具体场合中,人们有时是有明确的道德规范可循的,有时是没有公认的道德规范可循的,甚至有时遵循某一规范便会触犯另一规范。在后两种情形下,决定自己的行为,就必须诉诸目的论,因为只要有一明确的目的,那么,任何行为都可以根据其对此目的所做出的贡献或不能做出的贡献而判定它是否道德。例如,一个医生如果以治好病人的疾病为目的的话,那么无论他对病人诚实也好,撒谎也好,只要是医疗的需要就是合乎道德的。诚实能使病人建立对医生的信任感,这对于病人与医生的合作无疑是重要的;可是,如果病人患有可怕的疾病,倘若医生将真情告诉他将造成一种强大的心理压力而对治疗不利时,那么,撒谎就是必要的。"[①] 这里,生命伦理学的知情同意原则和医疗保密原则发生了冲突,就可采用功利主义道德选择理论解决,选择的标准是在效果或后果上有利于患者的健康。这种"讲真话"的例外就是一种"保护性医疗"措施,即在治疗过程中,医方为避免医疗非技术因素(如医疗服务的语言、态度、大处方或不适当收费等)可能对那些预后不良的病人、临终病人或心理素质较差的病人身体和心理造成的伤害,从病人的利益出发,防止他们在获知自己疾病的真实情况后,对医疗失望而放弃治疗、拒绝治疗,从而影响疾病的治疗、康复,甚至促进疾病的恶化或加速死亡,而采取隐瞒真实病情的做法所实施的医疗措施。这就意味着,按照功利主义道德选择理论,只要没有出现有害的后果,医务工作者不向病人讲真话,而采用"善意的谎言"(善意的谎言是出于善良的动机、以维护他

[①] 王润生著:《西方功利主义伦理学》,中国社会科学出版社 1986 年版,第 33—34 页。

人与社会利益为目的和出发点的"谎言"。在临床上如何适当地运用是一门"艺术",有时甚至可以达到使患有绝症的患者绝处逢生、重拾自信之目的),在道德上是能够得到辩护的。

功利主义可为生命伦理学领域中的道德难题的解决提供理论上的依据。这里的道德难题是指生命科学技术的应用、医疗卫生保健等活动中所发生或遇到的对同一问题的两种或两种以上不同的道德选择,不同的选择各有其支撑的道德理由,人们很难取得一致性或倾向性的意见。例如,对于一个靠现今的医学手段不能治愈的,需要大量的、昂贵的医疗措施维持生命的,患严重疾病而濒临死亡的,并且自愿主动提出安乐死要求的患者来说,要不要撤除医疗维持让其逐渐死亡或采取主动的措施加速其死亡?这里就面临着如何进行道德选择的问题。为此,可有两种不同的判断和抉择。一种认为不可以实施安乐死,因为全力抢救患者的生命是人道主义的现实体现、是对生命的尊重,而且生命权是最重要的人权;另一种选择认为可以实施安乐死,因为这既解除了患者家庭的沉重的经济负担又解除了患者家庭的精神和体力的痛苦,而且还节约了整个社会的医疗资源。这就是道德难题,对安乐死问题的两种不同的道德选择各有其支撑的道德理由,人们很难取得一致性或倾向性的意见。如果从功利主义的角度出发,显然是站在后者的一边的。但如果从人道主义的立场出发,显然是站在前者的一边的。这正如美国康乃尔大学的科学与社会教授 R. S. morison 所讲:"为了判断一个垂危病人是否应当继续活下去,人们不仅需要考虑病人,而且还要考虑那些为了维持他们现状,在感情上、经济上付出巨大代价的其他人,还要考虑那些因被垂危病人占用而得不到稀有医药资源的其他人。"[1]

功利主义为"医疗最优化原则"的实施提供了理论依据。所谓医疗最优化原则,就是指在临床医疗实践中,诊疗方案的选择和实施努力追求以最小的代价获取最大效果的决策,即努力使病人疗效最佳、伤害最小、痛苦最轻、耗费最少。可见,临床医疗最优化原则和功利主义道德要求不谋而合,体现了功利主义的效用原则,即在具体的临床医疗方案

---

[1] 孙兆亮:《论生命伦理学的理论支撑点》,载《社会科学》1992 年第 7 期,第 59—62 页。

实施前，列举一切可供选择的办法，并计算每一种办法可能的后果或效用，也就是比较这些方案能实现多少正价值（如减少费用、尽早恢复健康等）和多少负价值（如增加费用和痛苦等），以便找出导致最大正值和最小负值的办法。当然，最优化是一个动态发展的概念，医学发展水平的差异，处在不同的社会历史背景中，不同文化、价值观的影响，使得医务工作者对医疗最优化的判断往往显示出差异。但必须把握这一条：即在选择和实施诊治方案时，通过利弊权衡，尽可能用最小代价取得患者最大效益。

功利主义可为维持生命所必需的医疗卫生资源的公正分配提供理论上的依据。功利主义主张根据行为的结果进行道德判断，就是要满足最大多数人的最大利益和幸福，以社会整体的利益实现为价值取向。这是一项比较明确的、客观的评价手段，有利于医疗卫生的相关部门和人员树立成本效益分析、管理优化、分配公正的意识，对于医疗服务进行严格的成本效益分析，约束过度的医疗行为，使医疗保健措施满足大多数人的需要，促进有限的医疗卫生资源得到合理的分配。

功利主义还可为卫生政策的制定提供理论上的依据。卫生政策作为一项公共政策，必须为公众带来实惠、好处、快乐和利益，也就是必须保证公众健康利益的实现，谋求公众的最大福祉。这不仅是公共政策应该达到的基本目的，也是一项好的公共政策的直接体现。当然，最好的卫生政策是惠顾全体人民，达到世界卫生组织"人人享有卫生保健"的目标，实现社会平等正义、人民幸福。然而，效率与公平、个人利益和公共利益、眼前利益和长远利益矛盾和选择，往往使得"惠顾全体人民"的承诺很难实现，这就使得在特定阶段和历史时期，从保证绝大多数公众健康利益的角度，来制定和实施卫生政策。当然，这势必会造成对少数人的利益的忽视或损害，如何在满足多数人的利益的前提下最大限度地照顾到那一部分被忽视的或被损害的少数人的利益，这是对卫生政策制定的价值选择提出的课题和挑战。

三 道义论与医学目的

作为一种道德选择理论，道义论强调服从规则（义务）的重要性，把动机善的行为选择作为价值评判的标准，是一种根据责任或职责、义务而行动的伦理学。而"人是目的"的道德理想就是这种动机善的体现、就是道德上正当行为的标准。强调人是目的的原因，是因为只有人才是自由的、理性的行动者。理性使人同动物区分开来，获得了神圣的地位；理性使人成为自在的道德主体，其存在本身就是目的。"人是目的"这个命题包含了这样的含义：人是理性的存在，只有有理性的人才有目的、才可被看成目的；人不仅应当把自己当作目的，而且也必须应当把他人当目的。"康德的第二准则主张：把人作为目的，决不要作为手段。即便在某些境遇下选择了物质的东西而不是人（如果这样做合乎基督教要求的话），也还是为了人，而不是为了物本身。"①"人是目的"这一命题，构成现代社会关于人的主体性的经典论述，深刻表达了人的价值与尊严。其实，它的表达形式就是"爱人"——爱亲人、爱同事、爱人类，在现实生活中表现为尊重人、关心人。而生命伦理学研究的重点是为人类生存过程中卫生保健政策制定、医疗卫生活动中遇到的道德难题的判断以及医学高新生命科学技术的使用等提供价值选择的方向，其根本动机是挽救、延长生命和增进、维护健康，其价值指向必须通过动机善来体现，也必须把"人是目的"作为道德理想和道德上正当行为的标准，其动机善的指向最终也是给个体、共同体或社会带来幸福。因此，道义论（义务论）对于生命伦理学也同样起着重要的支持作用。

　　作为充满人道主义品格的职业——医务工作者，更应该树立"人是目的"道德理想，更应该具有尊重人、关心人的情怀和行动。医务工作者的职业理想和患者的就医的需求是分不开的，没有患者就没有医务工作者，在技术方面，好的医务工作者在某种程度上是以患者作为代价而不断的"铸造"而成，在医德方面，好的医务工作者也是在与患者的良性互动过程中，在精心、负责的医务行为中体现。好的医务工作者的标准就是"仁"与"术"的统一，医务工作者的职业理想其实就体现在尊重人、关心人的过程当中。

　　如何尊重人、关心人是每位医务工作者来到令人尊敬的医务岗位所要面临的现实问题。

　　人们忘不了纳粹医生和日本"731部队"臭名昭著的人体试验，打着

---

① 弗莱彻：《境遇伦理学》，程立显译，中国社会科学出版社1989年版，第39页。

医学科研的幌子，干的却是剥夺人的生命、丧失人性的活人"实验"。由于违背道义，将人当作手段，无视生命的价值和尊严，而遭到人类正义的审判和历史的唾弃。

两千多年前西方医学的奠基者、古希腊伟大的医学家希波克拉底说道："无论至于何处，遇男或女，贵人及奴婢，我之唯一目的，为病家谋幸福。"（《希波克拉底誓言》）这就提示了医学的目的所在：为病家谋幸福。这也是道义论的价值指向，即体现对生命关怀、尊重的动机善。故而，在生命伦理学领域，道义论和医学目的的价值指向是共同的。

如何才能更好地为病家谋幸福而实现医学之目的呢？医学的目的不仅关注个体的健康、少数人的健康，而且更关注群体的健康、多数人的健康，把医疗资源惠及广大人民，实现医疗公正；既然医学的目的指向广大的人群，这就需要切实有效地贯彻"预防为主、防治结合"的方针、把满足人民基本的医疗卫生保健需求放在重要的位置；医学的目的关注人的健康，这种健康不仅是肉体的、生物的健康，而更多关注的是人的精神的、心理的健康、良好的社会适应能力、爱护和创造优美的生态环境，这就要求在医疗卫生实践中切实将生物医学模式转换到"生理—心理—社会—环境"这种新医学模式上来；医学的目的不仅在于增进健康、提高人的期望寿命，而且在于提高人的生命质量，并将此作为医学的重要目标。

为病家谋幸福也就是为人人谋幸福、为人类谋幸福，因为我们每一个人都免不了成为病人，每个人其实都是潜在的病人。因此，尊重人、关心人的职业理想就需要医务工作者做到：1. 尊重病人的生命和生命价值。人的生命是有价值的，因为人是财富的创造者和社会进步的推动者。然而人是有限的存在，每个人的生命只有一次，人还是一个偶然的存在，每个人都是十分偶然地来到这个陌生的世界，这就凸显了尊重生命及其价值的重要；2. 尊重病人的人格和尊严。人和动物的区别就在于人是有人格和尊严的存在。人以人格和尊严的存在，就意味着人的存在是为了实现美好的社会理想而存在，使理想或者说是梦想通过一代又一代的传承而成真。因此，尊重人之为人的人格和尊严尤其是作为弱势群体（包括病人）的人格和尊严是社会文明和发展的标志；3. 尊重病人的权利。人的权利意识的觉醒是在历史上不断进行的正义与邪恶、保守与开明、腐朽与进步的斗争中逐步产生的，尊重人的权利体现了现代文明社会的必然要求。而尊重病人的权利的发展历程也是如此，它是良好的医患关系产生的前提、是医疗卫生事业健康发展的可靠保证。

第四章

境遇论与生命伦理学之联结点

生命伦理学是在"爱"这一伦理精神的关照下,对人的生与死、对增进人的健康和改善人的生命质量以及对协调人与自然关系过程中遇到的与人的健康、生命相关的伦理问题的研究,是为人的生命开出的一张道德处方。生命伦理学涉及与生命和健康活动有关的人的行为的价值选择,而行为的价值选择离不开维持和增进与生命和健康活动有关的具体境遇。弗莱彻的境遇论就是如何在具体境遇中进行道德选择的方法,它强调对生命的尊重和爱、强调人道主义等等,这正是和生命伦理学最佳的联结点。境遇论"它是基于境遇或背景的决策方法,但决不企图构建体系。我要高兴地重复 F. D. 莫里斯关于'体系'和'方法'的见解。他认为两者'不仅不同义,而且正相反:一个指出同生命、自由、多样性最不相容的东西;而另一个则指出生命、自由、多样化的存在所离不开的东西'。"[①] 弗莱彻要表达出的一个十分明确的观点——境遇论是基于境遇或背景的一种道德选择方法而不企图构建宏观的学科体系;它是和生命、自由、多样化的存在离不开的;它强调"通过服从爱的决疑法,努力把爱同相对性的世界联系起来。它是爱的战略。"[②] 这种"爱的战略"就是寻找如何运用爱来理解生命、尊重生命以及处理生命的过程中遇到的难题的。

---

① 弗莱彻:《境遇伦理学》,程立显译,中国社会科学出版社1989年版,第3—4页。
② 同上书,第21页。

第一节　生命与爱

对于每一个人来说，生命都是最珍贵的，因为每个人的生命只有一次。而且，生命是有价值的，没有了生命，其他一切追求和可能性都无从谈起，因此生命的价值是一切价值的基础、是最重要、最基本的价值，其他一切价值都是人的生命价值的延续和拓展。因此，我们首先要追问的是：生命到底是什么？我们知道，人的一切价值的实现并非完全靠自己的拼搏就能实现，必须依靠他人、依靠由无数他人组织起来的这个社会的给予、关心与帮助。人与人互相给予、关心与帮助的过程就是爱的过程，爱既要每个人珍惜自己的生命，也要关怀他人的生命。因此，我们还要追问的是：生命与爱有何关系？以及"爱"为何成为伦理学研究的对象或者说"爱"为何具有"伦理"意义的？

一　生命的存在形式：灵与肉

人的生命是由灵（魂）与肉（体）的组合形式而存在，"灵"与"肉"或者说是"心"与"身"、"精神"与"物质"组成了人的生命统一体。

毫无疑问，人的生命首先是物质的存在。生命是由各种器官、组织等构成，器官、组织的最基本的单元是细胞，而细胞主要由各种蛋白质构成。"生命是蛋白体的存在方式，这种存在方式本质上就在于这些蛋白体的化学组成部分的不断的自我更新。"[1] 恩格斯的生命定义是和他关于物质的运动形式的思想是统一的。恩格斯认为自然界存在五种运动形式（机械、物理、化学、生命和社会运动），后面的运动形式都是由前面的运动形式演化而来，从而反映了自然界演化由低到高不断进化发展的顺序，具有连续性、规律性。不同的运动形式有不同的物质承担者，有不同的运动规律，高级的运动形式包含低级的运动形式。由此来看，"生命是蛋白体的存在形式"主要是从"物质"层面来说明生命的本质，生命现象是"物质运动"的产物。

---

[1] 《马克思恩格斯全集》第20卷，第88页。

然而，生命的本质是不可能完全是物质的存在，否则人与动物的区别何在？"身"只不过是生命的载体，人之所以异于动物是因为人不会永远只单纯地追求生理上的享乐，而有超越生理的更高欲求。正如马斯洛[①]需要层次理论所表述的那样，人的需要大致可以划分为生理、安全、归属和爱、尊重和自我实现五个需要层次。这五个纵向的需要层次也是按照由物质到精神的递增顺序排列的，精神需要是人的高级需要，也是人与一般动物的区别性所在。人不仅是物质的存在，人更应该是一种精神的存在。精神是不受时空限制的，而物质却要受到时空的限制。在这种矛盾中，不满足、不完整、不自由的感觉油然而生。人的本质是追求自由的、是追求超越的，也就是要寻求一种精神的存在。有精神就有希望和创造，它会引领人们超越时空、超越现在、奔向崭新的未来。而科技、文艺、美学、哲学、宗教等就是这种不满足、不完整、不自由而带来的精神升华的表现。

由此可见，灵（魂）与肉（体）或者"心"和"身"或者"精神"与"物质"的结合才构成了人的生命的存在。"灵魂与肉体属于同一个生命，但也可以说，两者是各别存在着的。没有肉体的灵魂不是活的东西，倒过来说也是一样。"[②]也就是说，灵魂或肉体如果可以单独（各别）存在，就不是活的、有生命的人之存在了。人的生命存在必定是灵魂与肉体的结合。人的生命存在从个体的角度来说是人自我满足、自我创造、自我完善、自我实现的过程，这个过程就是灵魂与肉体的结合过程。人的生命高贵不在于肉体的存在（生活），而在于灵魂的高贵。人生命的本质特征和核心价值在于"灵"。"如果肉体不符合于灵魂，它就是一种可怜的东西。"[③]"灵"就是指对超出一般生存的一种"意义"的寻求，它具有超越性、体现了人生的意义，这是人和其他生命的本质区别，也就

[①] 马斯洛（Abraham H. Maslow，1908—1970），美国社会心理学家、人格理论家、人本主义心理学的主要发起者，其动机理论被称为"需要层次论"。他认为人的需要在某种程度上与人之发展的一般规律相吻合，是一个从低级向高级发展的过程，最高级的需要是人的自我实现。当然，自我实现能否作为最高需要至今尚有争议；而且，该理论只指出了纵向的需要，而忽视了横向需要，即一个人在一个时期内存在的多种需要。

[②] ［德］黑格尔：《法哲学原理》，范扬、张企泰译，商务印书馆1995年版，第1页。

[③] 同上。

是说,"精神"更能体现人的生命的多样性、丰富性的本质特征。尽管作为人生存的基础,物质利益固然重要,但是人却不能仅仅追求物质上的享受,而应该有更高层次的目标和精神追求。追求物质利益只是人类追求精神自由与幸福的手段而不是目的。人能达到不为物欲所累便进入了自由的天国,但完全没有物欲也不是现实的、完整的生命,在"虚无缥缈"的"彼岸"就会失去"进化"这一自然规律的原动力。

二 生命的和谐:爱

灵与肉的结合完成了人的个别性的生命,而"爱"引领着人们走向和谐的群体,也就是说和谐的"群体性生命"(人为了生存与发展所组成的群体)需要通过"爱"来表达。

我们知道,生命是属于每个个体的,人是自己生命活动的主宰者。所以,生命应是自由的、自主的、充满活力的、包含尊严的。人的生命总是处于永不停止的自我超越与自我发展中的。生命的本质是一种富有创造性的活动,生命通过持久不断的创造,进而走向更为生机蓬勃、更为自由宽广的境地。然而,仅靠单个人是不能实现这种创造的,必须依靠众多人的扶持与帮助,依靠由众多的生命个体构成的"群体的生命"的滋养与浇灌,才能生根、发芽、开花、结果。人的生命不是单一的线性结构,而是一个由多重复杂关系构成的高度有序的开放的系统,是在人与自然、人与人之间能动的复杂关系中展开并呈现出丰富多彩的面貌的。人不能脱离群体而生存,人不应强求生命色彩的一致性。在群体中人才会感到有力量,生命才会迸发和彰显出多姿多彩的魅力。

和谐的"群体性生命"需要通过"爱"来表达或实现的方式有以下三种。

(一)自爱:"为世人而自爱"

自爱是人爱自己的感情,是人如何与自己相处的艺术,是人与自身的协调,也是人如何与他人相处、走向群体性生活和"爱人"的基础性条件,"我们倘若不能爱自己、诚实地对待自己,也就不能爱他人、诚实地对待他人。"[①] 故而,自爱是人的道德进步的起点和人的精神动力之

---

① 弗莱彻:《境遇伦理学》,程立显译,中国社会科学出版社1989年版,第91页。

所在。

　　自爱需要先"自知"（欲知人者先自知）。也就是说，自爱需要首先直面自己、与自己进行沟通，了解自己、认识自己。人的眼睛是向外的，往往过多地将注意力放在关注别人的身上，对周围的人了解、认识很多，却对自己了解、认识很少。不了解自己往往造成在生活中找不到自己的合理定位、不能依据自己的能力做适合自己的事、不能根据自身的情况和群体进行恰当的沟通。由此来看，是否了解、认识自己也是一个人成熟的标志，即能够找到自己的合理定位、根据自己的能力做适合自己的事、与群体进行恰当地沟通及和谐相处。

　　自爱不是自闭和自我欣赏，它需要敞开自己的胸怀，使自己能感受自身和群体、周围环境的关系。也就是说，自爱需要不脱离群体和环境来观察自己、体验自己，需要把自己作为整个世界的一部分来理解自己。在自己和他人的联系中，找到自己的坐标和方向，在这种联系中发现和找到"镜中我"①，以便不断地反省、调整自己的行为，培育自身的道德意识和修养，不断增强自己的道德选择能力。

　　自爱不是自私。这里的自私是指过度的自私，因为适度的自私之心人皆有之，而过度的私心就是过度的欲望甚至贪婪是应该极力避免的。过度私心的自爱者就是亚里士多德所说的"贬义的自爱者"。亚里士多德在《尼各马可伦理学》中把自爱者分成两种："贬义的自爱者"和"真正的自爱者"。前者一味追求过多得到钱财、荣誉和肉体快乐，这些被他们当作"最高善"而欲求和为之忙碌，亚里士多德称这些人是"满足自己的情感或灵魂的无逻各斯部分的人"，这种自爱是"对灵魂的无逻各斯部分的爱"。而后者（真正意义上的自爱）是对灵魂的有逻各斯②部分的爱、是有德性的人的自爱。两者的区别"就像按照逻各斯的生活与按照

---

　　① "镜中我"的概念由美国社会心理学家查尔斯·霍顿·库利（Charles Horton Cooley，1864—1929）在其《社会组织》（1909年）一书中提出。他认为，对自我的认识在很大程度上影响人的行为，例如，认为自己能力还不够，就不会贸然做某事，反之就会采取行动。而对自我的认识主要是通过与他人的互动（社会互动）形成的，他人的评价、态度等是反映自我的一面"镜子"，透过这面"镜子"而认识和把握自己。库利曾承认，"镜中我"这一概念可以追溯到詹姆斯论社会自我的观点（"有多少人认识他，这个人就有多少个自我"）。

　　② 逻各斯是西方哲学史上由赫拉克利特最早提出的关于规律性的哲学范畴，也有"理性"的意义。

感情的生活之间，以及追求高尚［高贵］与追求实利之间的区别一样大。"①也就是说，"真正的自爱者"就是按照逻各斯的生活，即按照理性来生活，而"贬义的自爱者"就是过度私心的自爱者，他们完全按照感情的生活，即按照感性或欲望生活。

友爱来源于自爱，爱人来源于爱己。因为，"对朋友的感情都是从对自身的感情中衍生的。"② 自爱应该是一种既尊重自己又尊重他人的情感，它应该使自己爱心向外扩散，努力使自己成为一个有爱心的人，一个不仅对自己有用，而且更对社会有用的人。"人们都称赞和赞赏特别热心于行为高尚［高贵］的人。若人人都竞相行为高尚［高贵］，努力做最高尚［高贵］的事，共同的东西就可以充分实现，每个人就可以获得最大程度的善，因为德性即是这样的善。所以，好人必定是自爱者。因为做高尚［高贵］的事情既有利于自身又有利于他人。坏人则必定不是一个自爱者。因为，按照他的邪恶感情，他必定既伤害自己又伤害他人。所以坏人所做的事与他应当做的事相互冲突。"③ 这就表明了，真正的自爱的标准是一个"好人"的标准——行为高尚、所做的事与他应当做的事相互一致；自爱是既为自身又为他人的，它是充分实现社会整体善的基础和条件；自爱者应该是一位有德性的人——努力做最高尚的事。

弗莱彻境遇论中的自爱观既继承了亚里士多德的自爱观又吸收了基督教的理念，他认为所谓自爱就是"为世人而自爱。……基督教徒认真接受了亚里士多德的自我实现（自我培养）观念，不过其目的是为了世人，由此他才能更充分地为世人服务，才能更可靠地为世人的福利献力。一个人越是培养有素（而不是傻瓜），越对大家有好处。"④ 自爱者必须为世人的利益考虑，自爱是为了爱世人，通过追求世人的利益而达成自我实现，故"自爱"和"爱人"是不矛盾的，自爱也并不总是自私的，而是首先考虑世人的利益，其次才考虑个人的利益。"关心世人不但有为世人利益的方面，也有为自身利益的方面，不过其自身利益永远居于第

---

① ［古希腊］亚里士多德：《尼各马可伦理学》，廖申白译，商务印书馆 2003 年版，第 275—276 页。

② 同上书，第 274—275 页。

③ 同上书，第 276 页。

④ 弗莱彻：《境遇伦理学》，程立显译，中国社会科学出版社 1989 年版，第 90—92 页。

二位。上帝之爱主要是尊重他人，但次要的可以是尊重自我。然而，即使考虑自我，也是为世人起见，而不是为自我。"① 其中原因，正如弗莱彻所赞同的一句话所言，"'爱人如己'的戒律意味着'你要恰当地爱你自己'。"②

自爱是一种自我修养的训练、自我素质的提高、自我道德提升的过程。修养、素质和道德提升不是一朝一夕、一蹴而就之事，需要日积月累、循序渐进，需要见贤思齐、取长补短，需要择善而从、从善如流，需要格物致知（探究、明辨物之理、人之理以达至真知、智慧）、知行合一，需要慈悲为怀、感恩为先，这样才能厚积薄发、收获人生。

自爱是一个人道德上的自我完善的动力，也是使人自立、自强、进步和发展的先决条件。"这是一种来自于个体自身的道德生活的积极性的源泉，它是推动人们自强自立、有所作为、取得成就、创造价值的动力，也是推动人们自觉进行道德修养、实现人在道德上的自我完善的动力，对人的道德生活和社会生活发挥着主体的积极能动作用。"③

（二）爱人："爱世人"

人不仅要"自爱"还要"爱人"，这是人的生命存在的内在要求，因为理解生命不光从人的自然属性出发，把人当作自然存在物，从生物有机体的角度认识人，还要从人的社会属性出发，把人作为社会存在物，从人的社会意义上认识人。可以说，如果一个人光知道"自爱"而不知道"爱人"，就是一个不懂得自身价值如何实现的人、就是一个不懂得生活和存在意义的人。

成"人"的标准就是"自爱"与"爱人"的协调统一，而不会使它们发生矛盾。如何协调？这里必须知道"爱人"是"自爱"实现的条件。只有"爱人"，别人才能"爱你"，在这种互尊、互助、互爱中，生活的需要得到满足、人格的自尊得到升华、正当的权益得到维护、社会的不

---

① 弗莱彻：《境遇伦理学》，程立显译，中国社会科学出版社1989年版，第90页。
② 斯文森：《爱的善行》，转引自［美］弗莱彻著《境遇伦理学》，程立显译，中国社会科学出版社1989年版，第91页。
③ 肖群忠：《论自爱》，载《道德与文明》2004年第4期。

良风气得以净化、和谐的社会环境才能实现。

"爱人"在一般层面上可以理解为"友爱"。在道德伦理生活中,"友爱"占了十分重要的地位,在这一点上亚里士多德在其《尼各马可伦理学》中用许多篇幅予以论述就是很好的说明。友爱"它是一种德性或包含一种德性。而且,它是生活最必需的东西之一。因为,即使享有所有其他的善,也没有人愿意过没有朋友的生活。……而陷入贫困和不幸时,只有朋友才会出手相援。而且,青年人需要朋友帮助少犯错误;老年人需要朋友关照生活和帮助做他力所不及的事情;中年人也需要朋友帮助他们行为高尚(高贵)。因为'当两人结伴时',无论在思考上还是做事情上都比一个人强。"①

"爱人"也可以用儒家的"仁爱"予以解释。"孔子仁的原理,就是以爱人为核心,由亲亲通过忠恕的环节向泛爱的转化,它既是人格建立、人性提升的过程,也是人伦实现、人性完善的过程。……而'仁者爱人'的口号,在一定程度上超出血缘宗族的亲近关系的局限性,把爱人的范围从亲亲扩展到泛爱,由家族走向社会。"②仁爱是一种爱护、同情的情感,表现为宽仁慈爱的行为;仁爱由家族走向社会,是一种由爱亲人的亲爱到爱众人的方向发展。在此过程中人格得以建立、人性得以提升、人伦得以实现、人性得以完善。但"仁爱"不光是"爱人",依孔子之见还能"恶人"。在这里,"恶"指厌恶。但儒家的"仁者爱人"并非指爱一切人,孔子"不是主张无原则地爱一切人的,在爱人的同时也主张恶人。他曾说:'唯仁者能好人,能恶人。'(《里仁》)真正的仁者,就是既能好仁者、又能恶不仁者。"③孔子的这句话是说:只有仁德的人才能够慎重地去喜爱人,才能够严肃地去讨厌人。照一般人理解,仁者就是爱人,爱人意味着平等看待众生,这样爱与恨之间的界限就被消弭了。然而孔子心中的仁者不仅爱人而且恶人。因为,如果仁者无爱无憎、黑白不分、是非不明、忠奸不辨,那么世上也

---

① [古希腊]亚里士多德:《尼各马可伦理学》,廖申白译,商务印书馆2003年版,第227—228页。

② 樊浩:《中国伦理精神的历史建构》,江苏人民出版社1992年版,第90页。

③ 同上。

就不会有正道与邪道的区别了;如果大家都来以德报怨、是非不明、善恶不分,只能助长恶者的气焰,使其更加肆无忌惮、危害社会,最后必将世风日下。

"爱人"在弗莱彻境遇论中的核心意义表现为"爱世人",亦可称为"博爱"。"博爱"的思想源远流长,无论中国和西方都有名家论及。中国古代墨家①提出的"兼爱"就是一种"爱无差等"的"博爱"思想。西方的"博爱"和基督教有着非常密切的关系,是基督教教义中的重要思想,在爱的范围上,它突破了犹太教只爱犹太同胞不爱他邦人的局限性,不仅要求人们彼此相爱,还要爱一切人,甚至包括你的仇敌。"只是我告诉你们这听道的人,你们的仇敌,要爱他;恨你们的,要待他好;咒诅你们的,要为他祝福;凌辱你们的,要为他祷告。有人打你这边的脸,连那边的脸也由他打。"(《圣经·路加福音》6:27—29)这种"爱人如己"(《圣经·加拉太书》5:14)的博爱思想表现的是一种普遍的爱、无等差的爱和无条件的爱。境遇论继承了基督教伦理的"博爱"思想,其核心就是具体境遇下的道德选择如何体现"爱世人","它是关心世人的、友好待人的,而不是自私自利的、有所选择的。……这种爱由于其对象不是交互性的、志趣相投的同类人,所以确是根本的爱。它对值得爱和不值得爱的人均予以一视同仁的爱。"②而在关爱世人的努力过程中,人的境界得以升华,人也会得到相应的回报,尽管这种回报不是刻意追求的。"关心世人不但有为世人利益的方面,也有为自身利益的方面,不过其自身利益永远居于第二位。"③

当人类的力量越来越大,生态环境越来越受到威胁和破坏的今天,"博爱"就具有了更广泛、更普遍的意义,它不仅包括对人类之爱,还

---

① 墨家是中国古代主要哲学派别之一,约产生于战国时期,创始人为墨翟(dí),即墨子(前468—前376),战国时期思想家,墨家学说、墨家学派的创始人,并有《墨子》一书传世。他以兼爱为其社会伦理思想的核心,认为当时社会动乱的原因就在于人们不能兼爱,故提出"兼相爱,交相利"的学说。兼相爱就是不分等级、贵贱,一视同仁地爱他人;交相利就是在交往过程中互相帮助。他反对儒家所强调的"爱有差等"的观点。

② 弗莱彻:《境遇伦理学》,程立显译,中国社会科学出版社1989年版,第84—86页。

③ 同上书,第91页。

包括对其他物种或生命的爱以及对大自然一切生命和非生命存在之物的爱。

（三）爱物："爱是使用物的方法"

人不仅要"自爱"和"爱人"，还要"爱物"，即爱其他一切存在物，包括其他生命和无生命的存在物。因为其他生命和无生命的存在物与人类是共生、共荣的关系，大自然为人类的成长、繁衍提供了丰富的物质基础，地球是人类的"摇篮"和"母亲"。弗莱彻在其境遇论中尽管对于"爱物"没有具体的、详细的表白或论述，但根据其"博爱"的精神和关心世人的理念，从其字里行间也可以判断和推断出他也是主张和赞同"爱物"的，因为人是自然的产物，人生存与发展与自然息息相关，人不可能脱离自然而单独存在。"我们说爱永远是善的，这意味着在任何特定境遇中，凡是表达了爱的东西都是善的！爱是待人的方法，是使用物的方法。"① 这就是说爱既是对"人"的又是对"物"的方法，如何"使用物"关键是"爱物"，人要有博爱的情怀。在中国的传统文化中也有"爱物"的伦理思想。例如，北宋思想家张载②从人类万物都是天地所生的观点出发，提出"民吾同胞，物吾与也"（宋·张载《西铭》）的抽象命题。他的"民胞物与"的伦理思想要求爱他人如同爱同胞手足一样，并进一步扩大到一切物类；不仅民为同胞，物也为同类；主张爱一切人、一切物。因为人和万物都是天地所生，性同一源，本无阻隔。

如何更好地"爱物"以体现这种博爱情怀？在生态环境受到人类"无情"利用、破坏的当今社会，人类必须深刻反省自身的行为、确立正确的生态道德观。一是需要确立"自然界的权利"的观念。自然界的权利是指生物和自然界的其他事物有权按生态规律"持续"生存的权利。为何自然界也有权利？其实，"权利"和"价值"这两个问题是相互联系的。"价值"从功利主义角度表示有用性，是符合人的目的的需求，是需要的满足。自然界是有各种各样价值的，能够满足人的各种

---

① 弗莱彻：《境遇伦理学》，程立显译，中国社会科学出版社1989年版，第47页。
② 张载（1020—1077），其名出自《周易·坤卦》"厚德载物"。北宋哲学家，理学创始人之一，程颢、程颐的表叔，理学支脉——关学创始人。

需要，故而，价值具有满足人类和其他生命存在的"外在价值"。如果从人走向更大价值主体"自然"来说，还必须努力维护自然界的平衡为价值追求，这是一种满足自然自身存在与维持地球稳定性的"内在价值"。只有既承认自然界的"外在价值"又承认自然界"内在价值"，才能形成尊重自然、保护自然的现实行动。价值是自然存在的属性及对人来说具有某种有用性的描述。美国学者罗尔斯顿把大自然所承载的价值归纳为：生命支撑价值、经济价值、消遣价值、科学价值、审美价值、使基因多样化价值、历史价值、文化象征的价值、塑造性格的价值、多样性与统一性的价值、稳定性和自发性的价值等。[①] 对自然界价值的确认，也就是对它的权利的确认。因此，人类不应把自己当成是自然界的主人，而是"自然界的权利"的护卫者。权利并非是人的专利，权利也应该赋予自然。只有确立自然界的权利，人类才能更好地拥有保护自然的意识和行动。人类必须超越自身物种的局限性，在追求自己发展利益的同时为其他生命的发展创造条件。二是需要确立"可持续发展"[②] 的理念。因为人类发展的需要是无限的，而自然资源却是有限的。可持续发展正是基于这样一对基本矛盾的战略考量，主要包括社会、生态和经济等方面协同、有序、可持续的发展。三是提倡"适度消费"的道德观。因为，适度就是"中道"、"中庸"，就是道德的行动。人类应该重新审视其消费观念，改变其消费方式，批判奢侈的生活和对"过度消费"的追求，养成崇尚节约的美德，因为节约就是环保、就是践行生态道德的最直接的体现。四是在处理人与自然的关系中，摒弃违背客观规律的"人定胜天"、"战胜自然"、"征服自然"的思想和实践，走协调型、恢复型和建设型的生态文明之路。五是树立"人与自然和谐相处"的理念。因为人和自然是有机统一整体，无

---

① ［美］霍尔姆斯·罗尔斯顿：《环境伦理学》，杨通进译，许广明校，中国社会科学出版社 2000 年版，第 3—34 页。

② 可持续发展（Sustainable development）是"既能满足当代人的需要，又不对后代人满足其需要的能力构成危害的发展"，此概念最先是挪威首位女性首相 Gro Harlem Brundtland1972 年在斯德哥尔摩举行的联合国人类环境研讨会上提出讨论，并在 1987 年世界环境与发展委员会出版《我们共同的未来》报告确定。1992 年 6 月，联合国在里约内卢召开的"环境与发展大会"，通过了以可持续发展为核心的《里约环境与发展宣言》《21 世纪议程》等文件。

论是自然对人的"统治",或者人对自然的统治,都不可能有最后的胜利,而只有人与自然和谐共存和发展的道路才是符合客观规律的。人与自然的和谐应该是生态道德的出发点和最终目标。

三 为何是联结点?——"爱"的"伦理"意义

"爱"为何能够成为弗莱彻境遇论与生命伦理学的联结点呢?就需要对"爱"为何具有"伦理"意义进行探讨。

"爱"只有在社会关系中才能存在,没有社会关系就不可能存在"爱"。"爱"就像一条令人愉快的纽带,把人们联结在一起,组成了社会这种"群体性生命"的存在形式。"人只能存在于社会之中,天性使人适应他有以生长的那种环境。人类社会的所有成员,都处在一种需要互相帮助的状况之中,同时也面临相互之间的伤害。在出于热爱、感激、友谊和尊敬而相互提供了这种必要帮助的地方,社会兴旺发达并令人愉快。所有不同是社会成员通过爱和感情这种令人愉快的纽带联结在一起,好像被带到一个互相行善的公共中心。"[1] 可以这样认为:"爱"是"群体性生命"实现和谐的基础,和谐的"群体性生命"需要通过"爱"来表达。这是因为人不仅具有自然属性,而且更为重要的是还具有社会属性的特征。

人的自然属性是社会属性的基础和前提,社会属性是人的本质特征的体现。"人的本质并不是单个人所固有的抽象物。在其现实性上,它是一切社会关系的总和。"[2] 这就意味着:第一,人的生命的本质是由社会关系决定的,人既是社会关系的产物,同时又在不断地创造完善社会关系;第二,人的生命本质是现实的、具体的,或者说,人是特定历史条件下的人和具体社会关系中的人;第三,社会关系的"总和",是各种社会关系的有机统一,而不是诸多种社会关系简单地机械相加;第四,只有在社会关系中,人才能不断进行高度自我完善性的活动,和谐的"群

---

[1] [英]亚当·斯密:《道德情操论》,蒋自强、钦北愚等译,商务印书馆2003年版,第105页。

[2] 马克思:《关于费尔巴哈的提纲》,《马克思恩格斯选集》第一卷,人民出版社1995年版,第56页。

体性生命"的表达才有可能实现。"假如一个人能升到天上,清楚地看到宇宙的自然秩序和天体的美景,那奇异的景观并不会使他感到愉悦,因为他必须要找到一个人向他述说他所见到的壮景,才会感到愉快。"① 也就是说,一个人不仅通过观看美景,更要通过与人交流来分享自己观看到的美景,才能感到愉悦和意义。这句话也可以这样来理解:人是社会性的存在,离开了社会人将失去人之为人的价值和意义。"某个神灵把我们带离人寰,将我们置于完全与世隔绝的某个地方,然后供给我们丰富的生活必需品,但绝不允许我们见到任何人。有谁能硬起心肠忍受这种生活呢?有谁会不因孤寂而失去对于一切乐事的兴趣呢?"②这就说明,人离开与他人的交流、互动,孤独的存在,尽管有美味佳肴,也食之无味,毫无兴趣可言;人不是物质的存在,人需要精神的慰藉,而只有在群体中才能找到精神的力量。

社会属性是人的超自然属性,人类异于动物正是由于这种超自然性的存在,而伦理、道德也只有在这种人类特有的超自然性中才有可能产生。当然,动物也有它们所谓的群体活动的"社会"属性,但人的社会属性和它们不同的是,人是具有能动性、主动性以及创造性的自我意识的存在;动物的生命是被自然规定的,而人是通过自身的主动性活动克服自然限制过一种富有创造性的生活。从某种意义上说,过一种伦理、道德的生活本身就属于创造性生活历程中的一个重要组成部分。这就意味着人的活动具有了超越"必然性"("是"或"事实")的规定,从而迈向了过一种"应然性"("应"或"应该")生活的可能。

"应然性"的生活涉及如何"做人"的问题,这就和伦理、道德产生了具有一定意义的联系。伦理与道德的生活就是一种"应该"的生活或者说是一种"应然性"的生活,也就是说,个体"应该"通过自觉的行为(学习、自我修养和操练)使"客观的善"(伦理、"真实的良心")

---

① [古罗马]西塞罗著:《论老年论友谊论责任》,徐奕春译,商务印书馆1998年版(2004年第5次印刷),第78页。

② 同上。

变为"主观的善"（道德、"形式的良心"）①，这是一个成"人"的生活过程或者说是人的道德、伦理生活的建构过程。因为只有在这种"应然性"的生活中个体才能发展、社会才能不断地文明与进步。也就是说，"应然性"的生活是个体如何"得道"而与伦理实体相统一的过程和行动，它是"做人"或"成为人"的过程和行动，它是在社会关系中存在并体现为"群体性生命"的状态和人的生命"质量"提升的过程和行动。

"群体性生命"只有在社会关系中才能表达，而要使"群体性生命"达到"和谐"必须有人间之"爱"才可能实现。因为，道德和伦理都离不开"爱"。"'爱'的本质规定就是自我与他人的统一，就是'不独立'，就是在自我与他人的统一中获得和确证自己。"②因为，人具有"不独立"的特性，于是，个体迫切需要与社会建立某种联系与统一才能生存和发展，而这种联系与统一的方式就是"爱"。只有"爱"才能走向联系与统一，而"恨"却会走向分离和孤立，甚至走向绝望和毁灭。其实，爱就是将别人看作成与自己同样重要、甚至比自己更重要，这就意味着爱必须体现为一种善良的行为，是一种给别人带来幸福的行为。给别人带来幸福需要自己的奉献，奉献就是付出甚至是牺牲，于是可以从另一个层面来理解爱——爱就是付出和牺牲。假如人人都献出自己的一份爱，那么和谐的"群体性生命"必将实现。于是，在个体付出"爱"的过程中，个体德性得以提升，在此过程中"得道"（德者得也）并与社会的伦理实体这个普遍物逐渐达到了统一。

境遇论者强调"爱是信（仰）的横向功能"，"上帝无需我们服务，我们为世人服务便是为上帝服务。这就是我们报答上帝之爱的方式。"③也就是说，横向的"爱世人"就是对纵向的"上帝爱人"的回应，因为

---

① 黑格尔把良心分为"形式的良心"（属于道德的范围，是个人主观独自的良心，是主观的普遍性，是"内部的绝对自我确信，是特殊性的设定者、规定者和决定者"）与"真实的良心"（属于伦理范围，是客观精神的体现，是主观与客观的统一、特殊与普遍的统一）……道德是主观的，只有伦理才是主观与客观的统一，才是客观精神的真实体现。参见［德］黑格尔《法哲学原理》，范扬、张企泰译，商务印书馆1995年版，第15页"评述"。

② 樊浩著：《道德形而上学体系的精神哲学基础》，中国社会科学出版社2006年版，第344页。

③ 弗莱彻：《境遇伦理学》，程立显译，中国社会科学出版社1989年版，第133页。

人是上帝按自身的模样造的，故而"爱世人"就是"爱上帝"，而"当人们因为回应上帝之爱而爱他人时，爱就理所当然地成为了伦理的关系。"①

境遇论者强调"爱是最高的善、至善、一切目的的目的"②，正因为爱与善，人的生命才充满了意义，才会产生不竭的动力，才能建立一个理想的道德社会。"境遇伦理学是通往道德社会的充满希望之路"③，道德社会充满爱与善、给人带来希望和理想，让人们充满热情和梦想，那是每一个人的理想"家园"和乌托邦（英国空想社会主义的创始人、托马斯·莫尔在他的名著《乌托邦》中虚构了一个航海家航行到一个奇乡异国"乌托邦"的旅行见闻。在那里，财产公有、人民平等、实行按需分配的原则。在此，莫尔用乌托邦表达人类对美好社会的憧憬）。

"伦理层面的爱与善是一体的。爱被视为善的要素，与真、美不可分割。真、善、美是上帝或'绝对价值'的一体三面。"④ 爱是关怀、是尊重、是善良、是人性的升华并赋予生命以意义与价值，爱才是伦理的，爱就是伦理关照。爱强化了人类的生命的意义，在这个意义的世界中，人类才有了自由、平等、文明、和平与发展；同时也意味着，在爱的这个意义世界中，人类获得和延续了生命的生存与发展时间与空间，找到了生命存在的价值与真谛。

第二节 人道与医道

境遇论是现代西方人道主义思想的一次综合性尝试，弗莱彻在他的自传中也说："当我研究医学、生物学创新所提出的价值问题与是非争执

---

① 姚新中著：《儒教与基督教——仁与爱的比较研究》，赵艳霞译，中国社会科学出版社2002年版，第245页。
② 弗莱彻：《境遇伦理学》，程立显译，中国社会科学出版社1989年版，第108页。
③ 同上书，第134页。
④ [美]皮蒂里姆·A.索罗金著：《爱之道与爱之力：道德转变的类型、因素与技术》，上海三联书店2011年版，第6页。

时，我的伦理学实质上是人本主义①的——非有神论意义上的人道主义。……同普罗塔哥拉一样，我认为万物的尺度、价值和真理的决定者是人，而不是上帝或任何神启。"②

一 "非有神论意义上的人道主义"

要理解境遇论"非有神论意义上的人道主义"，首先应理解究竟什么是人道主义。

人道主义（Humanitarianism）源于文艺复兴时期的提倡关心人、尊重人、以人为本的思想。这是人道主义的核心思想，但不同的学者对于人道主义也有自己独到的见解和解释。

美国学者科利斯·拉蒙特③认为，"它是一种乐意为这个自然世界中一切人类的更大利益提供服务，提倡理性、科学和民主方法的哲学。……人道主义信奉这样一种道德观或伦理观，即把人的全部价值置于现世的经验和关系的基础上，并且把全部人类（不分民族、种族或宗教）在现世的幸福和自由，以及经济、文化、道德等方面的进步作为自

---

① 人本主义（Humanism）是从古希腊、罗马哲学初步奠定的，从普罗泰戈拉开始，其哲学研究的中心就由"自然"转向了"人"，从而开始有了"自然哲学"和"人本哲学"的划分，尽管在当时的文献中并未出现。到14—16世纪欧洲文艺复兴以及随后的人文主义运动时才真正出现这个词。人文主义运动直接和基督教神学贬低人、禁欲主义相对立。人文主义者歌颂人的力量、向往世俗生活，用人性反对神性、用人权反对神权；他们心中的人是既有创造力和科学知识的理性人，又有现实情感、意志的追求尘世幸福和快乐的非理性人；他们颂扬的是非理性高于理性的世俗人本主义思想。从16世纪末到19世纪初，是近代西方理性人本主义思想发展的重要时期。理性人本主义者崇尚理性、弘扬科学、批判并贬低宗教和宗教信仰的人本主义，强调科学知识的作用，向往一种合理的自然和社会秩序，追求按照人的理性和智慧生活的人本精神或人文精神。"知识就是力量"（培根）、"人为自然立法"（康德）、"凡是现实的都是合理的，凡是合理的都是现实的"（黑格尔）等都是这种思想的表现。而"唯意志论"（叔本华和尼采）、"生命哲学"（柏格森）、"存在主义哲学"（萨特）以及"精神分析学说"（弗洛伊德）都是现代西方人本主义的重要内容，他们一反自古希腊以来的理性主义传统，形成了一股现代非理性主义思潮。从20世纪20年代开始，出现了卡西尔、舍勒和兰德曼等文化人类学家从文化的角度研究人的理性和非理性统一的哲学学说。参见胡敏中：《论人本主义》，载《北京师范大学学报》（社会科学版）1995年第4期。

② 弗莱彻：《境遇伦理学》，程立显译，中国社会科学出版社1989年版，第169—170页。

③ 科利斯·拉蒙特是美国著名的人道主义者，其所著《人道主义哲学》是西方关于人道主义的代表性、权威性著作。该书全面阐述了人道主义的各种类型、基本原则、思想渊源和历史传统，对美国以及其他国家的人道主义运动产生了十分广泛的影响。

己的最高目标。"[1]

邢贲思认为,"人道主义不外乎这样一些内容,强调以人为本位、肯定人的价值、维护人的权利,而它用以观察历史的准绳,始终是'人类的本性'。"[2]

王文元认为,"人道主义本就是一种道德情操与精神境界,它不盲目地跟随理性,也不无节制地放纵本性,它是一种自觉自为的状态。当人处于这种状态时,关怀人、关怀人类命运自然就居于各种具体规则之上。在人道主义准则化为现实的瞬间,各种具体规则显得无足轻重,甚至附加在人身上的各种异化物(地位、身份、职业、阶级等)不再像往常那么有效,在那一刹那,'人'变成大写的了。"[3]

杜丽燕认为,"人道主义的基本内涵依然是对人的教化,依然是教育与行善。其目的是为社会培养好公民,为人类培养好人。当然,教育不仅仅指学校的正规教育,也指哲学、科学、文化习俗、政治体制、新闻媒体,甚至日常生活的作用,等等。它们都对人的教化和人们对善行的理解起着不可或缺的作用。如果说得简单点儿,所谓人道主义就是用某种理念,根据某种价值取向,以某种方式塑造人,尤其是塑造人的灵魂。"[4]

综合以上观点可以认为,人道主义是指以某种方式塑造人尤其是塑造人的灵魂,维护人的尊严、权利和自由,尊重人的价值特别是关心最基本的人的生命、基本生存状况,强调人类之间的互助、关爱以及增进人类的幸福,促进人类进步、发展的思想、观念、规范、方法和行为。

人道主义思想源远流长。人道主义观念可以追溯到古代中国和古代希腊乃至世界古代各种文化形态中去。我国春秋战国时期早于孔子出生

---

[1] [美]科利斯·拉蒙特著:《人道主义哲学》,贾高建、张海涛、董云虎译,华夏出版社1990年版,第10—13页。
[2] 邢贲思著:《欧洲哲学史上的人道主义》,上海人民出版社1979年版,第6页。
[3] 王文元:《人道主义与传统》,载《西北民族大学学报》(哲学社会科学版)2007年第3期,第138—143页。
[4] 杜丽燕:《人性的曙光——希腊人道主义探源》,华夏出版社2005年版,第12页。

的思想家子产①就认为"天道远，人道迩"（《左传》昭公十八年），迩——近也（《说文》），这句话意指"人道"比"天道"更近，这可视为中国最早的人道论。古希腊的思想家普罗塔戈拉的"人是万物的尺度"、苏格拉底的"认识自己"都反映了古代西方的人道思想或观念。然而人道主义的真正产生和提出是在14—16世纪欧洲文艺复兴时期。在中世纪的欧洲，"神"高于一切，主宰一切。天主教会宣扬宇宙是上帝创造的，上帝是世界的主人，只有上帝才是全知全能的，而人生而有罪，卑微渺小，只能听从上帝的安排。人道主义者明确反对人从属于神。他们颂扬人的权威、人的价值、人的高贵，赞美"人性"贬抑"神性"。他们认为，人是现实生活的创造者和享受者，现世的幸福高于一切，人生的目的就是要追求现世的幸福和自由。他们用诗歌、绘画等各种文艺形式来宣扬人的现世享受，并证明人所追求的个人幸福是出于"天赋人性"。他们提倡"人权"，反对"神权"和"教权"；提倡发扬人的自由意志，弘扬和展示人的个性，主张不能以出身和门第而应以智慧、品德和才能来决定人的社会地位；提倡理性、追求科学、反对蒙昧，号召人应该不断地学习知识、探索自然、寻求科学真理，以造福人类。培根②还提出了"知识就是力量"的口号，使科学从神学的束缚下解放出来。文艺复兴提出的人道主义的目的就是要复兴古希腊罗马文化，主张重视人的现实生活，要求把注意力从"神"转到"人"，从"天堂"转向"尘世"。"从文艺复兴开始，一直到今天，经历了五百多年的历史，人道主义在这一长过程中表现的形式多种多样，有所谓文艺复兴的人文主义，有所谓启蒙运动的理性的人道主

---

① 子产（？—前522），春秋后期郑国（今河南新郑）政治家、思想家、改革家，与孔子同时，是孔子最尊敬的人之一。子产执政期间，改革内政，慎修外交，捍卫了郑国利益，极受郑国百姓爱戴，后世对其评价甚高，将他视为中国历史上宰相的典范，清朝的王源更推许他为春秋第一人。

② 弗朗西斯·培根（1561—1626），英国文艺复兴时期的哲学家，经验主义哲学的奠基人。培根重视感性经验、重视科学实验，和中世纪神学以及经院哲学强调神启、强调信仰正好相反，他的哲学本质上是反对神学、反对经院哲学的，这一点从他提出"知识就是力量"这个命题也可看出。

义，有空想社会主义①的人道主义，有费尔巴哈②和车尔尼雪夫斯基③的人本主义，有实证主义的人道主义……"④ 在这里，邢贲思认为，从文艺复兴到今天的历史过程中，人道主义有多种表现形式；而且，人本主义、人文主义⑤也都包含有人道主义思想，三者具有相同的含义和一致性。

尽管人道主义在不同时期都有不同的形式，但是有一点是共同的，就是人道主义的产生植根于人类对美好人性的追求，植根于解决人类在现实世界中面临的种种矛盾、烦恼、生活不确定等的需要。这就表明了

---

① 空想社会主义（utopian socialism）又称乌托邦社会主义，是产生于资本主义尚未成熟时期的一种社会主义学说，是现代社会主义思想的来源之一。空想社会主义者相信在不久的将来可以建立公有制、人人劳动、按需分配等理想的意识形态社会，并为之不懈努力奋斗。这种学说最早见于16世纪托马斯·莫尔的《乌托邦》一书，盛行于19世纪初期的西欧。

② 路德维希·安德列斯·费尔巴哈（Ludwig Andreas Feuerbach，1804—1872），德国旧唯物主义哲学家。他是德国哲学史上第一个自觉的、公开的同基督教决裂的资产阶级思想家。他认为：宗教的产生是人的依赖感和利己主义，不是神创造了人，而是人按照自己的本质幻想出了神（上帝），人崇拜上帝实际上是对人之本质的崇拜；黑格尔的错误在于把精神和思维看作一种脱离人脑而独立的东西，"绝对精神"不过是以精神、思维形式表现出来的上帝。

③ 车尔尼雪夫斯基（1828—1889），俄国哲学家、作家、人本主义代表人物（《哲学中的人本主义原理》）。他反对哲学中的把灵魂和肉体分割为两个独立实体的二元论观点，反对把灵魂看作第一性的唯心主义观点，否认有任何不依赖于物质、自然界的"精神实体"；人只有一个统一的本性，人身上的两种不同的现象（物质、道德）并不与人本性的统一相抵触，人的行为是按照他的一个实在的本性进行的。人按其本来说既不是善的，也不是恶的，只是因环境的不同而变成善的或恶的。支配人们行为动机的决定因素在于利益。怎样做更愉快、更符合自己的利益，人就怎样做，其出发点就是放弃较小的利益或满足，以获得较大的利益或满足。他提倡"合理利己主义"，把正确理解个人利益作为道德的基础，同时又强调整体利益高于局部利益，全人类的利益高于一切。

④ 邢贲思著：《欧洲哲学史上的人道主义》，上海人民出版社1979年版，第5页。

⑤ 人文主义（Humanism）开始于欧洲思想文艺复兴运动，发扬光大则于启蒙运动；由中古时代"以神为中心"转为"以人为中心"，重视"人的尊严"；以理性为思想基础，以仁慈、博爱、自由、平等为基本价值观。美国新人文主义的倡导者白璧德（Irving Babbit）认为：人文主义者极力避免过度，主张适度法则是最高的人生法则。过度的自然主义与过度的超自然主义都是对适度法则的背离。他认为，文艺复兴反抗的是中世纪过度的超自然主义，它扩大了自然与人性之间的分裂；而文艺复兴以来却趋向另一个极端，走上过度的自然主义的道路，抹掉了自然与人性之间的差别，把人性归于自然。他认为培根与卢梭是这种过度自然主义的代表，虽然他们代表着两种不同的人道主义倾向。一种主张用科学知识的力量不断地扩张、对自然的征服，具有严重的功利主义色彩；一种主张不断地扩张人的自然情感，具有浪漫主义特色。但这两种人道主义在本质上都是过度的自然主义，忽视了自然与人性的区别。因此，他主张人文主义在今天所要捍卫的是不受自然科学的侵犯，正如它曾经所需捍卫的是不受神学的侵犯一样。参见赖辉亮《Humanism：人文主义或人道主义》，载《中国青年政治学院学报》2004年第6期。

人道主义者需要有宽广的利他主义情怀或精神。"在道德和社会方面，人道主义把为人类同胞服务确立为最终的道德理想。它认为，个人可以在为一切人（其中当然包括他自己以及他的家人）谋福利的工作中发现自己的最高的善。……人道主义否定那种代表着醉心于自我扩张的个人或团体而不断地将粗野的利己主义合理化，并使之溶为各种狂妄计划的做法；也拒绝接受把人的动力归结为经济动力、性的动力、寻求享乐的动力，以及人类需要的任何一个有限方面的做法，它坚持认为真正的利他主义的存在是人类事务中的动力之一。"[1]而利他主义就是"爱"，它的视野超越国家、民族、宗教，超越贫富、地位、性别、个性倾向。可以这样说，人道主义的前提就是"爱"。这种"爱"是在扬弃中世纪基督教神道主义的基础上产生的，它把目光从仰望"星空"转向俯瞰"大地"，从冥冥的理想转向现实的人间。因此，它是现实的"爱"、人间的"爱"。"人道主义伦理学绝不是自我中心的或自我主义的；它对其他人的需要给予深切关注，并且不愿看到一个人孤处荒岛，我们最大的快乐是与人分享的快乐。事实上，共同的道德德目针对的是发展完整、诚实、仁慈和公正等美德的需要，这些美德所关心的正是我们与他人的关系。"[2]

境遇论的核心思想从某种程度上来说就是对爱的"现实"追求，它强调爱世人的博爱思想，是人道主义精神的真实反映和现实写照。弗莱彻境遇论中展现的人道主义思想就是这种"非有神论意义上的人道主义"思想。这就说明弗莱彻一方面信仰基督教并高举基督教"爱"的大旗作为其境遇论的核心思想；另一方面，他又不盲目地信仰，而是和现实紧密结合，从基督教的神道至上转向世俗或现实的人道至上。这种"非有神论意义上的人道主义"思想可从弗莱彻以下这句话中得以表达，他说，"爱是针对律法本身的专断律法。爱不转让自己的权限，也不同其他任何律法——自然的或超自然的——分享自己的权威。爱甚至能够把犹太神殿中的至圣所、基督教圣坛上的圣体盘移作世俗之用，只要饥饿者需要

---

[1] [美] 科利斯·拉蒙特著:《人道主义哲学》，贾高建、张海涛、董云虎译，华夏出版社1990年版，第14页。

[2] [美] 保罗·库尔兹编:《21世纪的人道主义》，肖峰等译，东方出版社1998年版，第173页。

帮助。"① 也就是说，爱是至高无上的，它针对专断律法，它不转让自己的权限，它不同其他任何律法分享自己的权威。这里的"针对专断""不转让""不同……分享"正说明弗莱彻的充满人道主义思想的"爱"是至高无上的、是最高的道德判断的准则、是"最高的善"，这里的"……移作世俗之用，只要饥饿者需要帮助"正说明弗莱彻所说的人道主义的"爱"是世俗（人间）的、非有神论意义上的爱。"境遇论者是个人人格至上论者。……任何事物，不论是物质的还是非物质的，只是因为对某人有好处，它才是'善'的。……正如善来自人的需要，人来自社会。……价值相对于人，而人则相对于社会，相对于世人。"② 也就是说，境遇论的道德选择判断标准之一就是"对某人有好处"，它是一种"结果善"并指向社会和世人利益的。

与传统神学伦理学一贯以神为中心不同，弗莱彻境遇论是以人为中心的"非有神论意义上的人道主义"，在这里人是它的中心、爱是它的唯一的最高原则，这样在一定程度上就把"神爱"变成了人间之爱。境遇论的实质就是把绝对的原则"爱"与境遇的估计和行动的道德选择结合起来，进行"爱的计算"，并以此来协调不同个人、不同集团利益的分配和冲突的。

二　医学人道主义与境遇之爱

人道主义是医德的永恒主题。"人道主义和医学的联姻不是偶然的和单纯实用意义上的，而是人道主义原则的本质和医学的人学本质之间内在统一性的必然结果。"③ 人道主义的本质就是塑造人的灵魂，维护人的尊严、权利和自由，尊重人的价值，强调人类之间的互助、关爱，以及增进人类的幸福，促进人类进步、发展；而医学的目的是挽救病人的生命、恢复病人的健康，两者之间有着内在统一性。医学就是人道主义之学，医学就是"人学"。因为，医学体现了人学本质——关乎人心、人性、人情的学问。这就需要医务工作者关心、同情病人，维护病人的权

---

① 弗莱彻：《境遇伦理学》，程立显译，中国社会科学出版社1989年版，第68—69页。
② 同上书，第38页。
③ 孙慕义主编：《医学伦理学（第2版）》，高等教育出版社2008年版，第41页。

利，努力减轻、消除患者因疾病带来的身心痛苦。

(一) 医乃人学与境遇论"爱人"之学

人学的本质就是关乎人心、人性、人情的学问。人心涉及人的心理，人性涉及人的真假善恶，人情涉及人与人关系及人的社会性存在。从某种意义上说人学就是人道主义之学。人学要从整体上把握人的存在，从整体的角度研究人。因为人是以生理的、心理的、社会的方式存在，因此，从生理、心理、社会的角度来整体上把握人的存在无疑具有建设性和前瞻性的意义。

医学的研究对象也是人。然而，工业革命以后，技术至上抬头，医学长期专注于人的生物性研究，而忽视了人的心理、情感的研究，忽视了人与外部世界的互动或者说人的社会性研究；医生专注的是病而不是人、专注的是局部和微观而非整体和宏观。这种现象的发生和人们长期以来所持的医学观或者说医学模式——"生物医学模式"不无关系。[①] 无疑，生物医学模式对医学的发展和人类健康事业产生过巨大的推动作用。然而，这种模式受"还原论"（还原论是一种哲学思想，认为复杂的系统、事务、现象可以通过将其化解为各部分之组合的方法，加以理解和描述。）和"心身二元论"的影响，只注重人的生物属性，忽视人的社会属性；只从生物学角度研究人的健康和疾病，忽视从生理、心理和社会整体的角度研究人的健康和疾病。这样，就造成对健康和疾病的把握带有片面性和局限性，就不能全面、整体地阐明人类健康和疾病的关系及其全部本质。同时，过分注重技术化的结果会给社会带来进步的同时也会造成了人文失落、人性压抑与人格扭曲这一人的异化事实。众所周知，人既具有自然属性，又有社会属性；既有生物躯体，又有精神境界；既是个体，又是群体中的一员。凡此种种就要求对既往的医学模式进行变革。

1977年，美国罗彻斯特大学医学院精神病学和内科教授恩格尔（O. L. Engel）在《科学》杂志上发表了题为《需要新的医学模式——生

[①] "所谓医学模式，是指人类在一定历史时期，在与疾病作斗争的过程中，观察和处理医学领域中各种问题的一般思想和方法。"参见王铨民、刘隆祺主编《医学哲学》，四川大学出版社1991年版，第34页）

物医学面临的挑战》的文章,批评了现代医学即生物医学模式的局限性,指出这个模式不能解释并解决所有的医学问题。为此,他提出了一个新的医学模式,即生物心理社会医学模式。新的医学模式意味着,医学不能光研究人的生理,而要更注重研究人心、人性和人情,因为医学的研究或者服务的对象绝大多数是有疾病的人,是弱势群体,更需要从人心、人性和人情上予以关怀、体贴。这就表明:医学不光是一门自然科学,还蕴含了浓郁的人文气息和人学特质;医务工作者不光是自然科学的学习、研究者,更应该是具有丰富人文底蕴、充满人道主义精神的实践者。新的医学模式的确立毫无疑问地表明了医学的人学特征,即从生理、心理、社会的角度来整体上把握人的存在的性质。从此,医学也就有了它的双重的"性格",既是科学、又是人学。医学不应仅以治疗、预防为内容,更应以同情、关怀为己任。

人学的研究需要升华为一种人文精神,人文精神表现为对生命的价值、人的生存意义和人类未来命运的理性关注,它的实质是对人的"生存价值"的反思、对人的"存在意义"的追寻、对人的权利的尊重。而医学更需要人文精神——医学人文精神。"台湾作家张晓风说,医生的医学人文精神体现在他们常忙于处理一片恶臭的脓血,常低俯下来察看一个卑微的贫民的病容。医院是现代人告别生命的码头,只有医学人文精神的抚慰,才能使即将远渡的生命之舟盛满爱的暖意,安详地解缆而去。"[①] 由此可见,所谓的医学人文精神就是医务工作者在人性化的医学服务过程中仁慈、同情、尊重、关心其服务对象所表现出来的人道主义精神。其宗旨是努力维护人的权利,减轻、消除人的身心痛苦,挽救生命,恢复健康。而"医乃人学"就是这种精神的真实反映。

弗莱彻的境遇伦理学理论就是一种典型的人学理论。其实,它就是关乎人心、人性和人情的学问,其中无不体现仁慈、同情、尊重、关心人的特征。弗莱彻强调"在道德选择中,首先要关心的就是人格。……爱是属人的,人所运用的,为人的。"[②] 这里所说的人格是构成一个人的

[①] 转引自刘虹、张宗明《关于医学人文精神的追问》,《科学技术与辩证法》2006年第2期,第31页。

[②] 弗莱彻:《境遇伦理学》,程立显译,中国社会科学出版社1989年版,第39页。

思想、情感及行为的特有统合模式,这个独特模式包含了一个人区别于他人的、相对稳定而统一的心理品质;人格包含了一个人的品德和操守,具有道德评价的含义。只有人格高尚的人才能有仁慈、同情、尊重、关心人的情怀,才能给人以爱,才能在具体的境遇中进行道德选择,才能"'如何行善、为谁行善'……'在特定境遇下如何做可能表示最大爱心的事'。"①

作为最早提出和从事生命伦理学研究的学者之一,弗莱彻也多次举例提到境遇论作为以人为中心的人学理论在临床实践与生命研究中的价值和运用,也进一步印证了医学的人学特征。正如弗莱彻所说:"我的主要原则是,关心人应优先于关心道德规则,较之'普遍'规范,具体情况与境遇对于我们应该做的行为具有更大的决定性作用。这一原则在助人职业界(医务、社会工作、公共管理和心理分析等行业)大受欢迎……"②

弗莱彻举了一个堕胎的例子:1962年,一家州精神病院的一位精神病人强奸了病友(一位患有严重精神分裂症的未婚少女),致受害者未婚先孕。受害者的父亲得悉此事后,指责院方犯有应受处罚的疏忽管理的行为,并要求立即在胎儿发育早期施行堕胎手术,结束讨厌的妊娠,以避免未来给受害者及其父母带来麻烦。而这家医院的工作人员和官员却拒绝了这一要求,理由是:刑法禁止一切堕胎(妇女怀孕之后任何结束胎儿无辜生命的行为都是谋杀),除非是孕妇面临生命危险时所必需的疗法堕胎(而此时,孕妇和胎儿显然都算健康,孕妇没有面临生命的危险)。"强奸案业已发生,现在要决定的问题是:在精神失常的强奸者对备受惊吓的精神病少女实施强迫和暴力行为而致孕的情况下,我们可否正当地(合法地)终止这一妊娠?"③

对此问题,律法主义者(如许多新教徒、天主教徒)的回答是不可堕胎。因为,在他们看来,杀人是绝对错误的(其固有本性是恶的),只有当自卫和进行军事行动(军事行动被认为属于推定自卫或情有可原的

---

① 弗莱彻:《境遇伦理学》,程立显译,中国社会科学出版社1989年版,第40页。
② 同上书,第168页。
③ 同上书,第26页。

杀人）时，杀人才是可允许的。就此案例而言，只有母亲的生命受到威胁，堕胎才是正当的，其他任何理由都不行。

而境遇论者批判这种僵化的执行律法的态度，他们的动机是"爱世人"，他们追求的结果是"世人"的最大好处。因此，为了那位少女受害者的肉体和精神健康、自尊和家庭幸福，他们不容置疑地会赞成在这种境遇下实施堕胎，支持那位少女之父的要求。弗莱彻的理由是："他们之赞成堕胎，很可能旨在保护受害者的自尊、名誉或幸福，或者仅仅基于这样的理由：'任何不想要的，非故意受孕的婴儿都不该出生。'"① 另外的理由就是胎儿还不算人，即使是人，堕胎也并非是谋杀而是自卫行动。弗莱彻说道："他们会推论说，由于妊娠早期阶段的胎儿还不算人，这时还不存在人的生命，故堕胎不算杀人（亚里士多德和圣托马斯持这种观点），即使堕胎是杀人，也不会是谋杀，因为在这个实例中，堕胎是自卫行动，它所反对的不是一个、而是两个侵犯者。其一是强奸者、精神病人，他在道德上和法律上都是无罪的；其二是'无辜'的胎儿，它在继续着原先由强奸者进行的侵犯！"② 在此，弗莱彻并非认为胎儿是真正的所谓"无辜"者，他认为胎儿同样属于侵犯者，或者说也是不受欢迎的侵入者，在此种情况下，最有爱心的可能行为（正当之事）就应该是终止妊娠这样的负责决定了。

通过以上的案例分析，恰恰说明了弗莱彻的境遇论就是在具体境遇下从"爱人"的角度出发来分析问题、处理问题的，境遇论其实就是"爱人"之学。

（二）医乃仁术与境遇论"爱人"之术

"医乃仁术"是中国古代精神文明宝库中的一份珍贵遗产，既体现了人道主义精神，也反映了医学的社会职能和医德的核心思想。"所谓'医乃仁术'，就是指医术是一种爱人之术，是一种救人之术，是一种帮助人解除疾病痛苦之术。"③

---

① 弗莱彻：《境遇伦理学》，程立显译，中国社会科学出版社1989年版，第27—28页。
② 同上书，第28页。
③ 杜治政：《论"医乃仁术"——关于医学技术主义与医学人文主义》，载《医学与哲学》1996年第11期，第561—565页。

"仁"是儒家最高道德原则、标准和境界，是儒家伦理思想的核心，也是儒学的核心词汇，其内容包含甚广（如孝、悌、忠、恕、礼、知、信等），核心是爱人，"樊迟问仁。子曰：'爱人'。"（《论语·颜渊》）即"仁"之意是爱人、尊重人。从东汉许慎《说文解字》来讲，"仁，亲也。从人从二"，仁乃"人"+"二"，即二人相处之道。那么二人相处遵循的道是什么？在易经里面，"一"代表道，"二"就象征着天、地之道。在人的生命之路上，不断遵循天道、地道这些自然之道才能立于天地，才能修身成"仁"。正如《礼记·中庸》所言："仁者，人也"，这也预示着当修炼达到一定境界，人就可立于天地之间，成为顶天立地的真人。真正的人不仅爱亲人，更要爱众人，人与人互敬互爱，才是"仁者爱人"之意。"仁"表达了孔子对人类社会发展中实现人际和谐发展的关切。

"孔子仁的原理，就是以爱人为核心，由亲亲通过忠恕的环节向泛爱的转化，它既是人格建立、人性提升的过程，也是人伦实现、人性完善的过程。"① 这里的"亲亲"指由于血缘关系而产生的亲亲之爱；这里的"忠恕"指对别人忠诚、宽恕。"从内容上说，忠恕有消极和积极两方面意义，忠者诚以待人，恕者推己及人。从积极的方面说是己欲立而立人，己欲达而达人；从消极的方面说是己所不欲，勿施于人。"② 忠是从积极的方面说，就是"己欲立而立人，己欲达而达人"（《论语·雍也》），即自己想成就一番事业，也全心全意帮助别人有所作为，表达了忠心待人的诚意。恕是从消极的方面说，就是"己所不欲，勿施于人"（《论语·卫灵公》），即自己不愿意或不喜欢的事，也不要强加给别人。总体来说，忠恕之道就是人们常说的将心比心、推己及人。概括而言，"仁"之精神价值表现为"己立立人，己达达人""己所不欲，勿施于人"，并通过"亲亲""忠恕"的环节，实现个体道德、家庭伦理向社会伦理的转变；同时也实现了亲亲之爱向博爱（泛爱）的转变。这种通过仁爱而建立起来的群体关系使个体的完善的人格得以建立，融洽的人伦关系得以实现。

中国古代医学的一个重要特点就是"医儒同道"，"仁"也就自然成

---

① 樊浩：《中国伦理精神的历史建构》，江苏人民出版社1992年版，第90页。
② 同上书，第92页。

了贯穿医德修养的一条主线。"'医乃仁术'是中国传统医德宝贵财富中的精华，它揭示了医学的核心和特质。'仁'是中华民族传统美德自古至今始终贯穿的一条主线。在《尚书·商书》中就已出现，《周书》中几次提到。春秋时期，'仁'的思想得到极大发展。而作为'仁'之学说的集大成者则是孔子。'仁术'一词首见于《孟子·梁惠王上》，但与医学相关联，将医学称为'仁术'则在北宋以后。由于医学蕴含有博爱济众的特征，加之理学中人对仁爱思想的进一步传播，医学便被定名为'仁术'。"[①]

"医乃仁术"意味着医学就是"爱人"之学，医术就是"爱人"之术；医学是"仁"和"术"的有机结合；医务工作者所应有的基本素质是"仁"和"术"兼于一身的"健康使者"。一般而言，"仁"和"术"对医务工作者同等重要；但"医乃仁术"中"仁"在前、"术"在后，又表明古人的设计中，对行医者而言，是先"仁"后"术"，强调"仁"的重要性。也就是说，对医者而言首先强调的是医德，然后才是医术。这就对医者的自身的道德修养提出了更高的要求。"中国传统医学十分重视医学的伦理价值，'医乃仁术'被普遍信奉为职业伦理原则。然而，尽管历代医家也提出过一些医学伦理准则和规范，但并未形成一个类似于西方医学史上'希波克拉底誓词'那样具有普遍约束力的、公认的誓言和准则。'医乃仁术'的普遍原则更多的是体现在强调医生自身的道德修养和自我规范方面。"[②]

"医乃仁术"集中表达了医学的仁爱、仁慈和仁义观，仁爱精神也是医家必备的基本德性。唐代大医家孙思邈在《大医精诚》中说道："凡大医治病，必当安神定志，无欲无求，先发大慈恻隐之心，誓愿普救含灵之苦。若有疾厄来求救者，不得问其贵贱贫富，长幼妍媸，怨亲善友，华夷愚智，普同一等，皆如至亲之想；亦不得瞻前顾后，自虑吉凶，护惜身命。见彼苦恼，若己有之，深心凄怆，勿避崄巇、昼夜、寒暑、饥

---

① 倪征：《"医乃仁术"的内涵及其现代价值》，载《医学与社会》2000年第2期，第53—54页。

② 张大庆、程之范：《医乃仁术：中国医学职业伦理的基本原则》，载《医学与哲学》1999年第20卷第6期，第39—41页。

渴、疲劳，一心赴救……"希波克拉底在其《誓言》中说道："无论至于何处，遇男或妇，贵人及奴婢，我之唯一目的，为病家谋幸福。"德国柏林大学教授、医生胡弗兰德（Hufeland, 1762—1836）就提出了以"救死扶伤、治病救人"为目的的《医德十二箴》，"医生活着不是为了自己，而是为了别人，这是职业的性质而决定的""在病人面前，该考虑的仅仅是他的病情，而不是病人的地位和钱财。应该掂量一下有钱人的一撮金钱和穷人感激的泪水，你要的是哪一个？""不要告诉你的病人他的病情已处于无望的情况。要通过你谨慎的言语和态度，来避免他对真实病情的猜测"等医德箴言，充分表达了医学的"爱人"之学的本质和医者所应具有的仁爱情怀。"'医乃仁术'的命题提示我们，医学在任何时候不能忽视人，不能脱离人。医学不论发展到分子、亚分子等什么层次，医学分工不管把某一医生划分到很小的局部，或者医疗设备在我们面前堆积如山，我们都不能忘记医学的服务对象是人。"[①] 实际上，当今的医学实践都是围绕着人的健康来践行"仁术"、当今的医德原则都是围绕着"爱人"来寻找它们的支撑点的。尊重生命、有利无伤、自主、公正、保密等医德原则无不以"医乃仁术"为其理论依据。

"医乃仁术"是人道主义思想在医学领域的反映，这种人道观念使医学逐渐摆脱了生硬的、机械的、冷酷的一面，而变得柔软的、弹性的、温情的、充满"爱人"情怀的另一面。它要求我们从盲目崇拜的"技术主义"的医学、"市场化的金钱主义"的医学中走出来，回归到充满"仁爱"的医学中来。它使我们每一个人可能或已经在恢复、治疗自己的生命和健康的过程中找到"家"的温馨与感觉。

弗莱彻境遇论中反复强调的"爱人""爱的计算""公正就是被分配了的爱""正当性存在于行为整体的格式塔"等都带有典型的"仁"的特征。因为，爱需要认真负责、考虑周全和小心谨慎为他人和社会考虑；爱需要考虑在当前的境遇下的决定行为的各种背景因素以及行为的目的、手段、动机和带来的结果；爱还需要考虑如何公平地分配资源，并在特定情况下容许"某种优先"等。弗莱彻举了临床上的一个典型例子，来

---

① 杜治政：《论"医乃仁术"——关于医学技术主义与医学人文主义》，《医学与哲学》1996年第11期，第561—565页。

说明境遇论的仁爱思想:"一位负责急诊的住院医生要做出这样的决定:是把医院的最后一点血浆用于抢救抚养三个孩子的一位年轻母亲呢,还是用于抢救贫民区的一位老年醉汉?"[1] 弗莱彻认为:应该先救三个孩子的母亲。因为,行为选择必须在特定境遇下考虑周全和小心谨慎,区分轻重缓急,爱并非是一律平等,爱是一定程度上的优先,不能机械地照搬和使用公平原则,否则恰恰是一种不公平。"这位医生可能认为自己不得不在'无私'的爱和公正之间做出悲剧性抉择。他也可能由于感情的缘故而认为,选择抢救母亲及其子女就意味着无视爱对所有邻人一视同仁的'公正'关心。但是,这种想法歪曲了现实。偏向于为更多的人而不是更少的人、为多数人而不是少数人服务,这里不存在什么不公平,不存在对什么人的'偏重'。爱必须做出计算,爱就是某种优先。"[2] 这就是说,爱必须在具体境遇中进行考量,它不仅要考虑动机善也要考虑结果善,它不仅要考虑个体或少数人的利益,更要考虑大多数人的利益或社会整体的利益,它不仅要考虑对人的一视同仁和普遍的关照,也要考虑对不同的个体的差别性关照。在这种"爱的计算"中,境遇论的仁爱思想得以体现、境遇论的"爱人"之术或方法得以确立。

---

[1] 弗莱彻:《境遇伦理学》,程立显译,中国社会科学出版社1989年版,第79页。
[2] 同上。

第 五 章

生命过程与道德选择

人的生命过程是一个不断面临或进行道德选择的过程。因为，生命的存在不是一个孤立的存在，人的生命过程是一个不断与他人、与社会、与自然互动的过程，在这种交往或者说互动的过程中必定存在着各种各样的行为选择。由于人与其他动物的最大区别在于：人是道德的存在。因此，这种行为选择的过程常常表现为道德选择的过程。

第一节 生命过程的伦理反思

生命的过程是否具有意义和价值？人的生命过程应该如何才能具有意义和价值？每一个生命的出现是偶然的，但其归属是必然的。如何体现在生命成长过程的价值？如何过一种有意义的生活？这是我们每一个人必须面对与思考的问题。

也许有人会说：生命的价值与意义就在于不断地追求、感受生命的美妙、体验生活的快乐。

也许有人会说：生命的价值与意义就在于物种的繁衍、让地球充满生机与活力以免宇宙太过枯燥。因为没有宇宙就没有生命，没有生命也就没有宇宙的多样和丰富。宇宙为生命存在提供基础，生命为宇宙存在呈现美丽。

也许有人会说：生命的价值与意义就在于既要为自己、又要为他人和社会，因为个体在他人的存在中、在群体中才能体现出意义和价值。每一个个体都发挥自己应有的力量奉献给人类群体，社会才能发展和进步，个体的存在才会更有价值和意义。

也许有人（基督教信仰者）会说：正因为世上的不如意事太多了，所以人类才有了用诸如生命的意义和价值之类的话来安慰自己，生命的价值与意义就在于不断加强自己的修养，达到上帝的要求后就会被选择从而沐浴在神的恩惠之中，故而，生命存在的意义似乎是为上帝服务，而上帝的意义似乎又在为整个宇宙生命服务。这好似一个循环的链条——微生物存在的意义在为绿色植物服务，绿色植物存在的意义在于为各种动物服务、绿色植物和动物存在的意义还在于为人类服务，人类存在的意义在于为上帝服务，而上帝存在的意义在于为所有生命服务。

也许还有人会说：生命的价值与意义就在于会用亲情、友情、爱情、同情来证明自己的存在，虽然最后都以回归为终点，我们注重存在的过程，注重过程的意义。

无论如何，这些"也许"都是值得我们反思的。

一 生命与价值

生命是由有机物和水等物质构成的物质生命（有机生命或生物体）。这种物质生命是蛋白质的一种存在形式，通过新陈代谢、吐故纳新、周而复始、循环往复不断地跟周围环境进行物质交换而得以存在和具有旺盛的活动能力；这种物质生命由一个或多个细胞组成，可与物质世界进行稳定的物质和能量代谢，从而完成其自我复制、自然选择与进化，在世代更替中不断繁衍、壮大；而人的生命是生命进化的最高形式，是物质生命和精神生命的统一体。

生命是生物体具有的生存发展性质和能力，她以不断地生长、繁殖、代谢、进化和运动来彰显自己的存在、表现自身的活力，从而丰富了物质世界的魅力、神秘、价值和意义。生命是生物体共同具有的生存发展性质和分别具有的生存发展能力的综合体、是普遍性和特殊性的对立统一、是抽象与具体共同展现所表现出的存在。

所有的生命体都受到时空与自然力的制约，任何生命体都是处在一定时空与自然力之中的生命体。尽管生命体受到时空与自然力的限制，然而其存在的价值与意义就是要不断摆脱时空与自然力的限制，因此她就需要不断地适应环境、提高生存能力，并通过不断地繁衍新的生命，对人类而言还需要不断创新和发明来展现生存的价值和意义。因此，从脱离以人为中心的狭隘的价值观而放眼整个地球生态的平衡与美丽而言，价值是指生命体克服时空与自然力的制约的能力与体现对整个地球生态的平衡与美丽的意义。

存在就有价值，无论是生命体和非生命体；价值属于运动着的物质世界和劳动着的人类社会，而物质世界和人类社会组成了丰富多彩的自然界，故而，价值脱离不了自然界；自然界存在的价值有可能被人发现、有可能还没被发现，没被发现时人也不能否定其价值，因为价值有其固有的特性；一般而言，价值是对人而言的，但不能完全为了人，或者说不能完全属于人；就对人而言的价值是会变化的，这种变化会随着人类的进化、社会的发展而发展。当然，人类以外的生命体并无价值的评判能力，对价值的评判能力需要人类本着对自身、对其他生命体、对地球生态的整体平衡与美丽的负责的精神去把握和考量。价值包含对有利于人的生命与其他生命体利益的综合考量，包含人与外在自然的统一、和谐、整体的发展。对价值的把握需要知道，价值不仅是人类对于自我发展的本质发现，而且是人内在的自我创造及外在的自然创造的统一，是世界万物普遍联系的反映。因此，对价值的评判能力的方法应该是一种整体的、多角度的评判法，包括人对人的行为是否合理、是否应该的评判也是如此。当然，人类的进化是从无机到有机、从低等到高等的过程，因此，人类的价值的评判能力也是不断进化和发展的，是相对合理而不是绝对应该的。

生命与价值的关系就意味着：生命的存在是有价值的存在，对价值的评判能力需要以人类的智慧去发掘其合理性，这种智慧是随着人类的进化而不断发展的过程，这种合理性不仅要有利于人的生存、发展与进步，也要有利于其他生命体的发展和地球生态的整体平衡为依托。

二 人的生命过程、价值与生命伦理学

生命是一种不可逆的过程。每个人都同样经历咿呀学语的童年、风华正茂的青年、成熟的中年以及壮心不已的晚年的过程。孔子曰："吾十有五而志于学，三十而立，四十而不惑，五十而知天命，六十而耳顺，七十而从心所欲，不逾矩。"（《论语为政篇二》）孔子认为他十五岁就有志于做学问，三十岁能自立于世，四十岁能通达事理，五十岁就懂得自

然的规律和命运,六十岁时对各种言论能辨别是非真假、也能听之泰然,七十岁能随心所欲却不逾越法度规矩。孔子用自己的人生感悟表达了人的生命从生理、心理到精神的整个过程的变化。他将人的一生分成了不同的阶段,既有时间、空间上的紧密相连的顺序,更是表达了人的生理经历由弱变强再由强变弱,而心理却逐渐走向成熟、精神更加丰富的生命过程。这种走向成熟、精神不断丰富的生命过程是不断与他人、与社会、与自然互动的过程,在互动的过程我们每走一步,都会为自己以后的生命历程打下基础、为以后的生命历程指明方向,人之内心世界愈加成熟。一般而言,人与外界互动的过程就是自己的心理、精神更加完善、成熟与丰富的过程。只有一个心理和精神更加完善、成熟与丰富的人,才能在充分地享受生命的乐趣的同时使自身与外界达到完美的统一。

由此可见,生命不仅是指由有机物和水等物质构成的物质生命,而且对人来说更是由精神或思想构成的灵性的生命或精神的生命。

人的生命存在是灵与肉结合的存在。"灵"就是道德、伦理、心理、思想、精神,"肉"就是肉体、生理、自然、物质。人的生命的存在既需要物质、更需要精神。人更需要"精神",人是精神的存在,这种精神突出表现为人对自身存在的意义或价值的追求。人对自身存在的意义或价值的追求是人区别于其他生命的最重要的特征,是人类自身朝着独立的、有尊严的、自由的价值主体迈进的重要一步,也是人摆脱野蛮和愚昧而实现文明、高尚和超越的重要环节。社会心理学家马斯洛的需要层次理论表达了这样的观点:人的需要是由低向高逐渐发展的过程,不仅有生理和安全的基本需要或者说是物质与生存的需要,人还有爱、尊严以及自我实现等高级的精神需要。对精神需要的追求提升了人的生命质量,是人区别于其他生命的重要标志,是人的生命的高级价值实现形态。爱、尊严以及自我实现等高级的精神需要并不是从天而降的、单向的,而是人人、彼此和互相的,正所谓"人人为我、我为人人",这就说明人的生命的存在是一种社会性存在。就像荀子所言:"力不若牛,走不若马,而牛马为用,何也?曰:人能群,彼不能群也。"(《荀子·王制》)这也说明人的生活是社会性生活,人不可能脱离群体而存在,人的生命只有在人类的群体中才能保持活力或生命力、才能不断地发展与创造。人的社会性存在需要人与人的联系，而要达到人与人之间的"和谐"的联系就需要道德、伦理这样的精神来"连接"，正是通过这种"连接"，从而使人找到了自身存在的价值或意义。而研究人与人如何更好"连接"或者说"和谐互动"的重要学科之一就是生命伦理学。也就是说，生命伦理学是研究人类为实现"和谐互动"、改善和增进人类生命活动质量之目的的过程中，如何进行行为的道德选择、如何解决遇到的各种道德难题，从而更好地实现人类自身存在的价值或意义的。

生命伦理学作为一门学科最早诞生于美国，其概念也最早由美国人提出。"据美国学者恩格尔哈特[①]教授考略，生命伦理学一词出现于20世纪20年代，而后经过50年代的酝酿和60年代美国学界的讨论，历经近半个世纪的历史，最后由美国威斯康星大学的范·伦塞勒·波特教授在1971年重新提出……波特指明：'生命伦理学是利用生物科学以改善人们生命质量的事业，同时有助于我们确定目标，更好地理解人和世界的本质，因此它是生存的科学，有助于人类对幸福与创造性的生命开具处方。'"[②] 从波特的定义可见，生命伦理学需要追问人是什么？需要追问世界的本质是什么？这种追问是在利用生物科学以改善人们生命质量的过程中体现的，因为，改善生命质量的过程就体现一种生存的科学，在人的生命旅途中如何获得幸福或者说如何展现出一种创造性的生命。H. T. 恩格尔哈特教授认为，"生命伦理学试图用批判的观点对医学概念上和价值上的假定意义进行评估。包括对健康观念的评估、对医学目的的评估、对传统医德争论中推理性的设想的探索、也包括为建立一个正确的世俗性保健政策提供基础的尝试。"[③] 这就意味着生命伦理学需要哲学批判的、反思的方法对医疗卫生保健行为从意义与价值层面进行评估或反思，包

[①] H. T. 恩格尔哈特（H. Tristram Engelhardt, Jr., 1941—2018），哲学和医学双博士，早年执教于德州大学加尔维斯敦（Galveston）医学人文研究所、乔治城（Georgetown）大学哲学系和肯尼迪（Kennedy）伦理学研究所。1983年起，担任莱斯（Rice）大学哲学系教授和贝勒（Baylor）医学院医学系教授。

[②] 孙慕义主编：《医学伦理学（第2版）》，高等教育出版社2008年版，第11页。

[③] ［美］恩格尔哈特著：《生命伦理学和世俗人文主义》，李学钧、喻琳译，陕西人民出版社1998年版，第22页。

括对健康观、医学目的、传统的医德难题以及当下的医疗卫生保健政策的合理性进行评估或反思。东南大学孙慕义教授认为:"生命伦理学是对生命诸问题的道德哲学注释,是对人类生存过程中生命科学技术和卫生保健政策以及医疗活动中道德问题的伦理学研究,是有关人和其它生命体生存状态和生命终极问题的学科。"[1] 此定义涵盖了上述两个定义的基本内容。这就表明生命伦理学是从道德哲学的视角来评估、反思生命诸问题,并期望找到一个合理的注释;这种评估、反思贯穿在人类生命活动的整个过程中,特别表现在生命科学技术的使用、卫生保健政策的制定和实施以及各种医疗活动的过程中;这种评估、反思不仅涉及人的利益和发展,而且还涉及其他生命体的生存和繁衍,关注所有生命体的生存状态,并期望对生命终极问题——生与死——所涉及的问题,找到一个合理的注释。

生命伦理学其性质属于应用规范伦理学的一个分支学科[2],作为一门最先在美国产生的新兴交叉学科,其诞生离不开 20 世纪上半叶大的社会背景。

背景之一是第二次世界大战期间一些德国、日本的"科学家"和"医生"肆意进行惨无人道、骇人听闻的人体实验,引发了对尊重人权的思考。"二战"前后,德国纳粹医生和科学家在集中营对犹太人、吉普赛人、波兰人、俄罗斯人以及战俘、政治犯进行了高空实验、毒气实验、减压实验、双胞胎实验、癍疹伤寒等人体实验。他们借口"优生学""种族卫生"等所谓科学主义,做的却是反科学、反人道和反人类的暴行。1946 年,纽伦堡国际军事法庭对纳粹医生进行了审判,同时还制定了人体实验的基本原则,作为人体实验的行为规范,称为《纽伦堡法典》,这也可以称得上是人类历史上第一部国际公认的、经典的人体研究伦理法典,其中第一条就强调人类受试者的自愿同意绝对必要。这就意味着受

---

[1] 孙慕义主编:《医学伦理学(第 2 版)》,高等教育出版社 2008 年版,第 11 页。
[2] 规范伦理学研究人们的行为应遵从何种道德标准才能达到道德上的善,探究道德原则和规范的评价标准的理论。西方主要有功利主义、义务论以及德性论等理论流派作为其理论基础。规范伦理学分为一般规范伦理学和应用规范伦理学两类。前者研究人类行为的合理或恰当的标准,如何行动才是善、合理、恰当、正当等;后者研究具体的实践领域中人们应该如何进行恰当的行动。

试者对是否接受人体试验有自由选择同意或不同意的合法权利,不受任何势力的影响。与此同时,日本侵华战争期间的"731部队"(有"死亡工厂"之称)也同样进行了大量野蛮的、令人发指的诸如冷冻实验、活体解剖、高压电击、感染疫病等各种人体实验。"比起纳粹医生在二战中的行径来,日本医生在1932—1945年所犯下的暴行在邪恶程度上有过之而无不及,但他们并没有因此受到类似纽伦堡那样的审判。美国政府打着国家安全的旗号与石井达成了一笔交易:赦免石井及其相关人员以换取他们在实验中获取的资料。由于美国人的包庇,这个问题根本没有写进1946—1948年由美国主持的东京远东国际军事法庭的战犯审判日程。"[1] "二战"期间德、日两国进行的人体实验是对人的尊严的蔑视,是对人的价值的摧残,它时刻提醒人们必须拿起道德的武器,为维护人的生命存在价值而自卫、而奋斗。

背景之二是广岛、长崎原子弹爆炸的威力造成的巨大影响。"制造原子弹本来是许多科学家向美国政府提出的建议,其中包括爱因斯坦、奥本海默等人。他们的本意是想早日结束世界大战,以免旷日持久的战争给全世界人民带来无穷灾难。但是他们没有预料到原子弹的爆炸会造成那么大的杀伤力,而且引起的基因突变会世世代代遗传下去。数十万人的死亡,许多受害人的家庭携带着突变基因挣扎着活下去,使许多当年建议制造原子弹的科学家改变了态度,投入了反战和平运动。"[2] 因此,尽管当时美国制造、投放原子弹的目的是以暴制恶、希望尽早结束战争给人类带来的深重的苦难,面对数万的生命顷刻化为乌有,如此强大的生命"杀手",今后如何使用或使用的边界在哪里?今后如何进行有效控制?这些都是后来的生命伦理学家们需要思考的问题。

背景之三是伴随着20世纪人类工业文明取得辉煌的胜利,生命科学技术的发展也突飞猛进、不断高奏凯歌。例如,重要器官移植技术的成功实施,人工辅助生殖技术的广泛使用,基因重组技术、克隆技术等新

---

[1] 聂精保、土屋贵志、李伦:《侵华日军的人体实验及其对当代医学伦理的挑战》,载《医学与哲学》2005年第6期,第35—38页。

[2] 邱仁宗:《生命伦理学的产生》,载《求是》2004年第3期。

发现、新发明，它们在改变人类的生活的同时也引发了人们对于科学技术发展和应用过程中价值合理性的思考。譬如，由于人类器官供体的严重匮乏，能否用转基因动物的器官移植到人体？这种不同物种间生物物质的混杂是否违背自然法则？科学技术是一把双刃剑，人类必须反思科学技术运用的双重功效，如何尽可能地扩大其正效用、尽可能地降低其负效用？这些选择都涉及道德选择，需要进行伦理的论证。

背景之四是随着工业文明的成就、新科技的不断涌现，人与自然的关系也发生了越来越多的矛盾和冲突。"1965年Carson[①]的《寂静的春天》一书向科学家和人类敲响了环境恶化的警钟，世界范围的环境污染威胁人类在地球生存以及地球本身的存在。当时揭露的主要是有机氯农药大量使用引起的严重后果，人们只考虑到有机氯农药急性毒性较低的优点，但忽略了它们的长期蓄积效应，结果使一些物种濒于灭绝，食物链发生中断，生态发生破坏，人类也受到疾病的威胁。"[②] 由于生态的好坏直接影响人的生命质量、影响人的生存与发展，人与环境息息相通，因此，人与自然的关系问题必然自然而然地摆到我们面前，人与自然是主体对客体的关系还是统一的整体关系？自然界对人而言到底有何种价值？我们应不应该确立自然界的权利？如果应该的话到底应该确立自然界的何种权利？等等，这些都是需要进行伦理的论证予以确立，它不仅体现在对人的生命的尊重，而且还体现在对其他生命的尊重。由于人和其他生命均是整个生态食物链的一个环节，对其他生命的危害最终会导致对人类的危害，因此必须对地球所有的生命都要有所考虑并予以道德关怀。

以上四个主要背景正是催生生命伦理学产生的导火线，它预示着人类对自身存在的价值、尊严、意义、平等和自由的渴望，也预示着人类对生命存在过程中其行为道德合理性的探求。

---

① 雷切尔·卡逊（Rachel Carson，1907—1964），美国海洋生物学家，1962年发表了震惊世界、具有重大影响的惊世之作《寂静的春天》（*Silent Spring*），引发了美国以至于全世界对环境保护事业的关注，她被认为是现代环境运动之母，对现代环境保护思想和观点、对环境的关注和爱护的呼吁，最终导致了美国国家环境保护局的建立和"世界地球日"的设立。1964年卡逊因患乳腺癌逝世，时年56岁。

② 邱仁宗：《生命伦理学的产生》，载《求是》2004年第3期。

生命伦理学的迅速发展也离不开其他的一些背景或事实：（1）如何进行医疗资源的合理分配？例如，在移植手术中，像肾脏、肝脏等一些稀有的医疗资源到底谁应该优先得到？（2）如何对医疗高新技术使用的价值合理性进行伦理学论证？一般认为，科学用来解决怎样做的问题，而伦理学是解决应该怎样做的问题，也就是价值问题。也就是说，伦理学能解决科学技术之外的问题，或者说伦理学能够帮助科学解决其本身不能解决的价值选择的问题。20世纪70年代以后出现的试管婴儿技术的应用、"脑死亡"标准和安乐死的可行性的讨论、克隆和胚胎干细胞技术的实施等，都需要对其价值合理性进行伦理学论证。（3）如何适应医学模式和医患关系发生的变化？20世纪60年代之前，在治疗过程中是医生说了算，伴随着社会的发展，这种观念也发生了转变，医生也需要尊重病人意愿。这是因为观察和处理医学领域中有关问题的基本思想和主要方法的医学模式发生了变化，由过去的"生物医学模式"向"生物—心理—社会医学模式"转变，从而使得医患关系也由"主动—被动型"逐渐向"指导—合作型"和"共同参与型"转变。（4）如何在医学伦理学研究范围的基础上扩展其研究领域，从而更好地担负起维护生命与健康的责任？早先，医学伦理学主要关注医生的道德行为，后来研究的范围逐渐扩大，因为生命和健康不仅和医生的行为有关，还和卫生保健政策、经济发展、生态环境的改善等因素都有密切的关系。因此，在关注人类健康的同时，还应该关注所有与人的生命相关的领域，包括环境、经济、卫生保健政策等，甚至还要关注对动物、植物生命的关怀问题。因此，用医学伦理学这个词显然范围太小。生命伦理学就这样伴随着对医学伦理学研究范围的扩展而逐渐确立、完善和成熟。

对生命伦理学的研究需要在实践中对和生命活动相关的医疗卫生活动、高新生命技术中的道德难题进行论证，寻找正反观点的各种合理的辩护理由，在此特别需要提醒的是要分清哪些是"是"的理由，哪些是"应该"的理由。既然是"伦理学研究"，我们就应当从"应该"着眼，来寻找合乎理性的辩护理由。接下来我们就要寻求"辩护理由"的理论以其从个别性上升为普遍性，通过"去粗取精、去伪存真"使得在普遍性上达成"共识"。这种"共识"是在宽容的基础上形成的，虽然不是"放之四海而皆准"的"一致"，却是相对的、基本上具有一定共同性的

"共识"。在这种相对"共识"的基础上达成的理论再回到实践中进行验证、指导，才能使理论更加丰富、充实，这样的理论才能更具有生命力。

生命伦理学要有人文关怀的精神或者说要从本质上体现对人的生命、权利、价值和尊严的关怀。它既需要对生命的深刻认识、理解和感悟，又需要伦理学理论的支持，而不是与之分离；它既要注重理论，又要注重实践；它既需要引用传统的伦理理论作为自身的理论资源，又要和生命科学技术领域的特点和发展的状况相结合、加以创新，并以独特的视角拓展和深化伦理学理论从而为自身学科的发展所用。

生命伦理学的研究内容涉及诸多方面，可将其重点分为四大部分：（1）围绕人的生命诞生前后这段时期的生命伦理学研究。例如，在干细胞、基因及基因组、辅助生殖技术、生育控制、遗传与优生等方面的研究。（2）围绕提高人的健康和生命质量而进行的生命伦理学研究。例如，在临床治疗（包括医患关系的调适）、公共卫生、人体实验、器官移植、卫生政策的制定和实施等方面的研究。（3）围绕人的生命终止前后这段时期的生命伦理学研究。例如，临终关怀、放弃治疗、安乐死等研究。（4）从生命的生长和维护健康所需要的环境条件角度进行的生命伦理学研究。

三 生命伦理学与"爱"的伦理关照

波特教授认为生命伦理学试图为人类更好的生存开处方。这种"处方"涉及为人类生存过程中卫生保健政策制定、医疗卫生活动中遇到的道德难题的判断以及医学高新生命科学技术的使用等的合理性提供价值选择的方向。生命伦理学要为人类更好的生存开处方，也就是要从本质上体现对人的生命、权利、价值和尊严的关怀。关怀就是爱，这就表明生命伦理学离不开"爱"这条主线、离不开"爱"这种伦理精神（为何"爱"是一种伦理精神参见第五章第一节第三部分"'爱'的'伦理'意义"）的关照。其实，生命伦理学就是在"爱"这一伦理精神的关照下，对人的生与死、对增进人的健康和改善人的生命质量，以及对协调人与自然关系过程中遇到的伦理问题的研究，是为人的生命开出的一张道德处方。

生命伦理学与爱不可分离。伦理必须处在关系之中才能存在，表现为对待人与人、人与社会、人与自然的关系中应该采取的价值取向。而这种价值取向就是"爱"——爱他人、爱社会、爱自然。爱还有其他类似的表达方式,"这样一些语词如'友善的'、'性情善良的'、'人道的'、'仁慈的'、'感激的'、'友爱的'、'慷慨的'、'慈善的',或与他们意义相同的那些词,在所有语言中都是众所周知的,普遍地表达着人类本性所能达到的最高价值。"① 爱也一定是处在一种关系中,体现在人与人、人与社会、人与自然的关系之中,甚至还体现在人与自身的关系之中。人、社会、自然都是爱的对象,没有对象就没有关系,就没有爱。生命的存在必须有爱,没有爱,生命将会毁灭!没有爱,你我都不会来到人间。生命是爱的结晶、生命是爱的延续,生命是爱的渴望、生命是爱的归宿。爱赋予生命以意义与价值、爱赋予生命以温馨与甜蜜。爱是人性的升华、是生命的颂歌、是生命永恒的主题。

而现代社会在物质越发丰富、经济高速发展过程中,反而面临许多道德困惑甚至道德危机,表现在人与人、人与社会、人与自然的关系出现的紧张、异化。例如,在人与人的关系方面,为何有见危不敢救的情形?在人与社会的关系方面,为何时常发生针对不特定人群的暴力事件?在人与自然的关系方面,为何环境污染的事件屡屡发生?甚至还频繁出现自杀、自残等现象?这就凸显了对生命尊重意识的培育、对生命伦理学教育的意义所在,也凸显了爱在上述的各种关系之中的所表达的价值与意义。因为爱是关怀、是尊重、是人性的升华并赋予生命以意义与价值,爱才是伦理的,爱就是伦理关照。

第二节　生命过程的道德选择

人的生命过程是一个不断面临或进行道德选择的过程。道德选择凸显了人是以道德的方式存在、凸显了人的社会性。既然如此,我们首先需要知道的是何谓道德?何谓伦理?以及何谓道德选择?

---

① [英]休谟:《道德原则研究》,商务印书馆2007年版,第28页。

一 道德、伦理与道德选择

在汉语中"道德"一词最早可追溯到老子所著的《道德经》一书中，"道生之，德畜之，物形之，势成之。是以万物莫不尊道而贵德。道之尊，德之贵，夫莫之命而常自然。"（《道德经》第五十一章）道生成万事万物，需由德来养育，从而万物呈现各种形状，千差万别之物各有自身的发展趋势与规律，遵循这种发展趋势与规律，万物才能长成。"道"所以受尊崇，"德"所以珍贵，就在于它们对万物不加干涉，从来都让万物顺其自然。老子认为，"道"是创生万物的始基，它生长万物，又内在于万物，成为万物各自的本性；道分化于万物就成为"德"，"德"养育万物，"德"是"道"的化身，是"道"的人世间的具体作用，但"道"和"德"并不干涉万物的生长繁衍，而是顺其自然。由于人是自然的有机组成部分，因此，这里的"道"就包含"人道"在内的自然之道，这里的"德"就包含"人德"在内的自然之德。于是，"道"就成为人世共通的真理、本源，"德"就成为人世共通的品德、德性。

"道德"二字连用始于荀子《劝学》篇："故学至乎礼而止矣，夫是之谓道德之极。"意思是说学习到了明礼的程度才停止，这就是道德的极致。强调学习的终极目的是进入礼的境界。荀况认为人性本恶，提倡"化性起伪"（《荀子·性恶》：故圣人化性而起伪，伪起而生礼义，礼义生而制法度），意为用礼义法度等去引导、改造人的自然本性，使之树立道德观念。这里的"伪"是指人在社会生活中后天的修养、道德观的培育。这是荀况提出的礼、法起源的前提，也是荀子"性恶论"的依据。荀子认为，人性本恶，人性的放纵会造成不可收拾的恶果，需要后天通过礼仪、法度、艺术等进行文明的熏陶，以培育和塑造人的道德情操，使人具有崇高的精神境界，这就是"伪"。既然人的天性、本性是恶，就需要通过后天的"起伪"来培育善心。荀子十分看重后天的学习、教化对于"化性"的作用，主张"学不可以已"（已：停止。意为学无止境。来自《荀子·劝学》："君子曰：学不可以已。青，取之于蓝，而青于蓝；冰，水为之，而寒于水。"），通过不断地学习来提高人的道德水准。

"在中国哲学中，'道'与'德'本是两个概念，'道'既指普遍的法则及存在的根据，又被赋予社会理想、道德理想等意义；'德'有品格、德性等义，又与'得'想通，后者在本体论的层面意谓由一般的存在根据获得具体的规定，在伦理学上则指普遍的规范在道德实践中的具体体现及规范向品格的内化。"①

"作为'道德'的'道'，是人之为人之'道'，因而是道德规范的总和。……'德者，得也。'……'德'的基本内涵就是'内得于己，外施于人'。作为行为规范的'道'只有被个体认同，内化为个体的德性，才具有现实性。如果说，'道'具有普遍性，'德'便具有个别性；'道'是高高在上、供个体效法的行为准则和行为规范，'德'则是'道'在个体身上的凝结和体现。'道'和'德'的关系套用柏拉图的话说是'分享'的关系。个体分享，获得了'道'，便凝结为内在的德性，并外化为具体的道德行为。'德'是行为的'道'，通过个体的行为，'道'被外化、获得了现实性。"②

彼彻姆认为："道德是涉及有关正确的和错误的人类行为的各种类型的信仰。对这些具有规范性的信仰，人们通过诸如'好的'、'坏的'、'正直的'、'值得赞扬的'、'正确的'、'应当的'以及'应当谴责的'等一般的词汇来加以表达。"③

综上所述，道德是个体的人分享（选择）普遍的人世真理（道德标准）而形成的"好的""值得赞扬的"内在品质或德性，并通过实践而表现出来的善良行为。

伦理一词在中国最早见于西汉时戴圣所辑《礼记》④ 第十九篇的篇名《乐纪》中，"凡音者，生于人心者也。乐者，通伦理者也。"也就是说，一切音乐都产生于人的内心，音乐具有通乎伦理的特性。因为，两者都源于人们内心善良的期待和真实情感的表露。

---

① 杨国荣著：《伦理与存在——道德哲学研究》，北京大学出版社2011年版，第5页。
② 樊浩著：《伦理精神的价值生态》，中国社会科学出版社2001年版，第132—133页。
③ [美]汤姆·L. 彼彻姆著：《哲学的伦理学》，雷克勤等译，中国社会科学出版社1990年版，第9页。
④ 《礼记》是记载和论述先秦的汉民族礼制、礼仪和儒家思想的重要著作，涉及政治、法律、哲学、道德、宗教、历史等各个方面，其中《大学》《中庸》《礼运》等篇有较丰富的哲学思想。

何谓伦理？黑格尔①是通过自由意志的辩证发展过程从抽象法、道德、伦理三个环节来认识伦理的。黑格尔认为，法是自由意志的体现，而自由是受客观的、具有普遍性的法的限制，故自由在法中才能实现。而法的发展分为抽象法、道德、伦理三个环节，以此构成了其《法哲学原理》一书的主要内容，该书的核心就是揭示自由理念或者说"法"的辩证发展过程的。由于法的出发点是意志，人的意志是自由的，所以，法与自由意志相连，法就是自由意志的体现；而自由又与权利相伴，权利是自由的实现形式，人人都一般、自在地享有的权利就称为抽象法②，或者说抽象法是自由意志借助外物（如财产权）来实现自身的。这种权利最主要的就是财产权，财产是自由意志的最初体现，当财产权让渡的时候就产生了契约。而不遵守契约、不尊重权利就是不法（不合法度、违法），包括非故意的不法、欺诈、犯罪，这些都是不道德的。道德就是自由意志在内心的实现，或者说道德是主观意志的法；道德是在每个人心中产生的对权利的自觉尊重，是自由意志借助内心的自觉来实现的。在自由意志借助外物和内心各自实现后，就进入了既通过外物又通过内心来实现的综合过程，这就是伦理。于是乎，抽象法和道德达到了统一、主观和客观达到了统一。在黑格尔看来："伦理是各个民族风俗习惯的结晶，是'不成文的法律'，具有神圣的性质，被认为永远正当的东西。对于后辈的熏陶、教育，都是伦理的功用。"③ 伦理这种永远正当性、神圣

---

① 格奥尔格·威廉·弗里德里希·黑格尔（Georg Wilhelm Friedrich Hegel, 1770—1831），德国哲学家，出生于斯图加特，18岁进入图宾根大学（符腾堡州的一所新教神学院）学习，与谢林成为朋友，并被斯宾诺莎、康德、卢梭等人的著作和法国大革命深深吸引。1801年，30岁的黑格尔任教于耶拿大学，直到1829年就任柏林大学校长，其哲学思想才最终被定为普鲁士国家的钦定学说，可谓大器晚成。黑格尔集以往西方伦理思想之大成，特别是继承和发展了康德的伦理思想，建立了一个完整的理性主义伦理思想体系，他的成就对后世伦理思想包括马克思主义伦理思想的形成和发展有着重要影响。

② "法就是'自由意志的定在'（'定在'这里作实现或体现解）。这种不经过矛盾斗争，人人都一般、自在地享有的权利就叫做'抽象的法'。'法'字在这里主要应作'权利'解，因为德文原字Recht，具有法、权利、正当三个不同的意思。这里'抽象的法'主要是抽象的权利的意思。"（参见［德］黑格尔《法哲学原理》，范扬、张企泰译，商务印书馆1995年版，第8页"评述"。）

③ 参见［德］黑格尔《法哲学原理》，范扬、张企泰译，商务印书馆1995年版，第8页"评述"。

性、不成文的法律性,通过风俗习惯的力量而传承,不断熏陶、教育一代又一代人。

"'伦'是中国文化的特殊概念。……'伦,辈也。'……'理'同样是很能体现中国伦理的文化设计原理的概念。……'理,治玉也。'……要把玉石造就成玉,必须遵循其内在的原理和内在的规律,故'治'的过程,也是探索其内在原理和内在规律的过程。所以,当'理'与'伦'结合,构成'伦理'的时候,就意味着是人伦的原理、为人的原理、人之所以为人的原理。"① 也就是说,"伦理"的"伦"即人伦,反映人与人之间的关系;"理"即道理、规则。"伦理"就是人们处理相互关系应遵循的道理和规则。因为,人生活在各种社会关系之中,这种复杂的社会关系必然产生许多问题与矛盾,必然需要一定的道理、规则或规范来约束、调整人们的行为,从而实现人与人之间和谐的互动过程。"'伦'的文化实质,是个体的人如何与家庭的或社会的实体相统一,而形成一个普遍物。"②

而伦理与道德二者是一种怎样的关系呢?黑格尔对这两个概念作了一定意义的区分。他认为,道德指个体品性、是人的主观修养与操守、是"主观意志的法"、是"主观的善"、是"形式的良心",而伦理是主观与客观的统一、是特殊与普遍的统一、是"主观的善和客观的、自在自为地存在着的善的统一"、是"真实的良心"。③ 也可以这样理解,把伦理化为个人的自觉行为变为内在操守即为道德。由此来看,道德是个体性的而伦理却是社会性的。

道德选择是伦理学研究的核心词汇。在特定场合,在面临几种行为选择方案时,一个人必须首先依据一定的道德标准④进行价值判断,进而

---

① 樊浩著:《伦理精神的价值生态》,中国社会科学出版社2001年版,第129—131页。
② 樊浩著:《道德形而上学体系的精神哲学基础》,中国社会科学出版社2006年版,第458页。
③ 参见〔德〕黑格尔《法哲学原理》,范扬、张企泰译,商务印书馆1995年版,第12—16页"评述"。
④ 道德标准是判断行为善恶的价值尺度。它和一定社会的价值取向相联系,同社会发展的客观必然性相一致,反映人们的共同利益、愿望和期待。某一伦理学理论其实就是确定道德标准的过程,例如德性论、功利主义、道义论的道德标准等。而对境遇论的研究其实也是探讨在特定的境遇下、无现成的道德规范可循,根据何种标准来采取道德行动的问题,只不过是境遇论秉持"原则相对论"的观点,而唯一和最高的标准就是"爱"。

做出行为选择，这种依据某种道德标准进行自觉的选择过程就是道德行为选择（或称道德选择）。这种选择不仅包括主体对自身行为动机、意图、目的的选择，而且包括主体对自身行为的方式、过程、结果的选择；不仅表现为主体外在的行动、交往等道德实践活动，而且表现为主体内在的认知、情感、意志等道德精神活动。这种选择既是人的内在道德品质、价值观念的外在呈现，也是人为达到某一道德目标而主动作出的一种价值选择过程。

道德选择的条件是：前提条件是客观上存在着若干种行动方案；基础条件是行为主体必须具有行为选择的能力。道德选择能力受一个人具有的价值准则或价值观的影响，意味着一个人必须信守一定的道德标准，必须理解特定的行为与这些标准的联系以及不受外在压力的影响而真正自主自愿地作出选择的能力。

影响道德选择的因素多种多样。既不能认为道德选择只受个人自由意志的支配而不受客观必然性的影响，也不能认为道德选择纯粹受必然性的支配而排除人的道德选择能力。其实，人的道德选择能力既受客观必然性的影响又受主观自由意志的支配。把自由和必然以及个人利益和整体利益的关系很好地结合起来才是解决道德选择问题的关键。如何根据实践中客观条件的变化而理性地进行行为选择是每个人都要面对的问题，如何提高人们道德选择能力的也是伦理学必须研究的重要课题。

人在自由意志的支配下进行道德选择的同时，也就自由地选择了责任（道德责任）。因为，只有选择的自由，人才应该为自己的选择后果担责。自由是责任的前提，责任是自由后果。责任是道德选择的价值属性，否定责任就是否定了选择。选择意味着在价值冲突的氛围中、在多种可能性中进行权衡和取舍，选择表明了自己的价值倾向，并指向相应的价值目标。

二 生命过程与道德选择不可分离

人与动物的区别是什么？或者说，人的根本性特质是什么？也就是说，人在何种意义上、在何种程度上超越了动物成为文明的存在？显然，道德是对动物性的克服与超越，道德是人之为人的内在规定，道德是人的存在方式并使人成为文明的存在。因为，动物无反思的本能，无反思意味着行为无恰当性可言；而道德需要反思，只有反思才能做的恰当、才能做的好、才有道德产生的可能。反思是对存在及其关系的理性思考；唯有经过反思的，才可能是恰当的；根据亚里士多德、孔子等人的思想（亚里士多德的中道、孔子的中庸），道德就是恰当的做；动物也能做，但动物是本能，无恰当可言，惟有人的做有恰当问题；人如果缺失了反思性而陷于本能；作为类的人，经过反思形成自我约束与规范，形成一定的社会秩序，确保了人的自由存在。故而古希腊哲学家苏格拉底就说"未经审视的生活是不值得过的"[①]。

这里的"审视"就是"反思"，也就是说，人应该不断地反思自己的行为、审察自己的内心，判断你自己的行为是否有善的动机和善的行为？是否有利于他人与社会？这种反思的生活就是对责任、对德性追求，这样的人生才有价值、才值得一过。可惜，现实生活中一些人没有审视或反思的习惯，生活提供了什么就盲目接受什么，附和、从众、随大流、做一天和尚撞一天钟，很少审视或反思自己，这就远离了这种反思的生活、远离了这种对德性的追求。

中国古代也十分强调这种反思的生活。曾子（曾参，孔子的弟子）曰："吾日三省吾身——为人谋而不忠乎？与朋友交而不信乎？传不习乎？"（《论语·学而》）曾子此意为：我每天多次反省自身，给别人做事、谋划忠于职守了吗？和朋友交往不够诚信吗？老师教授的知识认真学习了吗？这句话背后的意蕴是：人只有通过不断反思、审视自己的行为，才能提升德性、认识自我、融入社会，才能获得人生境界的超越；在反思中，不断调整、约束自己的行为（好像是不自由），但却获得了人生的真正自由。

道德是人的存在方式表现为两个维度：其一，作为做人的标准。这是属于being，也就是人的内在规定性、人的质的规定性。因此，道德首先是做人的资格；其二，人之为人（成"人"）是在生活中干出来的，这是属于doing。有道德人是要在社会生活实践中"做"出来的，即要做人。而做人的过程就是通过不断进行道德选择而逐渐成"人"的过程。人不仅仅要有美好的心魂与高尚的情操，更要将这种美好的心魂与高尚的情

[①] ［古希腊］柏拉图著：《苏格拉底的申辩》，吴飞译，华夏出版社2007年版，第131页。

操展现在行动中，变为现实的行为。在实践中，通过身体力行的行动，将通过反思而认识到的做人的标准，化作现实的意志冲动，变为自觉的行为。只有在实践中不断进行道德选择，不断地做，才能成为有道德的人，这是人之为人的实现途径。

　　道德是人的存在方式意味着我们无时无刻都面临着道德选择，无论你是否意识到。例如，是否该将路上捡到的钱包占为己有？公交车上，面对老弱病残孕等人，是否您该让个座？在外郊游、野餐后是否该把垃圾清理掉？等等。所有的道德选择又是基于境遇而采取的行动，人的道德选择的过程是在具体的境遇中进行的、是人在一定的条件和环境变化中的行为抉择过程，这就凸显了境遇伦理研究的重要性。人本身就生活在矛盾之中，面临各种道德冲突，人们往往根据趋利避害的潜意识和本能进行选择，但趋利避害并不一定是道德选择，道德问题中往往不会那么简单的就是非利即害，更多的时候是此利与彼利、此害与彼害的选择与平衡，每个人心中都有自己的天平，都会做出自己的选择，每种选择都可以找出其选择的理由，但是否在此境遇下做出的是道德选择？其选择的标准是什么？就需要建立一套方法论的基础，否则就是各说各的理了。境遇论就是一套方法论的说明和论证，它告诉人们什么境遇下的选择是道德选择。

第 六 章

临床诊疗过程中的境遇道德选择

临床诊疗的过程，既是医疗技术应用于临床实践的过程，也是道德选择应用于临床实践的过程。所谓"医乃仁术"就是说明医学是集"仁"与"术"于一身的学科，而且是"仁"在"术"先。"仁"意味着爱人（仁者爱人——《孟子·离娄下》第二十八章）、意味着医学是充满慈爱之心的职业。在临床工作中，"医疗技术"与"道德选择"是医学不可或缺的两个重要方面，医疗实践中时常存在着道德选择，在某种程度上说，临床诊疗的过程也是道德选择的过程；而且，这些道德选择过程都是在临床诊疗的不同的、特殊的境遇下完成的。

第一节 医患权利冲突的境遇伦理分析

医务人员的权利（Rights of medical personnel）是指医务人员在医疗卫生服务活动中应享受的权益或利益。例如，医学检查权、疾病调查权、医学处置权、出具相应的医学证明文件权，选择合理的医疗方案权等。患者权利（patient's rights）是指患者在医疗卫生服务活动中应享受的权益或利益。例如，知情同意权、隐私权、平等医疗保健权等。一般情况下，两者并无冲突，因为医患双方的目的是一致的，都是为了患者的健康；特殊情况下也会发生双方权利的冲突，如何化解便成为医务人员迫切需要解决的问题，而采用境遇伦理的方法进行化解往往是一项不错的选择。

一　一起涉及医患权利冲突的案例

一名孕妇因难产，生命垂危，被其"丈夫"（未婚同居，两人父母家都在外省）送进医院，必须立即实施剖腹产，由于身无分文，医院决定免费治疗，而其同来的"丈夫"竟拒绝在剖腹产手术书上签字。在长达3个小时的僵持中，该男子一直对众多医生的劝告置之不理。为了让其签署手术同意书，许多病人及家属都出来相劝，但都毫无效果。甚至把神经科主任叫来鉴定，也确认其精神无异常。医生认为只有取得患者或其家属的知情同意才可手术，才不"违法"。在医生认为的"违法"与"救死扶伤"的两难中，医生只好动用急救药物和措施，不敢进行剖腹产手术。当晚，年轻的孕妇和胎儿均抢救无效死亡。这就是医患权利冲突的一起典型案例，其焦点是：患者的知情同意权与医生的医疗干预权之间发生冲突，医生如何取舍？

知情同意权是指医生向患者提供医疗决定所需足够临床诊疗信息，患者理性、自主做出承诺之权利。知情同意权是知情权与同意权的组合，知情是同意的前提，同意是自觉（出于本人意愿的），而非在压力或诱骗下做出的决定。由于医患之间的权利、义务是对应的关系，知情同意权既然是患者的一项权利，告知并取得患者同意便成为了医生的义务。知情同意权体现的是医生或医疗机构尊重患者的医疗自主性和尊严，有利于建立真诚合作的和谐医患关系。知情同意权是一项伦理权利，又被我国法律予以认可成为法定权利。例如，"医疗机构施行手术、特殊检查或者特殊治疗时，必须征得患者同意，并应当取得其家属或者关系人同意并签字；无法取得患者意见时，应当取得家属或者关系人同意并签字；无法取得患者意见又无家属或者关系人在场，或者遇到其他特殊情况时，经治医师应当提出医疗处置方案，在取得医疗机构负责人或者被授权负责人员的批准后实施。"（《医疗机构管理条例》第三十三条）该条前半部分就是患者知情同意权的规定，而后半部分"无法取得患者意见又无家属或者关系人在场，或者遇到其他特殊情况时，经治医师应当提出医疗处置方案，在取得医疗机构负责人或者被授权负责人员的批准后实施"就是医生医疗干预权的规定。

医疗干预权是指医生为了病人、他人以及社会的利益，对病人医疗自主权（患者的知情同意权也是其医疗自主权的一种）进行干预和限制措施的权利；这是在特殊情况下，出于行善的动机，由医方（医生或医疗机构）代替患方作出决定，来限制患方的医疗自主权以达到使病人康复之目的。美国学者恩格尔哈特教授把医疗干预权称之为治疗特权，在他看来："治疗特权可以被解释为一种形式的急诊。在急诊情况下医生一般来说可以免于得到同意，因为为得到这类同意而做的延迟将会导致死亡或永久性的机体和精神损害。"① 同样，医疗干预权既是一项伦理权利，又是一项法定权利。依矛盾普遍性原理，矛盾在任何时、空中均会存在。权利之间也不可能没有矛盾，有矛盾就难免冲突。在医疗领域，特别在紧急情况下，患者知情同意权与医生医疗干预权往往会发生冲突。由于某些特殊情形，比如，患者重病急诊、生命垂危，加之患者或其家属对疾病认知水平的局限、家境贫寒等原因，会作出不同意救治（放弃治疗）的非理性决定，从而对患者造成无法弥补的伤害。因此，在这样的特定情形下，出于保护患者生命健康权的考量，而限制患者知情同意权，防止该项权利被滥用，医疗干预权便应运而生。

　　本案中，患者生命垂危，无法取得患者本人意见，家属或者关系人在场但拒绝签字。面对这一"特殊情况"，医生并未行使医疗干预权，毕竟行使医疗干预权是要冒很大风险的，如果风险一旦出现，责任如何划分？另外，医方对《医疗机构管理条例》第三十三条"遇到其他特殊情况"把握不准，法律又无"解释"或明确的、较为细化的规定，还是取得家属或者关系人同意并签字压力较轻。于是，便出现医生或医疗机构宁愿"等"患者家属或者关系人到场签字，而不及时采取有效措施处理的情况。

　　显然，本案中医生"等签字"的行为，无论从道德还是法律的角度都是得不到辩护的！在这种特殊的"境遇"下，作为生命守护者的医务人员，应该如何选择？对此，不妨应用境遇伦理的方法，为医务人员采取合理的选择和行动提供道德辩护的理由与根据。

二　境遇伦理的方法如何解决医患权利冲突？

　　对于医患权利的冲突，运用境遇伦理的方法加以解决是一种不错的

---

① ［美］H. T. 恩格尔哈特著：《生命伦理学基础（第二版）》，范瑞平译，北京大学出版社2006年版，第319页。

选择。

境遇含有境况、遭遇或背景（环境）的意思。境遇伦理就是一门研究在特定的境遇下，人的行为选择如何才能合乎"善"（或者说"爱"）这一价值方向的伦理学方法。境遇伦理是基于境遇或背景的决策方法，是做决定的道德而不是查询决定的道德；它强调以人为中心，以"爱"为最高原则，并把"爱"与境遇的估计和行动的选择结合起来，通过"爱的计算"进行道德选择。

爱的本质是无条件地给予而不求回报，这是关心、关爱的给予，爱就是善，爱就是伦理关照，爱是社会关系和谐的润滑剂，因为"爱是消弭个体孤独感的经验；它用最丰富的价值填补我们孤独的空虚；打破并超越小我的狭隘篱笆；让我们与他人在最崇高的人类生活和整个宇宙中相互合作；把我们真正的个性扩展到无垠的宇宙。"[1]

在具体的境遇或背景下，境遇伦理需要通过"爱的计算"（也可称之为爱的权衡、爱的考量）进行道德选择。美国学者弗莱彻认为："在每一个背景下，我们都必须识别、必须计算。没有爱心的计算是完全可能的，但没有计算的爱是决不可能的。"[2] "爱的计算"过程就是道德选择过程，这是境遇伦理的核心，在具体的境遇中，通过慎重的计算或者说仔细的权衡，以发挥"爱的创造力"和"爱的有效性"，避免情感的盲目冲动和目光短浅、尽可能考虑到所有人的利益。

"爱的计算"需要考虑在当前的境遇下的决定行为的各种背景因素以及行为的目的、手段、动机和带来的结果等，也就是要考量行为的格式塔[3]，"如果或只要行为是表达爱心的，它就是正当的。行为的正当（即其正确性）不在于行为本身，而完全在于行为的格式塔（Gestalt），在于

---

[1] ［美］皮蒂里姆·A. 索罗金著：《爱之道与爱之力：道德转变的类型、因素与技术》，三联书店2011年版，第11页。

[2] ［美］约瑟夫·弗莱彻：《境遇伦理学》，程立显译，中国社会科学出版社1989年版，第119页。

[3] "格式塔系德文音译，意指事物被'放置'或'构成整体'的方法。以此为方法论基础建立起来的现代心理学流派谓之格式塔心理学，其主要信条是：无论如何不能通过对部分的分析来认识总体，必须'自上而下'地分析从整体结构到各个组成部分的特性，方能理解整体的全部性质。"（参见［美］约瑟夫·弗莱彻著《境遇伦理学》，程立显译，中国社会科学出版社1989年版，第119页）

表达爱心的结构,在于境遇中、全部背景中一切因素的总合的整个合成物。……这就意味着仔细考察目的、手段、动机和结果的全部作用。"①也就是说,格式塔是在境遇中、全部背景中一切因素的总合的整个合成物,是表达爱心的结构,只有充分考虑了行为的格式塔,行为才能体现出正当性。这需要从各种因素所构成的整体中进行综合性、整体性地进行细心、谨慎地权衡、考量(计算)。对行为的目的、手段、动机和带来的结果等考量、权衡或计算就是"爱的计算"的对象,只有在对它们进行整体考量中以"爱"来行动,行为才是道德的或正当的。

三 境遇伦理方法解决医患权利冲突之论证

《医疗机构管理条例》第三十三条同时涉及了两项权利:患者的知情同意权与医生的医疗干预权。就该条规定的医疗干预权的必要的条件而言,本案例显然符合"遇到其他特殊情况时"的这种情形——患者病危而家属拒绝在知情同意书上签字,这就是本文涉及的关键词——境遇。在此境遇下医生应如何选择?

该条例未对何谓"其他特殊情况"进行解释,因为临床上涉及的特殊情况太多了,立法者是无法在法律中一一列出的。在这种患者本人因难产而生命垂危、意识丧失,同时患者家属或者关系人拒绝签字(其原因可能与:两人未领结婚证而非法同居;男方对签字的意义不理解以为一旦签字后如果出现死亡、伤残等就要承担法律责任等因素有关)的特殊境遇下,医生是否应该机械地坚持"医疗机构施行手术、特殊检查或者特殊治疗时,必须征得患者同意,并应当取得其家属或者关系人同意并签字。"这一知情同意权的规定是值得探究的。

在此特殊境遇下,必须当机立断,运用医疗干预权来限制患者家属的知情同意权,以挽救患者的生命。何以见得?通过知情同意权的目的、实施过程,医疗干预权的性质、目的、动机和带来的结果,权利主次的衡量,医方采取的手段,结果善的考量几个方面进行权利冲突解决之境遇伦理论证,来看境遇之爱的计算(权衡)是如何进行的。

---

① [美] 约瑟夫·弗莱彻:《境遇伦理学》,程立显译,中国社会科学出版社1989年版,第119—120页。

(一) 知情同意权的设定目的、实施过程

知情同意权是通过签署知情同意书来实现的。知情同意书的性质（或者说签署知情同意书的目的）是什么？随着时代的变革、社会的发展，医患关系的模式也发生了显著的变化，以往以家长式为特征的"主动—被动型"的模式正在朝着以民主化为特征的"指导—合作型"与"共同参与型"的模式方向转变，这就一方面会促使患者自主意识的增强，另一方面也促使医疗机构和医务人员对患者权利的尊重。知情同意书就是对患者权利（知情同意权）的尊重的体现，是患者知情同意权实现的表现形式；其次，是健康教育的需要。其实，签署知情同意书不光是为签字而签字，而是要对患者进行相应的解释、说明，让患者明了疾病的情况和采取的方案，这本身就是最好的健康教育；最后是使患者更好地合作和配合的需要。进一步来说，患者签署知情同意书并不意味着风险和责任的承担完全转移给了患方，如果发生医疗事故，医疗机构和相关医务工作者照样要承担法律和道义的责任。

因此，在本案例中，患者拒绝签署知情同意书原因之一可能就是对知情同意书的性质和签署目的的误解，而医方在患者关系人拒绝签署知情同意书的情况下迟迟未手术也可能是对知情同意书的性质和签署目的的误解（认为签署后出现问题就一定要承担责任）或机械照搬规章（医疗机构施行手术、特殊检查或者特殊治疗时"必须"征得患者同意）的结果。

在签署知情同意书时，实施过程如何才能更好地体现爱？就需要每一位医务工作者在特殊的境遇中进行这几个方面周到而仔细的医疗服务：(1) 明确患者是否具有行为能力。未成年人、不能辨认自己行为的精神病人以及昏迷病人或植物人不具有或不完全具有行为能力，需由其代理人或监护人来实施知情同意；(2) 除非患者是没有或限制民事行为能力的人，或者是危重病人，否则知情同意权最好由患者本人享有和行使，而不应由家属或关系人随意代替，这也体现了对人和人权的尊重，也是社会文明和进步的表现；(3) 向患者或其家属如实提供病情和有关治疗信息。在医疗活动中，医生有义务如实告诉患者有关诊断、治疗、预后等方面的信息并尊重患者的意愿，医生告知时既不能过于自信说话不留余地，更不能任意夸大或缩小病情、治疗作用等。患者有权知道自己真实的健康状况，因为只有在了解真实信息的基础上才能更好地配合医生，有利于疾病的早日治愈；（4）提供做出医疗决定所必需的足够信息。这里"足够"是否说提供信息越多越细越好呢？实际情况并非如此，由于患方医学知识的缺乏，有时提供既多又细的信息反而使患者或其家属诚惶诚恐、犹豫不决，不敢作出同意的承诺。这里重要的是帮助患者理解有关信息，告知的程度要结合其年龄、拥有的知识、病情等情况出发，综合考量；（5）避免对患者产生不利后果。有时向患者"如实"告知还应选择适当的时机或方式，以避免对患者疾病治疗和康复产生不良影响。在临床诊疗过程中，有时需要用"善意的谎言"告知。例如，当一位病人突然被查出患有恶性肿瘤或其他危及生命的严重疾病时，医务人员及其亲人，都不会直接地告诉他（她）"生命已无法挽救""最多还能在这个世界上活多久"之类的话。虽然这些都是实话，但是谁会那样残忍地如同法官宣判犯人死刑一样，对病痛中的患者以实情相告呢？这时，大家就会口径一致、不谈实情，而以"善意的谎言"来使病人对治疗充满希望，让病人在一个平和、安宁中度过那剩下的不多时光，这就是一种道德选择。这样做的目的是避免对患者产生不利影响，因为讲真话有时会使心理承受能力差的患者造成沉重的精神压力，进而拒绝治疗，甚至轻生自杀，故医生在这样的情况下有必要采取保护性的医疗措施[①]；（6）签订知情同意书。知情同意既要进行口头的告知、说明和解释，也要采取书面形式并双方签字。

（二）医疗干预权的性质、设定目的与动机、带来的结果

从权利的性质来看，医疗干预权是一项特殊的权利：权利与义务合为一体（既是权利又是义务），即在紧急情况下，医疗干预权既是医生的权利，也是医生的义务，权利与义务集于一身，具有不可分离性。

从实施医疗干预权的动机来看，这是在无法取得患者意见又无家属

[①] "保护性医疗措施"是指在医务人员对病人医疗的同时，采取的一切维护病人的身心健康和有利于疾病的恢复的措施。主要从语言、表情、行为以及为病人营造舒适、温馨的环境等方面来实现。如恶性肿瘤患者，在明确诊断后，一般应首先向其家属如实告知，再根据其家属的意见或本人的要求，采取适当的方式告诉本人，在患者精神较脆弱或身体状况较差的情况下，可暂缓或委婉告知。因此，对危重病人暂缓或委婉告知、甚至隐瞒病情的规定，就是"保护性医疗措施"之一。当然随着社会进步和医学模式的转变，"保护性医疗措施"与病人的知情权的矛盾也成为一个突出的问题，也可以通过境遇伦理的方法进行具体分析。

或者关系人在场，或者遇到其他特殊情况（如本案例患者家人拒绝签字），出于对病人、他人以及社会利益的考量。实施医疗特殊干预权的动机是出于对患者、对他人以及对社会"爱"的考虑，是善良意志的体现，它首先是一种动机善。康德为了强调行为的动机，提高道德的纯洁性，提出了"善良意志"这个概念。他认为善良意志就是无条件善，"除了善良意志，不可能设想一个无条件善的东西。"[①] 尽管，在现实中往往有善良的意志却不一定能够达到好的效果，甚至还会产生相反的结果[②]，但没有善良的意志就根本不可能带来一丝好的效果。

从实施医疗干预权的目的来看，这是对患者的知情同意权进行干预和限制的措施，体现了一种目的：境遇之爱。所谓"境遇之爱"就是在具体境遇中以"爱世人（博爱）"的思想对待他人并赋之于行动。"境遇之爱"体现了境遇伦理的核心思想。就医疗干预权而言，它不仅像医务人员尊重患者的知情同意权那样出于爱病人的考量（就这一点而言，医疗干预权与知情同意权的目的是一致的），而且也是出于爱他人以及社会利益的综合或整体考量（例如，对传染病人的强制隔离检查就属于这种情况）。

从实施医疗干预权的结果来看，医疗干预权必须体现更大的价值才能实施。这种更大的价值需要结合考虑以下特殊情况：（1）患者缺乏理智的考量，出于种种原因拒绝治疗，并给其生命和健康造成严重后果；（2）面对丧失或缺乏自主能力的急危病人，又联络不上其法定代理人的或其关系人，为了及时抢救病人，由医生作出决定；（3）法定代理人的或其关系人出于种种原因的考虑而拒绝签署知情同意书，而此时病人病情严重，威胁生命；（4）为了他人和社会利益免受伤害。例如，对传染病病人隔离治疗和对少数精神病人实施约束等。

（三）权利主次的衡量

就生命健康权和知情同意权两者相比较而言，毫无疑问，生命健康

[①] ［德］康德：《道德形而上学原理》，苗力田译，上海人民出版社2002年版，第8页。
[②] 例如，在善良意志驱使下，对本案例患者实施手术，但却回天无力，患者最终还是死亡。但只要医务人员尽了自己在现有条件下的最大努力，无论在道德或者法律层面，是不会追究医务人员的责任的，否则谁还敢行医去抢救患者呢？

权为主，知情同意权为次。生命健康权是公民享有的最基本的权利，包括生命权和健康权两种。生命权是指公民享有的生命安全不被非法剥夺、危害的权利。健康权是指公民保护自己身体各器官、机能安全的权利，"健康是最大的快乐"①。生命与健康是公民享有一切权利的基础，如果生命健康权得不到保障，那么公民的其他权利就无法实现或很难实现。特别是对危重患者而言，生命危在旦夕，医方还在为使得患者的关系人签署知情同意书而想尽各种办法，而不采取剖腹产等有效手术措施，实在是主次不分。试想生命马上就要消失了，生命健康权以外的权利还有什么用处呢？就医疗机构和医务工作者而言，"救死扶伤、治病救人、实行人道主义"始终是其第一要务和崇高的宗旨，因为爱在生命脆弱的时刻更能体现和更需要体现。毫无疑问，为了保证患者生命健康权得以实现，必须毫不犹豫地实行医疗干预权。

（四）医方采取的手段

医方采取的手段是否在现有的条件下是最合适的？就本案例而言，医方还有一个担心就是万一未经患者的关系人同意而采取积极的手术措施患者还是死亡如何办？这时就要看医方采取的手段是否在现有的条件下是最合适的，是否尽了自己最大的注意义务②，或者通俗地说，尽自己最大力量努力达到结果的善。而境遇伦理既强调动机又重视结果，它强调的是过程善。这种过程善是在爱的力量的驱动下，根据具体境遇下的不同特点，从动机、手段到结果的整个过程中予以体现，即使后来可能结果不甚理想，但只要尽最大的努力去实现。善良意志内在就是善的、是道德价值真正体现。如果在善良意志驱使下的行动达到善的结果，当然实现了善的价值；如果竭尽全力仍然一无所得，这个内在价值仍然是存在的。如果尽到了在当时条件下的最大努力而患者的生命还是未能挽救，不仅从道义上是可以理解的，而且从法律上也是可以找到的，例如，刑法不是规定了紧急避险行为可以免责吗？《医疗事故处理条例》第三十三条不是规定"在紧急情况下为抢救垂危患者生命而采取紧急医学措施造成不良后果的"不属于医疗事故吗？既然从道义和法律上都得到辩护，

---

① ［英］托马斯·莫尔著：《乌托邦》，戴镏龄译，商务印书馆1996年版，第79页。
② 注意义务就是尽量采取措施避免自己行为可能给他人造成损害的努力。

医方还犹豫什么呢？

（五）结果善的考量

实施医疗干预权有可能获得挽救患者生命而带来的好的结果，而不实施医疗干预权就没有一丝可能挽救患者生命。因此，实施医疗干预权比不实施，从结果善的角度进行考量，可以带来更大的价值。

另外，对《医疗机构管理条例》第三十三条的内容做一下分析，此条是由三个并列的部分构成，即"医疗机构施行手术、特殊检查或者特殊治疗时，必须征得患者同意，并应当取得其家属或者关系人同意并签字"；"无法取得患者意见时，应当取得家属或者关系人同意并签字"；"无法取得患者意见又无家属或者关系人在场，或者遇到其他特殊情况时，经治医师应当提出医疗处置方案，在取得医疗机构负责人或者被授权负责人员的批准后实施"。三者是递进选择的关系，即排除一就选择二，排除二就选择三。可见在关系人拒绝签字的情况下，此条的第三部分还是赋予了医疗机构和医务工作者在遇到其他特殊情况时的医疗干预权，这个其他特殊情况尽管没有文字规定和解释，按常人的理解应该包括法定代理人的或其关系人出于种种原因的考虑而拒绝签署知情同意书，而此时病人病情严重、威胁生命的情形。试想，还有什么比这种情况更特殊？而在此案例中医疗机构和医务工作者有何理由不实施医疗干预权呢？

"法定代理人的或其关系人出于种种原因的考虑而拒绝签署知情同意书，而此时病人病情严重、威胁生命"这就是本案例的境遇或背景。通过以上分析，在威胁患者生命的紧急情况出现时，出于对其生命健康权的维护，必须对患者的知情同意权进行干预和限制。此时，作为医疗机构和医务工作者应该当机立断、毫不犹豫地实施医疗干预权！

第二节 临床"善意谎言"的境遇道德选择

所谓临床"善意谎言"就是指在临床诊疗活动中，出于爱的考量，对特殊患者隐瞒真实病情，而采取的保护性医疗措施。这里的"特殊患者"一般指预后不良的、晚期的不治之症、某些危重疾病等类型的患者，对他们隐瞒有关病情、治疗手段以及治疗风险的信息，动机是出于善意，以便患者保持轻松的心态配合医生治疗，防止不利的后果发生，以达到延长患者生命和恢复患者健康的目的。在临床工作中，患者享有知情权，医务工作者就有告知的义务。一般情况下告知必须是真实的，但对特殊患者又不能真实地告知，故"善意谎言"就是暂时不让患者知情权得以实现的一种保护性医疗措施，而医生何时、针对何种患者采取"善意谎言"的选择就是一种具体境遇下的道德选择。

一 "善意谎言"与境遇之爱

由于医学对于绝大多数患者来说都是陌生的领域，他们知之甚少，这就需要确保患者有权了解自己的身体疾病状况及其治疗的相关真实信息，这就是患者的知情权——知悉自己真实疾病状况的权利。而医生就必须提供给患者有关治疗行为真实的、客观的情况的义务。因此，满足患者的知情权就需要医务工作者的讲真话（真实告知的义务），医务工作者的真实告知是实现患者的知情权的基本保证，两者是相辅相成的关系、是权利义务对等的关系。

医疗行为涉及患者的身体健康及生命，患者和医务工作者或医疗机构的关系是一种建立在互相信任基础上的委托关系。患者的知情权的满足与对医务工作者的真实告知的要求就是实现这种信任、委托关系的基础。在医疗活动中，医护人员应让患者明白其病情、检查项目之含义、可能的医疗风险、病情转化、预后等。这都需要医务工作者对患者或者家属讲真话、如实告知，保证患者得到有关他的诊断、治疗和预后的真实的、最新的信息权利，以确保患者的知情权实现，并形成良好的医患关系。也就是说，医务工作者的真实告知与满足患者的知情权的实现是形成和谐医患关系的基础，也是维护良好医疗秩序的前提条件。

真实告知就是诚实，这不仅是对每个医生的道德要求，也是他们所要奉行的职业准则；而说谎不仅会对病人造成伤害，反过来也会对医生造成伤害。对病人造成伤害主要表现在：一旦被患者知道，便会失去他们对医务工作者的信任，以至于不能很好地配合相应的诊断与治疗；由于被谎言欺骗，对濒死病人而言，不能很好地处理完自己的后事而在人生的最后时刻留下遗憾。对医生造成的伤害主要表现在：说谎会损害医务工作者自身的信誉和"白衣天使"的良好形象。正因为如此，医务工作者不对病人隐瞒病情而要尽可能让病人了解实际的疾病状况,满足他们的知情权,履行真实告知的义务就显得十分必要。

真实告知是必要的,然而,在临床实践中也有真实告知的例外情况——"善意谎言"的告知。

临床"善意谎言"不是针对所有的患者,而是针对"特殊患者",是对具体境遇下的这些"特殊患者"所采取的保护性医疗措施。"特殊患者"的判断就要结合具体境遇而定,无统一标准。一般而言,生命垂危患者、癌症等疾病晚期患者、年龄较大的重症患者、精神抑郁和情感脆弱患者等都属于"特殊患者"之列。

有这样一个例子:王老太发现胸前长了个包块,经过医院检查确诊为恶性肿瘤,医生建议其家属立即手术,但并未将病情告诉王老太。住进心胸外科不久,医院准备手术,一位女麻醉师在术前对王老太说:"你的病情很重,需要马上做开胸手术,你要做好思想准备。"孰料,不知病情的王老太听到后吓得面如土色,突然"扑通"一声倒地、不省人事,后因心源性心脏病突发、抢救无效、猝死。其子女不知所措,认为,"医生不该将病情像这样毫无遮掩地告诉她,老太太的心脏本来就不好,医生哪有不考虑患者的身体状况就将病情告诉患者的?"因此,断定王老太是医生透露病情后被"吓死"的,并以此上诉法院要求医院承担法律责任。

此例的王老太年龄较大,且患恶性肿瘤属重症患者,因此就需要采取"善意谎言"这一保护性医疗措施来处理,而不能像那位女麻醉师那样在即将手术时告知,否则将会产生难以预料的严重后果。医务工作者就患者的诊断、治疗、预后等情况对其真实告知是必要的,但并不总是如此,不分具体情况绝对强调患者的知情权,可能会损害患者的利益;如果强行要求将一些不良反应、术后并发症、诊断结论等统统告知患者,反而会引发患者不必要的担心和犹豫,进而延误医疗时机,甚至会带来意想不到的严重后果。正如上面案例中麻醉师在术前告知王老太而产生的情形一样,在特定境遇下采取的"善意谎言"就是真实告知的例外,是一种非常必要的保护性医疗措施,是爱的体现,因为出发点是保护患者的生命和健康,动机是善的并努力追求结果善。

"善意谎言"是境遇之爱的体现。主要表现在:"善意谎言"的运用首先要区分患者的病情轻重。一般而言,生命垂危患者、癌症等疾病晚期患者、年龄较大的重症患者等可采用。而对患一般性疾病的病人,应真实告知患者本人,使患者充分了解他所患疾病的病因、症状、转归及预后等情况,树立战胜疾病的信心,以便更好地配合医生治疗。其次,"善意谎言"的运用要区分患者不同的气质类型,"多血质的人活泼好动,乐观敏感,有高度可塑性,这种人感受性高,耐受性也高,可以讲真话。胆汁质的人直率、热情,但急躁、容易冲动。这种人感受性高,耐受性低,不宜开门见山讲。黏液质的人安静、稳重、情绪不外露,一般可对这种病人讲明真实情况,但要仔细观察其反应。抑郁质的人喜孤僻,行动迟缓,这种人感受性高,耐受性低,对他们往往不宜讲实情。"① 也就是说,对精神抑郁和情感脆弱患者可采取"善意谎言",而对其他三种气质类型的患者不易采取。另外,"善意谎言"的运用还要结合患者的文化水平、社会地位、性格和心理承受度等情况,在特定的境遇下由医务工作者综合考量而定。

"善意谎言"在我国一些法律、法规中也得到"间接"的认可。这些法律、法规的规定既要求确保患者知情权又要求避免对患者产生不利后果,体现了人性化的特点。例如,《执业医师法》第二十六条规定:"医师应当如实向患者或其家属介绍病情,但应注意避免对患者产生不利后果。"《医疗事故处理条例》第十一条规定:"在医疗活动中,医疗机构及其医务工作者应当将患者的病情、医疗措施、医疗风险等如实告知患者,及时解答其咨询;但是,应当避免对患者产生不利后果。"这里的"应注意避免对患者产生不利后果"意味着并非在所有场合都要"真实告知",而是要在特定境遇下,具体问题具体分析,必要时可以采用"善意谎言"的办法来避免对患者产生不利后果。

二 临床"善意谎言"的境遇伦理分析

境遇伦理(境遇论)是基于境遇或背景的决策方法,是以人为中

---

① 黄钢、何伦、施卫星著:《生物医学伦理学》,浙江教育出版社1998年版,第168—169页。

心、以"爱"为最高原则,通过"爱的计算"进行道德选择的方法。弗莱彻认为,"境遇伦理学就是要把一切规则、原则和'德行'(即一切'普遍法则')看作爱的仆从和下属,如果它们忘记自己的地位而有僭越之举,那就立即把它们踢出家门。"① 他举了在一家英国法院发生的律法主义在民法裁决中的作为之事,来说明为什么他要把一切规则、原则看作爱的仆从和下属。"法律规定婚姻的有效('完成')必须通过性结合才能实现。在这家法院审理的案子中,它发现一位年轻妇女通过人工授精(精子取自其丈夫)而怀有男孩,因为其丈夫患有阴茎勃起功能暂时缺失症(随后治愈)。这家法院忠实于法律,遂做出裁决:小男孩为非婚受孕儿即私生子,男孩之母属奸妇或私通者,孩子出生时该妇人系无夫之妇,男孩之父则无儿子、无继承人,该男孩也没有公民权。瞧,竟是这等判决,尽管孩子是他们的种、他们的亲骨肉!"② 这个案例告诉我们,之所以做出这种荒唐的判决,是因为机械地执行律法的结果,而没有在具体境遇中把爱的原则放在首位进行道德选择。他还举了关于保密的例子来进一步说明机械地按律法行事的危险后果。"在保密'自然法'的名义下,众所周知,他们要告诫医生对无辜姑娘隐瞒下述事实,她陪嫁给一位梅毒患者。"③ 由此可见,机械地执行律法的后果会使一位无辜姑娘不知情地嫁给一位梅毒患者,也就是说,如果医生机械地执行临床保密的律法原则,不顾一切境遇而将患者的临床信息向任何第三人保密,这个无辜姑娘就会面临被传染和家庭未来的不幸的危险。对此,弗莱彻明确地表示"境遇论者不可能,也不会接受任何此类死板的、冷淡地先存偏见的观点"④。境遇论者会把律法、原则等作为爱的仆从和下属,而不是不分具体情况或境遇地机械地执行这些律法和原则。

"如果街道小商人撒谎,欺骗歹徒而保护受害人"⑤,那么,在这种情况下,小商人撒谎行为是不是正当的呢?弗莱彻认为不应该把抽象律法

---

① 弗莱彻:《境遇伦理学》,程立显译,中国社会科学出版社1989年版,第62页。
② 同上书,第63页。
③ 同上书,第64页。
④ 同上书,第64页。
⑤ 同上书,第51页。

"你不应说谎"教条的使用。"使谎言正当的是它的表达爱的目的;抽象律法'你不应说谎'迷惑不了境遇论者。他拒绝把出于同情的'无恶意谎言'和战时的侦探行为评价为不正当。"① 这就看出了境遇论的明显的观点,即在具体境遇中只要出于爱的目的,出于同情的"无恶意谎言"即"善意谎言"也是正当的,而不是机械地执行抽象律法"你不应说谎"。

临床"善意谎言"显然是出于爱的目的,既体现了动机善,又体现了结果善。从动机来看是出于关爱患者的目的,希望这种"谎言"不对患者造成伤害,使病危者在人生的最后时光快乐地安然度过;使重病患者心中升起不灭的希望去勇敢地面对未来。从结果来看是通过这种保护性医疗措施,使患者尽快地恢复健康、恢复生命的各项功能。临床"善意谎言"需要在治疗患者的过程中依境遇而决定,即具体问题具体分析,而不是机械地、无条件地真实告知,它也是一种采取过程决疑的方法,从动机到结果都要体现善,一种"过程善",这体现了境遇论的特点和追求。"正确与错误、善与恶,都是我们所言所行本身所发生的问题,不管它们是否'诚实',都取决于在具体境遇中实现了多少爱。"② 也就是说,对正确与错误、善与恶的判断取决于在具体境遇中实现了多少爱,而并不一定取决于在具体境遇中是否诚实,假如不诚实是因为爱,那么不诚实也是正当的。

事实上,没有选择就无法判断是否道德,道德是对是非选择的结果或现象。另外,人也并不是生活在抽象的社会中,而是生活在具体的现实世界中、生活在各种具体情境(境遇)下,故道德选择和道德行为也是具体的、特殊的。临床"善意谎言"就体现为具体境遇下的道德选择、体现为具体境遇下表达最大爱心的结果以及强调善的动机,"在具体境遇中表达了最大爱心的事就是正当和善"③,就是道德行为。

就上述案例而言,尽管王老太被"吓死"并非完全是由于女麻醉师术前对王老太所说的话而引起的,更重要的是王老太本身就患有恶性肿

---

① 弗莱彻:《境遇伦理学》,程立显译,中国社会科学出版社1989年版,第51页。
② 同上。
③ 同上书,第51—52页。

瘤、心源性心脏病所致，但女麻醉师所说的话却让年龄已高的王老太猝不及防，从一定意义上是一种诱因，因为像肿瘤、心源性心脏病等属于心身疾病，也就是说，疾病的发展和心理因素有关。因此，医务工作者不应该将病情直接告诉这样的患者，也不能以尊重病人的知情权为由，不考虑病人的接受能力或者是否能够接受这样的事实，就将病情告诉患者，否则会给患者带来巨大的心理压力，那些意志不坚强的、年龄较大的重症患者，就很可能发生意外，甚至会被自己的病情"吓死"。对此，医务工作者应引起高度重视，否则就面临着承担一定程度道德和法律责任的风险。

救死扶伤是医务工作者的天职，无论采取什么样的治疗方法、治疗措施都是围绕这一目的进行的，临床"善意谎言"就是体现这一目的而采取的措施。境遇论肯定了"善意谎言"是一种道德行为，因为它是出于爱的考量和行为抉择，"非出于爱的谎话是不正当的，是恶；出于爱的谎话则是正当的，是善……假如为了履行保守秘密的诺言而必须撒谎呢？这时你或许要撒谎。倘若如此，并且遵循爱的指导，你就干得好！"[①]

第三节　临床诊疗中涉及患者隐私权的境遇道德选择

临床诊疗中不可避免需要了解患者的隐私，患者的隐私有时连自己的亲人甚至父母都不愿告诉，但就诊时还迫不得已要告诉医务人员，医务人员常常是了解患者隐私最多的人，一旦泄露往往产生不可避免的医患矛盾和纠纷，故对患者隐私权尊重必须引起医务人员的高度重视。对是否侵犯患者的隐私权也需要在具体的境遇中进行分析。

一　隐私与隐私权

在汉语中，"隐"字的主要含义是隐避、隐藏、不公开，"私"字的主要含义是个人的、自己的秘密或私事。隐私即指个人的不愿公开的、隐藏的私事或秘密。从亚当、夏娃用树叶遮羞之时隐私就产生了，隐私与羞耻感相联系，表明了人不仅是物质的存在，又是精神存在的开始，

---

① 弗莱彻：《境遇伦理学》，程立显译，中国社会科学出版社1989年版，第51页。

也是人类与动物区别的重要标志。

隐私是个人拥有的权利，他人不得干预与侵犯。也就是说，隐私权是个体享有的对自己的秘密和私生活进行支配并排除他人干涉的权利。隐私权的确立意味着尊重他人的隐私也是每个人的义务，这种权利与义务的同时存在不仅指法律层面的，也是有道德层面的意义。

而患者隐私权是指在临床诊疗活动中，患者对自身的隐私部位、病史、身体缺陷、特殊经历等隐私所拥有的支配并排除他人干涉的权利。医务人员对患者隐私权的尊重既是法定义务，更是道德义务。如未采取适当的保护措施而构成对患者隐私权的侵犯，就会给患者的身体与精神造成双重损害。

由于患者隐私权是在患者就医期间的特定时空内产生的，因此，其内容就带有一定的特殊性。一般来说，诊疗期间患者的隐私权具有以下几个方面的特征。（1）主体的特殊性。权利主体与义务主体分别为患者和相关医务人员。所谓"相关"医务人员是指与患者的诊疗有直接联系的医务人员，包括患者的主治医师、为确定疑难杂症而进行会诊的专家、对患者实行检查、注射等治疗措施的医护人员。患者享有隐私权，医务人员就有尊重患者隐私权的义务，患医双方的权利义务是对等的关系。（2）权利主体权利行使的受限性。医务人员在对患者进行诊疗的过程中最容易了解到患者的隐私，患者的某些隐私可以不对其亲戚朋友讲，甚至不对其父母讲，但为了诊疗的需要还必须对医务人员讲。如向医务人员介绍自己的既往病史、病症特征、平时的生活习惯，接受医务人员检查自己的隐私部位等。但这些行为并不必然构成对患者隐私权之侵害，而是诊疗的需要、是履行特殊职业的职责，其目的是有效治疗患者的疾病。尽管患者对自己的隐私享有支配权，但为了自身的健康，临床诊治过程中患者必须放弃部分隐私，如查体、病史均会涉及隐私的暴露，患者必须配合（即隐私权的行使受到一定程度的限制）。也就是说，在诊疗中，医生能够检查患者身体的隐秘部位、了解其经历、生活习性等，实际上是得到患者允许、默认，患者自愿让渡部分隐私权的结果，目的还是为了自己的生命与健康。这也是患者行使"不完全的"隐私支配权的一种表现形式。（3）义务主体对权利主体（患者）隐私权保护内容的受限性。"患者隐私权保护的内容仅限于与医疗行为密切相关的部分。患者作为自然人本身具有其一般的隐私权，而患者隐私权的义务主体即医方所应承担的保护责任范围，只是患者在诊疗服务过程中被合法获悉或探触的、与诊疗行为密切相关的个人隐私，而其他与医疗活动完全无关的属于患者个人隐私的内容并不是患者隐私权所保护的对象。"① 也就是说，对患者隐私权保护的内容仅限于完全出于诊疗的目的的、对治疗患者的疾病而言是必要的诊疗行为。从对患者隐私权保护的内容来看，患者就医时登记的一切身份情况、健康状况、患病的种类、程度，医务人员检查、诊断、治疗和护理过程等都属于应当保护的患者隐私的范围，都可以纳入患者隐私权的保护范畴。

正因为在医疗关系中患者隐私权的范围和使用是有特殊限制的，如果医务人员对所掌握的患者个人隐私进行诊疗、科研目的范围外的披露、传播以及不当使用，就构成对患者隐私权的侵犯。在这里，"患者隐私权的范围和使用是有特殊限制的""医务人员对所掌握的患者个人隐私进行诊疗、科研目的范围外的披露、传播以及不当使用"在一定情形下需要结合特定的境遇或背景，才容易进行甄别、判断与分析，才能做出医务人员的行为是否为道德选择或者说是否侵犯了患者的隐私权。

二 隐私权与实习权冲突的境遇伦理分析

案例1②：刘某到某医院做人工流产手术，脱衣后只穿了件短袖 T 恤躺在检查床上，主管医生让十多位穿白大褂的实习医学生也进来，并向他们讲解，刘某顿觉羞辱难当，把脸扭向一边忍受着这一切。第二天，气愤难平的她找到当事医生，问进来那么多实习医生为什么不先给她打招呼。医生回答：没必要。而另一位医生说，在医院就没有隐私权。想到自己竟被当成了教学标本，刘某以医院及当事医生侵犯隐私权为由告上了法庭，要求赔礼道歉，并赔偿精神损失费1万元。面对刘某的起诉，医院妇产科主任解释道：在给检查时，只是医生动手，其他人并未操作；学生们对刘的姓名、年龄等背景也一无所知，何谈侵犯隐私？医学院一位负责人也认为：作为医院有培养医生的责任，这种培养就是通过病人

---

① 艾尔肯、秦永志：《论患者隐私权》，载《法治研究》2009年第9期。
② 参见江波、郝磊《病人有义务充当"活标本"吗？》，《中国青年报》2000年11月3日。

起作用的，不然哪来的好医生呢？病人在医生面前就不能说隐私问题，见习生不就是即将走上医生岗位的准医生吗？假如她面对的是一群会诊的专家，还会说隐私权被侵犯吗？据了解，该医院作为医学院的附属医院，许多医生承担着带教任务，而教育部教学大纲中也明确规定了见习课，见习课就是直接走进医院面对患者，全国的医学院莫不如此。医院有关负责人认为，现在连护士打针都是在患者身上实践出的，如果征求患者意见后再实习，几乎是百分之百的拒绝，今后医生护士从哪儿来？如果这场官司输了，意味着已经使用几十年的一套行之有效的教学体制必须从头改动。

对此案例，如果从境遇伦理的角度进行分析，应该如何做出道德选择呢？"境遇伦理学旨在达到一定背景下的适当"[①]，也就是说，行为的选择只要是"适当"的就是合道德的，这种"适当"是结合特定境遇的情况（条件）、根据"爱的计算"而做出的理性选择。"通过学会如何给良心问题中的存亡攸关的因素分配数值，爱的计算有可能在伦理学计算装置中趋于精确。境遇伦理学的特征表现为努力把品质定量化。"[②] 但如何才能使品质定量化呢？这里的"定量"需要通过"爱的计算"才能获得，"爱的计算"的过程就是"爱的权衡"或"爱的考量"[③] 的过程；我们知道："品质"是行为的内在规定，而行为是"品质"的外在表现。因此，通过对"行为"的分析与判断就可反映人的品质特征，而境遇伦理就是期望通过对具体境遇下人的各种"行为"的分析而达到这种"定量"（靠"计算""权衡""估量"获得）的目的。当然，这种"定量"是无法数字化的，只能在一定程度上对具体境遇下的行为的组合因素进行"拆分"，以"权衡"行为的道德合理性。当我们计算、分析、权衡和判断具体境遇下应当如何行动才具有伦理意义时，离不开对四个具有基本的、必不可少的重大价值的问题的考量，各种境遇中都有四种至关重要的因素：目的（想要得到什么？或者说，所追求的目标、所瞄准的结果

[①] 弗莱彻：《境遇伦理学》，程立显译，中国社会科学出版社1989年版，第18页。
[②] 同上书，第97页。
[③] 对"爱的计算"，笔者认为用"爱的权衡"在翻译上更合理，或者说更符合弗莱彻在文章中所表达的含义。

是什么?)、手段(采取什么方法达到追求的目的呢?)、动机(行为背后的动力或"需要"的动因是什么?)、结果(可预见的结果? 直接和间接的结果? 关系较近和关系较远的结果?)。然而,无论目的、手段、动机和结果,所有这些因素都要在爱的天平上权衡。也就是说,"行为"由内到外、由始到终,整个过程都要体现一种"过程善",这就是境遇道德选择理论的价值衡量标准。

具体来看该案例,医生的行为目的有二:一是在临床实践中完成指导学生实习的工作;二是对患者疾病的诊断与治疗。按理来说,应该是第二个目的在前,第一个目的在后。但似乎医生将这两个目的主次搞反了,以至于让患者刚到医院开始接受检查就感觉到医生的主要目的是学生的实习,自己成了被实习的"道具",这种众人围观的实习场面,是自己一时难以接受的,特别是在妇科检查隐私被暴露的情况下,更难以接受。因此,在临床诊疗工作中,在医生面临有多个行为目的的情况下,要分清哪个是主要的行为目的,哪个是次要的行为目的。不要忘了希波克拉底誓言中的一句话——"无论至于何处,遇男或女,贵人及奴婢,我之唯一目的,为病家谋幸福"。也就是说,患者的健康始终是医生行为的第一目的。为了达到这一目的,就不能在患者刚进医院进行检查时马上让这么多的实习学生"围观",让患者猝不及防,而应该先检查、治疗、沟通,在建立了良好的医患关系,并取得同意的基础上,才能让实习学生参与。其次,从医生行为的手段来看,该医生试图通过边示教、边诊疗的方法以达到上述追求的目的,但这是在患者突然的、毫无准备的情况下进行的,故不可能取得医患之间达成默契的效果。再次,看看医生行为的动机即行为背后的动因是什么? 一个动因就是为患者服务是医生的职责使然;而且,作为医学院附属医院,医院必须承担着带教医学生的实习任务,这也是全国医学院校普遍实行的做法。因此,医生必须完成这项任务,这项工作本身也没有什么被质疑的。关键是医生的带教义务(体现为学生的见习权利)如何与患者的隐私权利很好地协调的问题。不应该把带教义务(学生见习权)凌驾于隐私权之上,而应该从基于尊重患者隐私权的基础之上,使患者不感到突然、难堪、气愤,使其知情同意并能逐渐接受。最后来看医生行为的结果。直接、较近的结果是刘某以侵犯其隐私权为由提起民事诉讼,要求医院及当事医生赔礼道歉、赔偿 1 万元精神损失;而间接的、较远的结果则是造成了医患关系的紧张,甚至损害,并通过家属、媒体等各种渠道的宣传,使医院的声誉受到影响。从境遇论的角度来看,"在任何情况下,正当的事就是能使人的利益最大化的事……"① 该案例中,医生的行为应该带来最好的结果,这个"好"不仅是医治好患者的疾病、使其恢复健康,而且是形成好的医患关系和好的医疗秩序,同时医生也很好地完成了实习生的带教任务、使学生有所收获。通过以上把医生行为的目的、手段、动机和结果这些因素在爱的天平上进行权衡,才能体现境遇道德选择的"过程善"的特征。

另外,该医院一位医生说"在医院就没有隐私权",是这样吗?当然不是!患者在医院也同样存在隐私权,如果没有为何要去保护呢?只不过在医院,患者的隐私权要受到一定的限制,这是医务人员的医疗护理权对患者隐私权的限制,只有一个目的——使患者尽快恢复健康。但"限制"并非不对其告知、不让其知情、不征求其同意,特别是救治目的与带教学生的目的都与患者的隐私权有关时,次要的目的(带教学生)就要让位于主要目的(救治患者),在此特定境遇下,就要征求患者的意见甚至给予一定程度物质或金钱等补偿,取得患者的配合、理解、同意,否则就会构成对患者隐私权的"侵犯"。

针对医学院一位负责人说:"医院的任务是治病,但病人也相应承担帮助培养医生的责任。否则,医生从哪儿来呢?"的确,此话也有一定道理,毕竟医院负有教学实习的义务,学生实习观摩有利于提高未来"准医生"的技术水平,也有利于将来更好地为社会服务。但"帮助培养医生的责任"既不是患者的法定义务,也难以形成对侵犯患者隐私的合理辩护理由。因为,"学生教学实习固然与医生的培养密切相关,但将之作为公共利益限制患者隐私则过于牵强,毕竟这与医疗事业发展不存在必然联系,何况医院承担和完成教学任务另有路径可寻,譬如在美国通行的做法是,事先告知患者,以便其选择是否继续在此就医。甚至在患者同意作为临床教学对象时,医院还可减免医疗费,以补偿或奖励患者为

---

① 弗莱彻:《境遇伦理学》,程立显译,中国社会科学出版社 1989 年版,第 170 页。

医学教学所作的贡献。"①

三　隐私权与知情权冲突的境遇伦理分析

案例 2：一对恋人婚前检查，查出男方患有梅毒，医生建议其先行治疗后再结婚，男方担心女方得知后会离开自己，要求医生为其隐私保密，而女方坚持要求医生告知男友婚检实情。究竟是否告之或保密？院方左右为难，最后在女方的坚持下，院方告知其事实真相，随后女方与男友分手。男方为此起诉医院，认为性病属个人隐私、不应向女方公开，要求赔偿。

这是一起隐私权与知情权的冲突的案例。在临床诊疗的过程中患者（被检查者）享有隐私权，由于医患之间的权利义务有对等的关系，因此，医务人员就有医疗保密②的义务。这种为患者（检查者）的健康利益考量的医疗保密义务的具体内容包括：患者不愿向外透漏的诊疗信息、生理缺陷、病史、一些特殊疾病（性病、妇科病、精神病等，某些特殊疾病本身就是属于隐私的范畴）以及患者不愿外界知道的与治疗无关的一切个人隐私。

然而，当涉及患者（被检查者）的隐私权与公众（本案例是特殊公众：被检查者的女友）知情权发生冲突时，医务人员该不该遵循医疗保密？或者说怎样遵循医疗保密呢？

如果用境遇伦理的方法来解决这一问题，或者说进行道德选择的话，就需要在这一特殊的境遇下进行"爱的计算"（爱的权衡）。这种"爱的计算"需要"尽可能充分地考虑到做出每项道德决定的背景（环境）。这就意味着仔细考察目的、手段、动机和结果的全部作用。"③ 也就是说，通过仔细考察目的、手段、动机和结果的全部作用来进行"爱的计算"

---

① 张驰：《患者隐私权定位与保护论》，载《法学》2011 年第 3 期。
② 医疗保密（medical confidentiality）通常是指医务人员（与患者疾病诊疗护理相关的医务人员，如主治医师、检查治疗的医护人员）在临床诊疗的过程中不向他人（其他医务人员、患者同事朋友等其他无关人员，甚至在特殊境遇下包括患者亲属这样的有关人员）泄露能造成医疗不良后果（既指影响患者疾病诊治，加重病情，损害患者心理、人格、尊严和声誉的直接不良后果；也包括损害医疗职业信誉、造成医患关系紧张，甚至造成医疗纠纷的间接不良后果）的有关患者疾病信息与隐私的行为。
③ 弗莱彻：《境遇伦理学》，程立显译，中国社会科学出版社 1989 年版，第 120 页。

和道德选择。

　　就此案例而言,我们先来看看假如医生不告诉女方会产生何种后果?"不告诉"意味着当女方询问医生时需要采取隐瞒的办法,譬如,使不正常的检验结果变为正常。接着,男女双方很可能顺利领到结婚证,并走向婚姻的殿堂。而一旦结婚生育,不但会将该传染性疾病传染给女方,还可能通过母婴传播直接传染给下一代,给下一代及全家人带来无穷的痛苦。也许,这一家人经过反思,女方还会起诉医院侵犯了其知情权,从而进一步加剧了医患矛盾,给社会反而增加了更加不稳定的因素。而医生告诉女方的后果仅导致女方与男友分手(分手也说明双方的婚姻基础还很不牢固,经不住疾病的考验),比较而言,显而易见"不告诉"比"告诉"带来的危害后果更严重。这样来看,医生告知女方事实真相显然是出于"爱的计算"。"境遇论的道德决断者回答自己的形而上学对手说:'哈!你所做之事是否正当,恰恰取决于后果如何。'"[1] 其次,从医生告诉女方的目的来看,显然是出于对双方的爱的考量。尽管男方一时不能理解,但是假如未来这个家庭出现上述情况,且不使他会更加痛苦?隐私权是公民的权利之一,公民看病或者检查身体医护人员有义务对其健康状况保密,但由于婚检是涉及两个人的事,应该实事求是地告诉双方,这才是对双方和社会负责的态度;而且,保护隐私应以不危害他人、社会的利益为前提。在临床诊疗工作中,尊重和保护患者的隐私权是医务人员必须履行的法定义务和道德义务,但尊重和保护的义务并非是绝对的、无限的,这意味着患者的隐私权还在一定程度上受到限制。通常情况下,患者隐私权要受到医护人员职务行为的限制,否则如何才能使其尽快恢复健康?同时,患者的隐私权的行使也不能违反法律的强制性规定(例如,法定传染性疾病必须在规定的期限内及时进行报告,以便尽早采取相应措施,对疾病加以监控、维护社会的公共卫生安全)、不能有悖公共道德准则以及公序良俗,不得损害国家、社会、集体的合法权利(例如,在发生突发性公共卫生事件时,当隐私权的行使涉及公共利益和公众健康时,应服从于国家利益,这也是在特定情形下个体私权让渡于社会公权、个人利益让渡于社会利益的必然要求),也不得损害他人的合

---

[1] 弗莱彻:《境遇伦理学》,程立显译,中国社会科学出版社1989年版,第121页。

法权利。由于梅毒这种传染性疾病会危及对方,如果一方患有不能结婚的疾病(除非今后治疗痊愈才可结婚),应该明确告诉对方。这就是医生告诉女方的动机,这是善的动机。其实,婚检的目的是满足渴望走向婚姻殿堂的男女双方对对方健康状况的知情权,是对人的健康权的尊重,从大的视角考虑是为了提高人口素质和生存质量。而医生告诉女方的这种善的动机显然也是为了满足这一尊重的目的服务的。当然,告知的方式可以口头、也可以书面,可以直接、也可以间接,也许间接的表达方式更委婉、更好些,但这都不影响应该"告知"这一行为的正当性。

实际上,医务人员在医疗行为中很容易了解患者的隐私,因为疾病的诊治过程与患者的生命、健康密切相关,这就迫切需要确立患者的隐私权利,使得医务人员能够更好地遵守医疗保密的义务。只有首先确立患者隐私权,才能谈得上对这一权利的保护。"实现对患者隐私权的保护,首先,医方要确保所做的行为完全是出于诊疗的目的,并且是必要的。为诊疗目的而对患者隐私的介入程度只能限定在与疾病有关的个人信息范围。这样可避免产生构成侵犯的主观过程。其次,在客观上,医护人员和医疗机构要从设施上保证患者的隐私权能够得到最大限度的保护,如妇产科为患者作检查或手术的地点应安静、安全、避免暴露。第三,医护人员在诊疗过程中介入患者隐私的行为的形式和内容必须合法。最后,知悉患者隐私的人员范围应限制在与患者'有直接联系的医护人员'。"[①] 保护患者隐私权不仅对于维护患者的心理健康、加快患者疾病康复具有重要的意义,而且对于树立医务人员的良好形象、建立和谐的医患关系、促进社会的稳定以及形成良好的社会风尚都具有十分重要的现实意义。

---

① 何岚、黄德林:《论医疗行为中知情权与隐私权的实现》,载《华中科技大学学报》(社会科学版) 2003 年第 5 期。

第七章

临床高新技术应用的境遇道德选择

一种理论的建立并非为了理论而理论，而是用来解决实际问题。弗莱彻作为生命伦理学的创始人之一，无疑其道德选择理论——境遇论——对生命伦理学领域的实践和应用具有现实的、理论上的重要指导意义。在临床高新技术应用这一生命伦理学的实践领域也存在许多令人困惑的道德难题，有必要通过境遇论的方法加以探讨。

第一节 人类辅助生殖技术的境遇道德选择

人类辅助生殖技术（Assisted Reproductive Technology，ART）指采用医疗辅助手段使不育夫妇妊娠的技术，包括人工授精和体外受精—胚胎移植及其衍生技术两大类。

一 人工授精的境遇道德选择

人工授精（Artificial Insemination，AI）或称人工体内授精是将男性精液用人工方法注入女性子宫颈或宫腔内，以协助受孕的方法。主要用于男性不孕症，如勃起障碍、无精症、少精症、弱精症等；有些女性方面造成的不孕也能采用，如阴道痉挛、宫颈细小、宫颈黏液异常等。根据精子来源分为夫精人工授精（Artificial Insemination by Husband Semen，AIH）和供精人工授精（Artificial Insemination by Donor Semen，AID）。

一般来说，人工授精的伦理"争议"通常会涉及以下两个问题。

1. 是否破坏了婚姻关系。由于人工授精把生儿育女的自然生殖过程变成可操作的人工控制过程，特别是 AID，与妻子卵子结合的是第三者的精子，如此这般是否破坏了婚姻关系呢？其实，人工授精在道德上能否接受，应该看它能否增进家庭的幸福以及对他人、社会有无损害。由于人工授精之前，夫妻双方要达成协议、取得一致意见；即使是 AID，妻子并不与供体本身接触，由于实行保密原则，他们也不知道供精者是谁；而且又实现了夫妻双方拥有下一代的美好愿望，消除了不育症带来的烦恼和心理阴影。因此，人工授精既增进了家庭的幸福，又对他人、社会无害，谈何破坏了婚姻关系呢？

2. 名人精子库是否允许。由于 AID 的精子来源于精子库，那么是否允许从精子库特别提供体坛健将、获奖演员、商业大腕等各界名人的精子呢？或者专门建立一个名人的精子库供高价使用呢？其实，除了少数艺术家、体育明星外，一般名人不是年轻人，成为名人时他们可能已到不惑之年或者年龄更大，从生理学的角度，人的年龄越大，精子的活力越低，因此，名人的精子也未必质量是最好的；现实生活中很多名人的后代业绩平平，不少还是智商低下，有的甚至是先天痴呆。因此，名人的成功除了先天的因素外，主要是后天的环境造成的，没有后天的教育、个人的奋斗、抓住有利机遇的能力，是很难成为名人的。美国著名的心理学家丹尼尔·戈尔曼（哈佛大学心理学博士、美国科学促进协会研究员，曾四度荣获美国心理协会最高荣誉奖，著有《情商》《工作情商》等）认为：一个人的成功，IQ 的作用只占 20%，其余 80% 是其他的因素，其中情商占很大一部分因素。在这里智商部分与先天因素或遗传有关，而情商则完全是后天的、是人在社会化过程中逐步形成的。名人精子库其实就是基因决定论的变种，"基因确实有着决定性的作用，猪有猪的基因组，人有人的基因组，什么样的基因决定了什么样的性状、什么样的物种，这是遗传学的一个基本原理。但是，遗传学还有一个非常重要的原则，就是基因型和环境的互相作用决定了表现型。所以，人类疾病既可以说是'基因病'，又要反对'基因决定论'，大多数疾病的发生，是基因组的差异与调节基因的环境不协调而引起的。基因只有在它所要求的环境之中才能起到决定作用，以基因划分人群在科学上是站不住脚的。"[1]

---

[1] 徐宗良、刘学礼、瞿晓敏著：《生命伦理学理论与实践探索》，上海人民出版社 2002 年版，第 175 页。

上述两个伦理"争议"其实不是真正的"争议",因为它们都可以通过论证达到全和无的状态(或者说要么肯定,要么否定,也就是俗话说的"一边倒")。而真正的争议是不可能存在这种全和无的状态的。而对没有"争议"事件或行为的价值选择与境遇伦理是不相干的;境遇伦理是在有争议事件或行为中、在具体的境遇下选择一种价值的方向。这可从以下涉及人工授精的事件进行说明。

罗某因琐事与公司负责人王某发生争执后将王杀死,一审以故意杀人罪被判死刑,罗某不服,提出上诉,但被维持原判。服刑期间,罗妻向法院提出人工授精的要求,法院以无法律规定为由拒绝了罗妻之请求。此案的现实困惑是,当夫妻双方中一方当事人被判死刑、失去人身自由后,当事另一方公民的生育权该不该得到保障?换句话说,罗某被宣判死刑、人身自由被剥夺,不可能再通过正常的夫妻生活繁衍后代。而从技术角度讲,现代人工生殖技术完全可以在不违反监规的前提下,为罗妻人工授精,圆她做母亲的心愿,但是这样做是否允许?这样做合乎伦理吗?

这是一种特殊境遇——被剥夺人身自由的死刑犯在服刑期间,通过人工授精这种特殊方式,所带来的现实困惑:死刑犯的妻子能享有生育权吗?由于生育权必然涉及夫妻双方,所以这个问题其实是:死刑犯及其妻子能享有生育权吗?

生育是夫妻之事、是权利、是自由的行为,生育权是一项基本的人权、是与生俱来的,只有当受到阻碍、请求国家排除时,才需要对其保护。故通常情况下生育权是用来对抗外在的干涉的,包括普通公民、社会组织以及政府的干涉(生育权本来是自然权利、是自由的,但我国人口压力太大,所以就有了一定程度的限制,于是计划生育便成为公民的义务)。

但在本案的特殊境遇中生育权究竟应不应该受到限制?或者说对此问题应该如何选择呢?也许我们会反对给予他们生育的权利,也许我们会因同情而支持,而且都能举出各种理由来支持我们的观点。

反对死刑犯能享有生育权的人士也许会用以下观点为自己辩护。

1. 是否享有生育权不能脱离特定的环境或境遇。一个人被判死刑、被监禁,意味着失去了人身自由,生命权、人身自由权将要失去,还谈什么生育权呢？毕竟，生育权是依附于生命权、人身自由权的，皮之不存、毛将焉附？

2. 由于生育权是一项特殊权利，与一般权利可以个人单独实现不同，必须夫妻双方的配合才能实现，也就是说，生育权必须基于夫妻双方共同的意思表达才能实现。如果同意罗妻的请求，会不会有更多的死刑犯妻子或死刑犯本人向法庭提出同样的请求？如果允许男犯人主张生育权，基于法律面前人人平等的原则，女犯人同样不就有权主张拥有生育权了嘛？女犯人在监期怀孕、生子，监狱管理且不乱套？

3. 我国的《刑法》规定对已怀孕的妇女不适用死刑，但是如果法院已对未怀孕的女性犯罪嫌疑人作出了死刑判决，而她却要求保障自己生育权，将来会不会有女死刑犯为逃避法律的制裁而提出类似的要求呢？

4. 死刑犯的生育权如果得到保护，是否对下一代的健康成长有利？如果允许罗妻以后生下小孩，很可能有人会在小孩背后指指点点说这小孩父亲被关在监狱里，或者说他父亲生前还是个杀人犯；等孩子长大了，一旦知道父亲是个死刑犯，能否保证孩子的身心健康发展？是否会对孩子终身造成伤害？会不会产生心理阴影甚至产生逆反心理而产生反社会行为呢？

5. 罗某的妻子之所以有这种想法有可能是替罗某的两个老人着想，一怕他们独生子失去后老年生活孤单寂寞，二怕他们没有后代，如有个小孩，至少可给他们带来一丝安慰。但这种安慰很可能建立在罗某妻子个人的艰难和痛苦之中。罗某被判死刑，其妻又生了个孩子，上要照顾老人，下要抚养孩子，经济、精神上的压力不可轻视，日子有可能过得很艰难。

6. 做任何决定时都要有一个价值衡量即是否符合社会的伦理习俗（习俗不全是伦理的，伦理也不都是通过习俗而表现的）。如果同意了罗某妻子的请求，又对其丈夫执行死刑，这就造成了生其子、杀其父的局面。孩子刚出生就没了父亲，如同种子种下地不久就把其一半的根拔了，这个种子能活得好吗？进一步追问：这符合我们的伦理习俗吗？

支持死刑犯能享有生育权的人士也许会用以下观点为自己辩护。

1. 司法人性化的考量。当代各国司法实践的主流是尊重人性，即不能机械地执行法律规范，要关注法律背后的法理和情理。人工授精的技术不需要夫妻同居，也不妨碍被监禁、被执行死刑，并且不会给看守所带来特别的不便，也不影响其他人的权利，为什么不能允许呢？承认和尊重死刑犯的生育权所体现的是对其妻子、父母以及其他家人的人文关怀，是社会进步的表现。

2. 公民有在临终时捐献自己的遗体、器官和组织的权利，对死刑犯也是如此，并没有特别禁止的规定。也允许公民向其亲人提供（提供与捐献的含义不同）合格的器官、组织的权利，例如，子女给父母一方供肾的行为。那么，罗某是否可以向妻子提供精子呢？

3. 法不禁止即自由。对于政府而言，权力的行使必须有法律依据，但对于公民而言，现行的法律没有剥夺监禁者的生育权条款，法不禁止即自由。公民的行为只要不是法所禁止的，且不损害社会公益、违反社会公德，都是可以成立的。

4. 保障妇女的生育权的需要。司法机关判决罗某死刑，是对其生命权的剥夺，而不是对他的其他权利的一概剥夺。罗某的婚姻权利并没有被法律剥夺，在他执行死刑之前都是存在的，既然婚姻权利存在，他与妻子的婚姻关系还处于存续状态，其生育权也是存在的。罗某被监禁，意味着他的人身自由被限制甚至被剥夺，故无权通过直接性生活的方式行使生育权，但是否可以通过人工授精这样的间接的方法实施呢？因为，这种间接的方法并不妨碍国家对罗某人身自由的限制。即使法律明文规定剥夺死刑犯或监禁者的生育权，作为夫妻双方另一方当事人——罗某的妻子——一位守法公民，其生育权应不应该得到尊重呢？

5. 给未来的生活带来希望的需要。罗某夫妻感情很好，结婚时间也不长，作为独生子，罗某从小被父母宠大。如果有个小孩，这个家就不会因罗某一个人的死而分崩离析，年迈的公公婆婆就可以照顾，孩子的到来能给罗妻带来精神的安慰，也给他们未来的生活带来希望。

的确，罗某的妻子提出的这一要求对新时代家庭关系如何更好地维系提出了极需回答的新问题。面对这样的道德难题，尽管很难选择，如果必须选择的话，运用境遇伦理方法应该如何选择呢？

境遇伦理（境遇论）是基于境遇或背景的决策方法，它强调以人为中心，以"爱"为最高原则，探讨在特定的境遇下，通过"爱的计算"所采取的达到最佳效果的道德行动。如何进行"爱的计算"？这就需要在具体的境遇中分析各种利弊得失，从不同观点中比较价值的大小，从而找到合理的行动方向。这种比较、权衡价值的大小过程就是道德选择的过程。

在本案中，从境遇伦理的角度看，应该满足罗妻人工授精实现她做母亲的心愿。其原因除了支持死刑犯能享有生育权的人士辩护观点外，还可以针对反对死刑犯能享有生育权的人士的观点，阐释与其不同的辩护理由。

1. "是否享有生育权不能脱离特定的环境"的观点，其实这也不是很大的问题，因为人工授精不涉及夫妻间的直接接触，不影响监狱的监规和管理规定；况且，法律并不是因生命权的被剥夺，而对其他权利予以一概地剥夺，生命权和其他权利是可以相分离的。"生育权是依附于生命而存在的，生命权都被剥夺了哪来的生育权呢？"是从生理的角度来理解的，但法律是人定的，在特定的情形下，从人性化和尊重人的权利，特别是这样的权利还涉及另一方无辜第三者的利益的时候应该允许生命权和其他特殊的权利如生育权的分离。"一般地说，法律，在它支配着地球上所有人民的场合，就是人类的理性；每个国家的政治法规和民事法规应该只是把这种人类理性适用于个别的情况。为某一国人民而制定的法律，应该是非常适合于该国的人民的。"①

2. 关于"如何解决男女罪犯生育权的平等问题"，这是一个值得探讨的问题。如果法院已对未怀孕的女性犯罪嫌疑人作出了死刑判决，而她却要求保障自己生育权，显然是不应该被允许的，以防女死刑犯以此为由来逃避法律的制裁；这样一来，只涉及男死刑犯的问题，应该特殊情况特殊对待，而不能一刀切、一律允许或一律不允许。如果允许，必须划定一个允许条件。比如：夫妻双方没有小孩；夫妻家庭和睦恩爱，拥有下一代是他们共同的强烈需求；夫妻均为独生子女家庭或夫妻一方为独生子女家庭，如果不允许人工授精拥有下一代，就面临着断代的情形，以致会造成两代人陷入深深的痛苦之中，也许还可能造成两代人分道扬镳、老人孤苦伶仃、陷入无人赡养的境地。"对不幸者来说，最残酷的打击是对他们的灾难熟视无睹，无动于衷。对同伴的高兴显得无动于衷只

---

① ［法］孟德斯鸠著：《论法的精神》，商务印书馆1997年版，第6页。

是失礼而已，而当他们诉说困苦时我们摆出一副不感兴趣的神态，只是真正的、粗野的残忍行为。"① 而本案中的不幸者当然不是死刑犯罗某，而是其妻子和其他家人。当然，杀人犯还要允许其通过人工授精生育下一代，这对于被害人的家庭来说的确是不公平的，因此，还要更多地给予被害人家庭的赔偿，取得被害人家庭的谅解，这样才可实施。

3. 如果罗某可以通过人工授精拥有生育权，并不一定其下一代就不能健康成长。也就是说，即使孩子长大了，知道了父亲是个死刑犯，也不是一定会产生心理阴影，甚至产生逆反心理而产生反社会行为，关键还是家庭的教育以及社会的关怀；另外，罗某之妻如果生了他们二人的孩子，上要照顾老人、下要抚养孩子，的确，经济、精神上的压力不轻，但是只要是出于他们自己的自愿选择，他们就会心中升起对未来的希望和憧憬，努力奋斗，再加上政府和社会的帮助，一定会克服未来道路上的困难。

因此，通过上述爱的计算（比较、权衡价值的大小），我们就知道未来应该如何行动。这种特定情形下对价值的计算、比较、权衡的过程就是境遇道德选择的过程，就是在爱的指导下寻求行为的合理、适度的过程。"慎重和仔细的计算，赋予爱以其需要的小心；有了适度的小心，爱的内容就比单纯考虑公正更为丰富了，爱也就成为公正了。"②

二 体外授精的境遇道德选择

体外授精（in vitro fertilization，IVF），是指用人工方法从女性体内取出卵子，在器皿内培养后，加入经技术处理的精子，待卵子受精后，继续培养，到形成早期胚胎时，再转移到子宫内着床，发育成胎儿直至分娩的一种生殖技术。该技术又称体外授精——胚胎移植（in vitro fertilization-embryotransplantation，IVF-ET），用这种技术生育的婴儿通常称为"试管婴儿"。

IVF 的主要步骤：首先向妇女注射促性腺素（诸如促卵泡生长激素或

---

① ［英］亚当·斯密：《道德情操论》，蒋自强、钦北愚等译，商务印书馆 2003 年版，第 13 页。

② 弗莱彻：《境遇伦理学》，程立显译，中国社会科学出版社 1989 年版，第 71 页。

人类绝经期促性腺激素等），使尽可能多的卵子发育成熟，接着在注射促性腺激素后 32—36 小时内，将在卵巢内成熟待排出的卵子用特制的吸卵器在一定的负压下抽吸出来，把它们放置在特殊的培养液中培养 4—6 小时。然后将获能后的精子按每个卵 50 万或 100 万个精子的比例也放入这个培养液中。当用显微镜观察发现卵子中出现 2 个核时，表明此时卵子已受精。卵子受精后再培养 24 小时，胚胎就可发育为 2—8 个细胞阶段的前胚。此时即可将前胚移植到妇女子宫中继续发育至分娩。概括地说，试管婴儿技术包括口服或注射药物诱发超排卵（促使不孕妇女在一个月经周期内排出多个卵细胞）、采集卵细胞、精子获能、体外授精、体外培养和胚胎移植等一系列技术。

  IVF 主要解决妇女不育问题。20 世纪 70 年代以来，IVF 只是用于输卵管堵塞造成的不孕症，随着 IVF 技术的发展，它还可用于无卵及卵巢功能障碍（用供体卵）、无子宫及子宫疾病不能生育患者（靠借腹生子）等。由于应用范围的扩大，IVF 也用于男性不孕。

  世界上第一例试管婴儿于 1978 年 7 月 25 日诞生于英国，她的名字叫路易丝·布朗（louise Brown，布朗也于 2007 年 1 月有了自己的孩子，不过与她自己不同的是，胎儿属于自然受孕），这是英国生理学家爱德华（Edward）和外科医生斯蒂普托（Stepto）联手，经过十年辛勤工作的研究成果。女孩的父亲约翰·布朗（Johon Brown）是火车司机，由于他的妻子患输卵管堵塞，他们婚后七年没有生孩子，于是不得不请求妇科外科医生斯蒂普托为他们进行 IVF-ET 计划。这位医生首先用吸针从其妻子体内取出成熟的卵子，放置在盛有能提高精子和卵子结合的特殊的培养液的玻璃试管里，然后将布朗的精液也导入试管中。当发现精子和卵子已经结合成受精卵时，即将其移入另一培养液中，待受精卵分裂成 8 个细胞时，再把它移植到他妻子的子宫壁上，直至发育为成熟的胎儿而分娩。1984 年，爱德华和斯蒂普托继创造试管婴儿技术之后，又成功地培育出首例冷冻试管婴儿。他们先将在试管内培育成活的早期胚胎，用冷冻的方法将其保存在 -196.5℃ 的液态氮中备用。如果要使用此冷冻胚胎，应先将其解冻复苏，然后再植入母体子宫内，让其继续发育至分娩。用这种冷冻技术培育出来的试管婴儿就称为"冷冻试管婴儿"。

  1988 年 3 月 10 日，在北京医科大学第三医院的妇产科诞生了国内第一位试管婴儿。随后，我国内地首例配子①输卵管内移植术（gamete intra-fallopian transfer，GIFT）婴儿也诞生了。简单地说，GIFT 是一项将取出的精子和卵细胞很快地送到输卵管并且受精和怀孕的技术。英文 GIFT 是"礼物"之意，这样的试管婴儿技术确实是科技进步送给不孕夫妇最好的礼物。

随着冷冻精子库、冷冻胚胎库等技术的不断完善，试管婴儿的成功率逐渐增加。新技术的运用，也使得第二代、第三代试管婴儿应运而生（第二代试管婴儿是指通过显微注射器把一个精子送入卵细胞，并将受精卵发育成的胚泡植入子宫内膜的技术，这是少精症患者的福音。第三代试管婴儿是将产前诊断这一优生措施提前到试管婴儿技术阶段实施，也即在胚泡尚未着床时，通过有关技术，淘汰有遗传病倾向的胚泡的过程，这是患有遗传病或具有遗传病倾向的妇女以及高龄孕妇的福音）。2001年，美国等国家又诞生出多名"三亲"试管婴儿。原来，某些女性（特别是大龄女性），因卵细胞活力不足或卵细胞内的某些结构质量欠佳等，而存在着生育困难。为此，科学家先从一年轻女性志愿者体内获取质量好的卵细胞，然后将其中的细胞质吸出并注入大龄妇女的卵细胞中。由此可见，这种卵细胞来自两个妇女。这样生出的试管婴儿，就是"三亲"试管婴儿，也叫作"2+1"试管婴儿。

体外授精的价值主要有：1. 为不育症夫妇带来希望。受环境污染等诸多因素的影响，我国不孕不育的比例较高，这会给家庭造成很多不安定因素，如对不育一方的歧视、虐待等。IVF 既维护了夫妻感情的彼此忠贞、又解决了不育问题，的确给未来的生活带来了希望；2. 为计划生育提供生育保险。IVF 可帮助那些已做输卵管结扎绝育手术的妇女，当孩子不幸失去时，提供"生育保险"作用；3. 有利于优生。遗传病患者和遗传病致病基因携带者如结婚、生育，很可能导致劣生。如果这样的夫妻运用第三代试管婴儿技术，既可满足生一个孩子的愿望，又可保证优生。

与人工授精同样，体外授精也不会破坏婚姻、家庭关系。

1978 年 7 月 25 日，英国诞生了第一个试管婴儿路易丝·布朗。人的

---

① 配子（gamete）是指生物进行有性生殖时由生殖系统所产生的成熟性细胞。动物和植物的雌配子（female gamete）称为卵细胞（ova 或 egg）、雄配子（male gamete）称为精子（sperm）。

生命可以从试管里开始，全世界为之感到震惊。许多人士特别是宗教界人士对人的这种出生方式持保留或怀疑的态度，甚至认为这种做法是不道德的。在他们看来生儿育女从来就是与婚姻、爱情、性爱等自然过程联系在一起的，而该技术改变了生育的自然途径，婚姻—夫妻性行为—生育这一链条被切断，人工代替了自然，家庭神圣殿堂变成一个"生物学实验室"，婴儿由"爱情制造"变为"技术制造"；更有甚者，认为异源性人工体外授精与通奸无异，是对忠贞爱情的亵渎。总而言之，他们认为体外授精破坏了家庭的和睦和婚姻关系的稳定。其实，对于患有不育症而又非常想要孩子的夫妇来说，体外授精克服了他们在生育上的困难，并能享受到生儿育女的权利，给未来带来了希望，是巩固爱情、婚姻和家庭和睦的催化剂。异源性人工体外授精技术与通奸不同之处在于妻子并不与供精者发生性关系，且事先需要得到丈夫的同意，既维护了夫妻彼此对爱情的忠贞和性生活专一性，又满足拥有自己孩子的正当愿望，传统道德观把婚后无嗣的夫妻收养别人生育的孩子看成是合乎道德的，IVF 所生孩子，为夫妻双方所希望，从血缘关系上讲比养子更亲，怎么可能是破坏了家庭的和睦和婚姻关系的稳定呢？

与人工授精一样，异源性体外授精也同样不能使用名人精子库中的精子或卵子，这涉及人格平等的大问题；而且更不应该允许精子或卵子商品化，否则如何能保证人的质量呢？

关于名人精子库或卵子库的问题，这就涉及人的基因有无优劣之分？其实，基因（先天因素）对人的性状、特征确实有不可忽视的影响，但并不是影响的全部，环境及社会因素（后天因素）对个性特征与行为举止的影响更为重要。先天的影响主要是生理性的，后天的影响却是精神性的。从遗传学角度看，即使名人本身拥有"好的基因"，由于精卵结合后基因需要重组，不能保证就一定能遗传给后代。人类疾病既可以说是"基因病"，又要反对"基因决定论"。遗传学有一个非常重要的原则，就是基因型和环境的互相作用决定了表现型。大多数疾病的发生，是基因与环境的不协调而引起，生活方式、环境、心理等因素对健康和疾病作用巨大。的确，基因对人的影响是重要的，但并非"故事"的全部。如果一切都是基因决定的、生来注定的，后天的努力和教育又有何用呢？

关于精子或卵子商品化问题。这可能会促使供精或供卵者为了金钱利益而隐瞒自身的某些遗传缺陷和遗传病的现象；另外，如果精子或卵子都可以商品化了，受精卵可否？其他组织器官可否？甚至婴儿可否？其实，提供精子或卵子帮助不育夫妇解决生育困难是仁慈的行为、是人道主义精神的弘扬，如果允许商品化将会失去这种意义，故精子或卵子商品化肯定应该被禁止的。

在体外授精中，对谁是真正的父母的回答也是非常明确的：养育孩子的社会学父母才是真正的父母。

异源性人工体外授精生育的孩子最多可有五个父、母：遗传学父、母，孕育母亲，社会学父、母（基于养育关系）。谁是孩子的真正父母？传统观念往往强调亲子间的遗传关系，但这样不利于异源性人工体外授精家庭的稳定和生殖技术的开展，故遵循抚养—教育的原则应该是公正的和首选的，因为养育的过程漫长、辛苦，而且养育父母为真正的父母在我国收养法中也得到确认。

人类的生殖方式属于自然的、自发的有性生殖，怀孕、生育是偶然的事件；而体外授精技术则是利用现代医学手段代替自然生育的过程，生殖方式变成了人工操纵的、制造的、必然的"无性生殖"。体外授精技术在广泛应用于解决不孕症夫妇的生育问题的同时也引发在"制造生命"的过程中所产生的多方面的伦理争议，如代理母亲、胚胎的地位等，以下就这两个方面的问题逐一进行境遇伦理分析。

（一）代理母亲的境遇伦理辨析

代理母亲（Surrogate mother）是指代人妊娠的妇女，她们或用自己的卵人工授精后妊娠、或用他人的受精卵植入自己子宫妊娠，分娩后交给被代理人抚养。不仅体外授精有代理母亲的形式（在一些国家比较多见），人工体内授精也有代理母亲的形式。

20世纪70年代末开始出现代理母亲，现在，有些国家出现"代孕公司"专门开展此项业务。造成"代孕公司"兴起的原因有以下方面：首先从被代孕者的需求方面来看：有的妇女没有生育功能，但又十分希望拥有自己的下一代；有的妇女有生育功能，想要孩子，但又不想承受妊娠和生孩子的艰辛；还有的妇女由于婚姻较晚、事业心强或谋职困难等原因，错过了最佳生育年龄而提出代孕的需求。其次，从代孕者的供给方面来看：有的妇女想再一次体验生孩子的乐趣；有的妇女想从代孕中得到好处（代孕生孩子的收入相当可观）；最后，从代孕公司的服务方面来看，经营代孕业务是一种生财之道，其经营项目——从征求代孕妇女，采集和储存精子，安排接生护理、办理产权继承等法律登记，直到财务结算等，都有大笔收入。在供、需、中介三方都有各自的需求和利益的情况下，代孕的"生意"便应运而生了。

代理母亲是否合乎道德？长期以来，这一直是个有争议的问题。

赞成者认为：代理母亲可以满足特定夫妇（如无子宫、遗传病等而不能生育）抚养一个健康孩子、尤其是具有夫妇一方基因孩子的愿望，可以促进家庭的和睦、幸福；另外，代生协议完全是自愿的，代理母亲有完全的自由选择权；而且，代孕纯粹是个人私事，是出于"利他主义"，是使没有生育能力的妇女得到子女、体验母爱、享受教育子女的乐趣，同时它又有利于优生。凡此种种，均说明代理母亲的出现是符合道德的。

而反对者却认为：（1）代孕公司通常都是商业性的，均以营利为目的，如此，代生协议就变相地等于买卖婴儿的契约，该契约实际上使得代孕者的出租子宫或租用子宫行为"合法化"，这种出租行为伤害了妇女的尊严，这是人类道德的退化；（2）人伦关系如何梳理。如有的母亲替女儿代孕，姐姐替妹妹代孕等，这种情况下生的子女地位微妙，很难确定其在家庭中的地位。"美国一42岁妇女施韦策因自己22岁的女儿没有子宫无法怀孕，而乐意代女儿怀孕，医生把女儿的卵子取出使其同女婿的精子授精，然后把受精卵植入施韦策夫人子宫内并如愿生下一对双胞胎。施韦策是孩子的妈妈还是外婆？"[①] （3）代理母亲很可能会影响被代理夫妇家庭的稳定。由于十月怀胎的艰辛，代孕中代理母亲会情不自禁地产生母爱之心，如果代孕的孩子出生后相貌俊美、活泼可爱，她就可能会不断要求对代生孩子进行探视，甚至要求抚养、监护、与契约母亲争夺母亲权。这些都无疑会干扰被代理夫妇家庭的稳定。1986年的一天，经美国纽约一家不孕中心服务所介绍，新泽西州的一名叫玛丽的妇女同斯特恩夫妇签订一项代孕合同，合同规定，玛丽将使用斯特恩先生的精子通过AI技术为斯特恩夫妇代生一名婴孩，她为此可得1万美元酬金。

---

① 施卫星、何伦、黄钢：《生物医学伦理学》，浙江教育出版社1998年版，第225页。

但玛丽生下女婴梅丽莎后,她改变了初衷,拒绝按合同条款将孩子交给斯特恩夫妇,并将孩子带到另一州隐居,斯特恩夫妇在三个月后终于找到了孩子,他们向法院控告玛丽非法占有自己的女儿。新泽西州伯根联邦地区法院法官认为双方签订的代生合同是有效的,应该执行,并且按子女最佳利益原则,将梅丽莎判给了斯特恩夫妇。但二审推翻了初审判决,判定代孕合同无效。一方面,法庭仍将婴儿的监护权判给斯特恩,理由是比较富裕的他们能够更好地养育梅丽莎;另一方面,法庭恢复了玛丽的生母身份,确认玛丽和梅丽莎之间的母女关系,并赋予她作为生母的法定探望权。法官威伦茨在判词中强调,代孕合同并不是真正的自愿合同。因为玛丽同意生育后将孩子"返还"给他人时,还不了解她与孩子之间那种纽带的力量。只有在孩子出生后,她才能够自由作出决定,然而此时,她已受到"起诉的威胁以及一万美元报酬的诱惑"所强迫。所谓的"自愿决定"只不过是在信息不对称情况下做出的不实承诺。①
(4) 对代生孩子的责任承担问题。一旦代生的孩子有身体缺陷时,出现的就不是竞争监护权,有可能出现相关各方互相推卸责任。(5) 未婚男女能否要求试管婴儿的问题。如果单身男士找人代孕做未婚爸爸、如果单身女子通过体外授精做未婚妈妈是否允许?是否符合传统的伦理习俗?(5) 同性恋者能否要求试管婴儿的问题。假如男同性恋者雇用代理母亲、女同性恋者用供精体外授精,使同性恋者摆脱不能生育的遗憾,又是否允许呢?

　　正因为代理母亲的出现会面临诸多道德难题,一些国家通过立法的形式予以禁止。譬如说:"在英国,早在1985年就制定了《代生安排法》,对那些从事代生协议的商业机关和代生打广告的机构进行刑事制裁。"② 又譬如:"在德国,1990年10月议会通过了一项法律,禁止妇女代人怀孕,这大概是迄今为止在代理母亲这个问题上最为严厉的法律条文。德国司法部议会国务秘书对议会说:'人不是上帝。人不是造物主。'在一些公众心目中也存在类似看法,认为体外授精是人类鲁莽而狂妄的举动,是人类竟敢承担'创造'生命的责任。该法律条文明文禁止妇女

---

① 《史上最著名的代孕之争》,载《法治周末》2011年11月23日。
② 冯建妹著:《现代医学与法律研究》,南京大学出版社1994年版,第177页。

为没有孩子的夫妇生孩子，规定只有在卵子是来自一个想要怀孕的妇女时，才允许做试管婴儿实验。在德国代理母亲不会受到惩罚，但是违反法律制作试管婴儿的医生将被判处三年徒刑。在美国，早在90年代初期就已有近30个州提出了关于代理生育的法案，其中至少有17个州议院认为代替他人生孩子是一种有害的商业活动，并先后立法予以禁止，但至少在加利福尼亚等5个州认定代人生育是不违法的。有的州则仅仅对以盈利为目的代孕做出了违法的判决。"[1] 另外，"法国、瑞士等国明令禁止代孕行为，甚至不允许代孕子女入籍或者获得护照；英国禁止商业代孕。而印度、泰国、俄罗斯等国则立法认可代孕，而且还因为价格等优势吸引了西方国家大量不孕夫妇前往。不管法律是否允许，代孕已经成为各国政府都无法漠视的社会现象。现代医学技术的发展给生育困难群体带来了希望，目前全球各国都存在潜在的代孕需求。"[2] 我国2001年8月1日实施的《人类辅助生殖技术管理办法》第三条规定：医疗机构和医务人员不得实施任何形式的代孕技术。

虽然一些国家提出了禁止代孕的有关法案，然而，代孕既然有社会需要，生殖技术又提供了不孕夫妇实现梦想的可能性，就一定会有现实存在的土壤和必然性。代孕是否被允许应该在具体的境遇中进行考量，而不应该一刀切地予以禁止。现举一例并从境遇伦理的角度对此进行分析。

李某夫妇感情非常好，但一直没有生育。当地医院诊断发现，女方不太容易怀孕。夫妻俩并没有放弃，来到某三甲医院着手进行试管婴儿手术，术前一切准备都非常顺利。夫妇俩预计几天后就能进行试管婴儿的最后一次手术，医院将培育成功的冷冻胚胎，植入李某妻子体内。就在李某带着妻子回丈母娘家吃饭，晚上驾车返回途中却不幸遭遇车祸，妻子当场死亡，李某被送往医院抢救，最终还是没法挽回生命。他们都是独生子女，双双在这场惨烈的车祸中去世，两家人顿时只剩下4位可怜的老人。李某父亲想到出事前儿子儿媳做试管婴儿的4枚冷冻胚胎还

---

[1] 高崇明、张爱琴著：《生物伦理学》，北京大学出版社1999年版，第73—74页。
[2] 《欧洲多国因伦理问题禁止代孕 印度代孕产业兴旺》，载《广州日报》2011年12月23日。

保存在该医院,就想拿回并通过代孕的方式为两家人保住最后的"血脉"。但与医院交涉数次,仍然被拒绝了这个要求。医院生殖中心的相关负责人表示很同情这家人的遭遇,但肯定是不能将冷冻胚胎给他们的,因为代孕是国家明令禁止的。①

针对这种特殊境况,我们应该如何进行道德选择呢?如果从境遇伦理的角度来考量,应该允许通过代孕技术来满足四位"老人"(他们的年龄都还不到60岁,只能说是准老人)拥有孙子(女)的愿望。因为,法律要体现人性化和人文关怀,法律也不是一成不变的,是可以修订的(尽管在法律修订之前要严格依法办事,但这种学理性的探讨是应该允许的)。"律法主义制造了教训的偶像,反律法主义否认之,境遇论者则利用之。境遇论者认为任何原则都不能缺少爱,同时对任何原则都只能作暂时性考虑。"② 在境遇论者看来,爱是唯一最高的原则,并通过"爱的计算"(爱的权衡、考量)寻找合理性或正当性的根据。我们可以通过如下"爱的计算"进行"格式塔"式的道德辩护。

1. 四位"老人"唯一的子女在车祸中丧生,他们失去了唯一的依靠和精神寄托,在国家社会保障体系还不够健全的当今社会,老有所养问题毫无疑问地摆在他们面前。如果允许通过代孕技术来满足四位"老人"拥有孙子(女)的愿望,不仅使他们对未来有所依靠、充满希望和找到精神寄托,而且到他们70岁以后孙子(女)已长大成人,老有所靠的问题得以实现、老有所养问题也会在一定程度上得以缓解。这是从目的或动机善的角度进行的考量。

2. 尽管我国已经立法禁止医疗机构和医务人员实施任何形式的代孕技术,但法律并不应该是冷冰冰的;法律既应该体现公正、铁面无私,又应该充满人情味;因为现实生活既丰富多彩又复杂多变,故不能用一刀切的办法,不分任何特殊境遇和情形,一律禁止。而应该依据具体的境遇和情形,对这个"禁止"设定一定条件。这是法律成熟的标志,也是人性化的现实考量;法律是人来制定的,也可以由人自己来修改,以

---

① 参见《无锡年轻夫妻车祸身亡 老人欲用冷冻胚胎保"血脉"》,载《现代快报》2013年10月21日。

② 弗莱彻:《境遇伦理学》,程立显译,中国社会科学出版社1989年版,第23页。

更符合社会的发展与需要。

3. 境遇伦理是以"爱"为唯一原则，一旦律法与这条原则相冲突或违背，就"要求我们把律法置于从属地置，在紧急情况下唯有爱与理性具备考虑价值!"① 而允许通过代孕技术来满足 4 位无依无靠的"老人"拥有孙子（女）的愿望正是爱的体现，也是合乎理性的价值考量。

4. 代理母亲的代孕行为必须建立在代理与被代理双方真实的自愿以及对双方均有利的基础上，这也是实施代孕行为需要把握的道德原则，即自愿与有利原则。"只要代孕行为包含了自我选择的非强迫行为，而且它不会对同意双方产生实质性伤害，它就是在道德上可得到辩护的。……自由同意和利益融合是证明代理母亲正当的充足依据。……代孕行为最清楚的利益就是合作生育了孩子。"② 自愿原则体现的是动机善，它是代孕行为建立的基础；而有利原则体现的是方法、手段的善或者称之为过程善，它还包括：（1）给代理母亲恰当的补偿，这也必须是建立在双方自愿同意的基础上；（2）为了避免代理母亲"可能会不断地要求对代生孩子进行监护、抚养或探视的权利，干扰已经取得孩子监护权的那对夫妇所组建的家庭的稳定"问题，这种自愿同意的方式可引入第三方机构来进行，以避免双方的直接接触；（3）为了避免"在代孕过程中代理母亲会情不自禁地对代生孩子产生母爱，这种母爱驱使她与契约母亲争夺母亲权"以及"代生的孩子有身体缺陷时，出现的就不是竞争监护权，而是互相推卸责任"的问题，必须通过第三方机构来达成具有法律强制约束力的契约文件，以规范双方的行为。无论未来的孩子是否可爱、是否有缺陷，其监护权都归属于被代理方。

5. 从结果善的现实角度考虑，"在满足不育夫妇有孩子的愿望时，要有利于孩子的成长，不能损害孩子的利益，包括暂时不让孩子知道是代孕所生，以免除成长过程中的心理压力"③。

---

① 弗莱彻：《境遇伦理学》，程立显译，中国社会科学出版社 1989 年版，第 21 页。
② 邱仁宗主编：《生命伦理学——女性主义视角》，中国社会科学出版社 2006 年版，第 222 页。
③ 徐宗良、刘学礼、瞿晓敏：《生命伦理学——理论与实践探索》，上海人民出版社 2002 年版，第 173—174 页。

（二）关于胚胎地位的境遇伦理辨析

还是来看上述案例：一般而言，为确保受孕的概率大一些，想要"试管婴儿"的女性在经过促排卵后会产生多个卵子，进而结合成胚胎，医生会挑质量好的胚胎植入女方体内，其余的作为备选，以防没有受孕需进行二次手术，也有是独生子女的夫妻手术成功后，想留"备份"，作以后"生二胎"所用。如果怀孕成功了，剩余的冷冻胚胎一般有两个去处，一是经过夫妻双方同意销毁，二是由医院储存，需要缴纳一定费用。有的符合政策的夫妻想生二胎，就暂时储存，等拿到准生证等相关证明后，再到医院实施手术。据了解，许多夫妻会选择保存。但并不是所有人都有二胎的准生证明，往往缴了一年费用后，第二年就不来续费了，久而久之就"遗弃"在医院里，有的医院甚至"被遗忘"了上百个冷冻胚胎。该案例中，医院拒绝给予冷冻胚胎，尽管医院将拒绝的理由详细告诉了李某父亲，但他仍然认为：冷冻胚胎属于他儿子儿媳妇的，他们既然都走了，留下的物品按照继承来说也至少是他们两家人的。

另一案例是："1984年底，澳大利亚当局在经过几个月的争执后，同意破坏两个'已成遗孤'的胚胎。这两个胚胎是美国一对拥有百万家财的里澳斯（Rios）夫妇冷藏在墨尔本医疗诊所的。他们因不育症而无子女，后不幸在一次飞机失事中丧身。这样就产生一个问题：这两个胚胎有没有权利活下来继承他们的财产？是否应该破坏他们？胚胎能否作为道德主体的人？"[①]

上述两案涉及的共同核心问题就在于：受精卵或胚胎是不是人？如果是人的话，胚胎就不应该被破坏、就有权利活下来继承财产；如果是人的话，胚胎也就不像一般物品一样被继承，因为继承法调整的是保护公民的"私有财产"的继承权所涉及的法律关系。

何谓人？人有两重属性。既有自然属性的一面，如医学科学就是以自然的人为研究对象的。又有社会属性的一面，但是决定人之所以为人的本质属性则是其社会性，因为人就其本质而言是社会关系的产物、是精神的存在。马克思认为人的本质是一切社会关系的总和，也就是说，社会属性是人与其他动物相区别的本质所在。

---

① 施卫星、何伦、黄钢：《生物医学伦理学》，浙江教育出版社1998年版，第227页。

由此可见，胚胎只具有自然属性而不具有社会属性，还不属于人的范畴，也就不具有属于人的道德主体的地位。尽管胚胎不是一个社会意义上的人，但它毕竟是生物学意义上的"准人"，具有发展成为人的潜力，可以称其为"潜在的人"。因此，在处理胚胎的问题上应该特别慎重。

下面从境遇伦理的角度对此两案例进行分析。

就案例二而言，两个胚胎有没有权利活下来继承他们的财产？是否应该破坏他们？取决于里澳斯夫妇的最亲近的亲属有无提出要求（当然，由于飞机意外失事，里澳斯夫妇不可能有什么遗嘱），并承担抚育的责任，如果是这样的话，就应该予以满足，即将里澳斯夫妇的胚胎通过代孕的方式孕育下一代，等其长大成人后再继承财产。因为境遇伦理是以"爱"为核心价值的，爱是为人的、无私的，它强调"爱是唯一普遍原则，……我们的任务是要行动，以促成最大可能的善（即慈爱）。"①

就案例一而言，继承法调整的是保护公民的"私有财产"的继承权所涉及的法律关系，而胚胎是否属于继承法第三条所说的"个人合法财产"的范畴，需要法律进一步修订完善或者作出进一步的司法解释。但从境遇伦理的角度，应该允许四位"老人"拥有冷冻胚胎的处置权，也就是通过代孕的方式满足他们拥有孙子（孙女）的愿望。因为，这是爱的考量。尽管未来的试管婴儿来到人世后会面临着无父母的痛苦，但是四位"老人"只要他们达成了一致的愿望，是可以做到使孩子在成人的过程中逐步理解并健康成长的。

这两个案例从境遇伦理的角度来看都是支持保留冷冻胚胎，并通过代孕的方式，满足相关当事人的合理诉求的。

"由于体外授精要用药物激发排卵，用药物激发排出的卵母细胞比自然排出的要多，用腹腔镜穿刺技术采取的卵母细胞往往有多个，受精培养成幼胚后，只需1—3个移植入母体子宫（因多胚移植可能引起多胎，不利于计划生育），剩下的幼胚或冷冻或废弃。"② 在特定的境遇下，某些案例可以不支持保留冷冻胚胎，或者就如案例一所言"被遗忘"或"被

---

① 弗莱彻：《境遇伦理学》，程立显译，中国社会科学出版社1989年版，第47页。
② 刘耀光、李润华编著：《医学伦理学》，中南大学出版社2001年版，第154页。

遗弃"冷冻胚胎在医院越来越多，或者家属主动要求销毁。于是就会出现这样的问题：破坏或销毁冷冻胚胎是否符合道德？对此问题，"佛勒特彻尔（Fletcher）则认为，胚胎不存在人的权利，只不过是输卵管里的一点'物质'而已，把这些'物质'抛掉谈不上损害、浪费人的生命。体外授精技术的首创者爱德华兹也认为，'把胚胎倒掉跟用宫内避孕器把胚胎挤掉是一回事。成形的胎儿尚且可以流产，未成形的胚胎为什么偏偏不能？'"①

另外，像下面两个案例②的处理，笔者认为也是符合境遇之爱的道德选择的。

1. 山东日照的代女士 2011 年底做胚胎移植手术，但首次植入胚胎后失败，就在她准备第二次移植之时，丈夫张先生提起离婚诉讼。尽管代女士仍然想当妈妈，问题是冷冻胚胎是否能够移植到底谁说了算？法官认为，生育权是我国法律赋予公民的一项基本权利，只有夫妻双方协商一致、共同行使才能实现。夫妻双方虽在婚姻关系存续期间共同作出形成冷冻胚胎的决定，但若双方离婚，又未达成"合意"的情况下，一方无权决定移植。况且，依据他们与医院的协议，如果没有原夫妻双方的共同签字，移植手术将不能进行。因此，在此特殊的境遇下，代女士离婚后移植"冷冻胚胎"的想法必须征得张先生同意才能实施。

2. 王女士与丈夫首次做胚胎移植失败，遗憾的是丈夫不久也车祸身亡。丈夫去世后胚胎移植是否应该继续？医院的答复是不能做第二次胚胎移植。为此，王女士先后多次向医院和有关卫生行政部门提出移植要求，经过卫生专家组的讨论，终于获准进行第二次胚胎移植。此案例与上述案例不同的是，女方丈夫是被动的车祸死亡（不是上例中丈夫主动提出离婚要求），无法获得丈夫的同意，只要是丈夫的近亲属没意见，从境遇之爱的角度，当然可以进行第二次胚胎移植。

由于体外授精技术不仅是一项技术选择，更是一项道德选择。因此，实施体外授精技术必须遵循一定的道德原则，主要包括这几个方面：1.

---

① 刘耀光、李润华编著：《医学伦理学》，中南大学出版社 2001 年版，第 155 页。
② 参见《无锡年轻夫妻车祸身亡 老人欲用冷冻胚胎保"血脉"》，载《现代快报》2013 年 10 月 21 日。

掌握 IVF 技术实施范围，并符合国家生育政策。医疗机构和医务人员必须严格掌握 IVF 技术的实施范围，如：夫妇双方或一方不育者（如男方无精症、精子畸形；女方输卵管阻塞、子宫或卵巢被切除等）；夫妇双方或一方有遗传性疾病或是遗传病基因携带者；连产几胎畸形儿者；男方已结扎，其独生子女不幸夭折者；丧夫或离异、无儿女、不愿再婚者。即使属于上述情况也须有有关部门出具的准生证方可实施。2. 确保优生。例如对异源性体外授精的供精者从家族遗传史、性病等方面采取严格检查，对受孕妇女也要进行健康检查，及时进行产前诊断，做好围产期保健等。3. 知情同意。由夫妇双方共同提出申请，并在知情同意书上签字。涉及丧夫或离异、无儿女、不愿再婚者等是否同意的申请，应当提交医学伦理委员会讨论。4. 保密。尤其是异源性体外授精，医务人员要为供精者、受精者夫妇及其后代保密。5. 不得进行性别选择。

第二节 器官移植的境遇道德选择

器官移植（Organ transplant）是将无偿捐献的供者之健康器官，整体（如肾脏、肝脏）或部分（如肝脏的一部分）用手术方式置换受者损坏的或功能丧失的器官的过程。若供者和受者是同一个人之间的移植称自体移植；若供者和受者不是同一个人之间的移植称同种（异体）移植；不同物种间的移植称异种移植。

罗纳德和理查德是一对孪生兄弟，哥哥理查德因为慢性肾炎病危，弟弟一心想着要挽救哥哥的生命，毫不犹豫地同意捐出自己的一个肾。1954 年在美国波士顿成功地进行了一场为时 5.5 小时的肾脏移植手术，令哥哥理查德多活了 8 年，也成为人类医学史上首例获得成功的器官移植手术，开创了器官移植手术的先河。为此，美国外科医生约瑟夫·默里（Joseph Murray，1919—2012）在 1990 年获得了诺贝尔医学奖。……在首例肾脏移植手术成功后的 10 年内，医学界首次成功实施了肝脏移植手术；1967 年，心脏移植手术首次获得成功。①

中国器官移植始于 20 世纪 60 年代，虽然起步稍晚，但发展较快，早

---

① 参见《人类器官移植手术 50 周年历史回顾》，载《广州日报》2006 年 3 月 29 日。

在1974年就成功移植了第1例肾脏，1978年就成功移植了第1例肝脏和第1例心脏，1979年卫生部与同济医科大学联合成立了中国第1个器官移植研究所，建立了器官移植登记处，拥有了一大批优秀的器官移植专家。20世纪80年代来中国相继开展了胰岛、脾、肾上腺、骨髓、胸腺、睾丸和双器官的联合移植。[①]

为了他人的生命而无偿捐献自己器官的行为是一种利他、慈善的行为。医生成功地进行器官移植手术，是用现代医疗科学技术手段，将这种利他、慈善行为现实化，理想变为现实、期盼化为成功的动力，这也是有利于人类健康、救死扶伤、符合人道主义精神、有价值和意义的技术实践和道德选择。"美国学者肯宁汉（B. T. Cunningham）是第一个探讨器官移植伦理问题的人，他在1944年所著的《器官移植的道德》一书中，从'人类的统一和博爱'的观点出发，肯定了器官移植在伦理上的可行性。他指出：'一个人为了邻居尚且可以牺牲生命，现在为了同样目的，牺牲的还不是生命，难道就不行了吗？'"[②] 然而，在现实生活中并非所有的器官移植的过程都是有价值和意义的选择，也就是说，并非所有的器官移植的过程都是合乎伦理的？这就要根据具体的境遇来分析（以下通过具体案例进行说明）。

一 同种移植的境遇道德选择

案例一：马某生前是一贯的好人形象和好人缘，但却被确诊为肝癌晚期，在医院接受了肝移植手术，后癌细胞再度扩散，手术九个月后，再次进行肝移植手术，但恢复效果仍不理想，在某医院住院治疗、护理一段时间后病逝。当大众传媒在悲情中纪念逝者的时候，网络上关于"两次换肝来自何处"的追问也不断响起，在器官资源相当稀缺的情况下，如何能在一个月左右的时间迅速找到匹配的肝源？如何能在九个月左右的时间得到第二次肝脏供体？面对这些追问，家属没有回应，密友

[①] 参见唐媛、吴易雄、李建华《中国器官移植的现状、成因及伦理研究》，载《中国现代医学杂志》2008年第8期。

[②] 徐宗良、刘学礼、瞿晓敏：《生命伦理学——理论与实践探索》，上海人民出版社2002年版，第189页。

守口如瓶，医院也无可奉告。

该案例涉及的伦理问题就是：在器官移植的过程中如何进行稀缺资源的公正分配问题？

在稀缺资源的分配中，"公正是应付那些需要进行分配的境遇的爱"[①]。从境遇伦理的角度，公正体现在具体境遇中进行分配的境遇之爱。

1987年第40届世界卫生组织大会上，世界卫生组织制定了人体器官移植指导原则，其中第九条规定：对病人提供捐献的器官，应根据公平和平等的分配原则以及按医疗需要而不是从钱财或其他考虑。这里关键是如何理解"公平和平等的分配原则"？除不以钱财的多寡作为分配标准外，在若干个等待移植者中，是等待时间最长的病人优先移植？对社会贡献最大的优先移植？病情最重的优先移植？与供体的组织抗原最为匹配的优先移植？预期有最佳疗效的优先移植？……在人体器官作为稀有资源的情形下，如何才能公平进行分配，必须有合理的选择标准，一般情况下要同时考虑医学和社会的两个标准。"医学标准是由医务人员根据医学发展的水平和自身医学知识经验作出判断，主要根据适应证和禁忌证。同济医科大学制定的《器官移植的伦理原则》中对医学标准的界定：①在生命器官功能衰竭而又无其他治疗方法可以治愈，短期内不进行器官移植将终结生命者；②受者健康状况相对较好，有器官移植手术适应证，患者心态和整体功能好，对移植手术耐受性强，且无禁忌证；③免疫相容性相对较好，移植手术后有良好的存活前景。"[②]医学标准其实反映的就是患者的身体条件，而社会标准反映的其实就是患者的各种社会条件，如患者的职业重要性、社会贡献大小、在家庭和社会中的作用、年龄与未来贡献的关系、等待时间的长短的比较……以及其他特殊境遇，如是否在怀孕期或哺乳期等。医学标准是一种事实判断，而社会标准是一种特定境遇下的价值判断。因此，在器官移植的过程中对稀缺的器官资源的公正分配既涉及事实判断，又涉及特定境遇下的价值判断；这种判断是两者的有机统一。"美国医院伦理委员会曾制定过合理分配卫生资

---

① 弗莱彻：《境遇伦理学》，程立显译，中国社会科学出版社1989年版，第77页。
② 邱仁宗、翟晓梅主编：《生命伦理学概论》，中国协和医科大学出版社2003年版，第236页。

源的若干原则,大致是:回顾性原则,即照顾病人过去的社会贡献;前瞻性原则,即考虑病人未来对社会的作用;家庭角色原则,即在家庭中的地位;科研价值原则,即有科研价值者优先于一般病人;余年寿命原则,即考虑病人的年龄状况。此外,还有一个广为采用的中性原则,即排队原则。这些原则体现了一定的公平性。"[1] 然而,仔细分析这些原则,可以发现它们几乎全部是基于伦理学中的功利主义来设计的,它仅仅以社会利益的最大化来考量,使有限的资源用到为社会已经做出过或将要做出过贡献的人身上。在这里,如何做到社会利益与个人利益的平衡或兼顾的确是值得探讨的问题。因为,在社会中,人并非一生下来他们的身体条件和智力状况都是相同的,会有很大的差异,如果以这样功利的角度来排队,恰恰会损害一部分弱者的利益。因此,应该以医学标准为主、社会为辅的原则。"医学标准一般没有道德评价,较为客观。因此,一些国际组织倡导医学标准应作为选择受体的唯一标准,如世界移植协会发布《尸体器官分配指导方针》第2条规定:器官应当移植于依医学和免疫学标准最适合的受体。但是,医学标准不可能孤立存在。在许多情况下,医学标准不得不考虑伦理的标准。纯粹的医学标准可能会带来一个问题,即只有一个器官资源的情况下,根据医学标准,却有众多的合格的受体。在此情况下,如何选择,如何决定,就不得不考虑伦理的标准。"[2]

就此案例而言,该患者被确诊为肝癌晚期,在这么短的时间内进行了两次肝脏移植,花费了巨大的金钱的代价,仍然未能挽救患者的生命。在中国肝脏资源非常短缺的情况下,其公正性当然应该受到质疑的。因为,该案例既不完全符合医学标准的事实判断,也不完全符合特定境遇下社会标准的价值判断。在器官资源分配问题上,1986年国际移植学会发布的分配准则就包括,"所捐赠的器官必须尽可能予以最佳的利用;应

---

[1] 徐宗良、刘学礼、瞿晓敏:《生命伦理学——理论与实践探索》,上海人民出版社2002年版,第209页。

[2] 孙慕义、徐道喜、邵永生主编:《新生命伦理学》,东南大学出版社2003年版,第161页。

依据医学与免疫学的标准,将器官给予最适合移植的病人"① 等方面的内容。在此案例中,所捐赠的肝脏既没能予以最佳的利用,也没能给予最适合移植的病人,显然违背医学伦理的公正原则,其移植公正性的伦理追问值得深思。"美国华盛顿大学哲学荣誉教授卡尔·威尔曼在《真正的权利》(REAL RIGHTS)一书中,介绍了丹·W. 布洛克(Dan W. Brock)的一个观点,即应发挥医疗资源的最大化原则。布洛克认为:当生命延长医疗为一群人所需要,但所需的医疗资源不充足时,某些人的需求可能就会优先于其他人。当我们拥有足够救治一部分而非全部人的资源的时候,我们应该尝试优先救治那些更有希望活下来的人。他列举了一个案例:我们拥有两组人都需要的有限的医疗资源。琼斯是 A 组的唯一成员,需要全部的资源来维系生命,而 B 组的成员布朗和布莱克每人仅需要一半医疗资源来维系生命。如果我们选择救治最可能存活的人,我们会救治 B 组的两人,放弃 A 组的一人。显然,布洛克的这一发挥医疗资源的最大化原则是一种典型的功利主义考虑。……因为稀缺医疗资源应该以挽救最多的生命为使用准则。"②

案例二:李某因癌症在某医院去世,在举行遗体告别仪式前,先接受整容,整容师因受熟人所托,所以显得格外用心。整容师问其丈夫,"你爱人的眼睛是不是有毛病?"他说"没有啊!"整容师又问,"那怎么'动'了?"他说"在冰箱里放了那么长时间,当然是'冻'的了。"整容师说,"是活动的'动',眼球好像是假的。"他们惊异地发现,死者的眼球的确给人换走了,而留下的是一对假眼球。后据调查,死者的眼球是其生前所住医院的一位刚刚毕业三年的专攻角膜移植的医学博士擅自摘掉的。死者丈夫遂将该医院和相关医生告上法庭。原告在《起诉状》中认为,"两被告未经死者生前书面许可,也未和原告协商,擅自摘取他人器官、毁损尸体,严重侵害了原告的合法权益和死者的人格权。"并提出公开赔礼道歉、赔偿因侵权给原告造成的物质与精神损害等诉讼请求。

---

① 徐宗良、刘学礼、瞿晓敏:《生命伦理学——理论与实践探索》,上海人民出版社 2002 年版,第 209 页。

② 刘作翔:《从自然权利走向法定权利——人体捐献器官移植中的分配正义问题》,载《中国社会科学院研究生院学报》2013 年第 5 期。

据悉，该医院的眼科大夫用此女士的角膜，使两位急需进行角膜移植手术的患者重见光明，而医生本人并无谋取任何利益。

该案例涉及的伦理问题就是：在器官移植的过程中如何正确地获取作为稀缺资源的供体器官的问题？

在本案例的特殊境遇中，眼科大夫仅仅想到了他的两位患者的利益，而未想到角膜供体家属的利益；或者已经想到了应该征求角膜供体家属的意见，但害怕家属反对，以致错失了抢救患者的最佳时机，于是，干脆一不做二不休，先取出眼球救人要紧，从而在这种情况下，发生了双方本不该有的冲突。眼科医生使两位急需进行角膜移植手术的患者重见光明且无谋取任何利益，这一点无可厚非。但在器官移植的过程中获得供体角膜的手段却是不道德的，甚至是非法的（因该医生主观无恶意而不构成刑事犯罪）。也就是说，该医生的行为体现了目的善或动机善，但未能体现手段善。这种目的与手段未能很好匹配或者说目的与手段的分离是不完满的善或者说是一种带有瑕疵的善，其特点就是只考虑到一方面而未考虑到另一方面，只考虑结果而未考虑过程、只考虑目的而未考虑手段。"目的离不开手段。……按照康德的意思，没有目的的手段是无用的，没有手段的目的是盲目的。两者是相互关联的。在任何行为过程中，都是行为之手段与目的的共存使得行为进入道德领域。……所用的手段应当适合目的，即应该是恰当的。如果手段是恰当的，它们就是正当。"① 该案例中医生的手段未能适合目的，手段是不恰当的、不正当的，因此，是与境遇伦理的目的与手段、动机和结果四个方面相统一的"过程善"背道而驰的。境遇伦理的道德选择必须要体现行为的正当性，"境遇伦理学是生态伦理学，因为它尽可能充分地考虑到做出每项道德决定的背景（环境）。这既意味着仔细考察目的、手段、动机和结果的全部作用。正当性存在于行为整体的格式塔或状态之中，而不在单个因素或组成成分之中。"② 在该案例中，医生获得供体角膜的手段是不道德的，这种手段的不道德就体现在医生的行为违背了知情同意的原则。知情同意是自主原则的具体化，也是一条重要的医学伦理学原则。在

---

① 弗莱彻：《境遇伦理学》，程立显译，中国社会科学出版社1989年版，第100页。
② 同上书，第120页。

这里，知情是同意的前提，同意是自觉的而不是在某种压力或诱骗之下做出的决定。知情同意充分体现了自主性和人的尊严，是爱的体现，有利于建立真诚合作的医疗关系。刘女士生前没有献出眼球的意愿，因此，其死后是否捐献角膜，医生必须取得其家属的知情和同意。这是由于尸体是亲属对死者缅怀亲情、寄托哀思的对象，是牵系所有人的感情的特殊"物"。世界卫生组织关于人体器官移植的指导原则第一条是：可从死者身上摘取移植用的器官，如果：（1）得到按法律要求的任何赞同；（2）在死者生前无任何正式同意等情况下，现在没有理由相信死者会反对这类摘取。第二条：可能的捐献者已经死亡，但确定其死亡的医生不应直接参与该捐献者的器官摘取或以后的移植工作，或者不应负责照看这类器官的可能接受者。对照可见，该医生的行为是不符合第一条之规定的；对照第二条指导原则，即使该医生不一定是确定其死亡的医生，但也不能未经死者家属同意而直接摘取、移植器官。

案例三：一对相伴近10年的夫妻因为对公司的规划产生分歧而离婚。离婚后，两人暂时同住。两个月后丈夫被查出患肝硬化中晚期，需进行肝移植。前妻几度劝说，终说服前夫复婚并接受她捐肝。当伦理审查委员会的专家探究原因时，妻子说"我爱他"。

该案例中妻子的行为无疑是崇高的、令人敬佩的；这也是一起涉及活体供体器官移植的案例。由于尸体器官来源严重不足，才考虑活体捐献，由于较之尸体供体器官移植有更高的成功率，活体捐献有日益增多的趋势。根据《卫生部关于规范活体器官移植的若干规定》的要求，"活体器官捐献人与接受人仅限于配偶、直系血亲或者三代以内旁系血亲、养父母和养子女之间、继父母与继子女之间。"可见，活体器官的捐献主要是病人与病人亲属之间进行。当病人某一重要器官功能衰竭、或因经济等原因一时找不到合适的移植用器官、生命危在旦夕时，病人亲属又主动提出捐献器官，可考虑在亲属中挑选合适的、自愿的供体。活体器官移植一般选用人体成对器官中的一个，只有个别的人体单个器官可以部分移植（如肝脏），但选用活体器官必须有严格的科学标准和伦理学标准。例如被选供体的成对器官必须经过科学检测均属健康的，摘除其中一个（或者其中一部分），通过功能代偿，尚存的器官仍能维持供体的正常生理功能等。活体器官移植最大的伦理学问题是对"风险受益比"的评估,只有受益远远大于风险或者风险极小、几乎可以忽略的情况下,才是一项道德选择;绝对不能因为挽救一个有病的人的生命和健康而影响另外一个健康的人的生命和健康。毕竟,尊重生命与敬畏生命是首要的医学伦理原则。这里的"风险受益比"的评估就是境遇伦理的核心概念"爱的计算"的另一种表达方式,"爱必须做出计算,……爱是认真负责的、考虑周全的和小心谨慎的。"① 这种"评估"或"计算"是由医院伦理委员会②来进行的。就此案例而言,"风险受益比"的评估主要涉及以下方面③。1. 该夫妇虽然育有子女,但两人离婚两个月又复婚,如此快速不得不令人心生疑问,就需要考虑其复婚背后是否还有别的隐情,比如是否涉及有关器官买卖的金钱交易? 2. 供者是否在有压力的情况下进行的捐献,而不是真正出于自己的志愿。比如,通过隔离审查,在没有其他亲友的情况下,专家通过提问、观察,以便发现是否在有压力的情况下进行的捐献。还有一种情况是值得关注的,即捐献者的压力是否在一些媒体的报道下形成的。有时候媒体的过度渲染或报道,使你认为如不捐献器官是不道德的,这种迫于压力的捐献以微妙的形式发生而影响到捐献的自愿性,这种压力常常在不自觉中把这种理想的道德行为变为义务的道德行为。3. 器官移植是否对供体无害。肝移植的风险要大于肾移植,需要认真考虑手术的风险。即便医学上认为供者非常适合捐献手术,但伦理委员会在评审时也要非常慎重。从医学角度考虑,主要涉及供受者的手术适应证和禁忌症,以及个体化的手术风险性。要最大限度地关注供者的利益,做到对供者无害,毕竟国内外都曾出现过捐肝后供者死亡的情况。4. 是否利益远大于风险。假如,有个 20 岁的儿子要给 60 岁的父亲捐肾,尽管儿子的孝心令人感动,但由于父亲年龄已大,可以通过透析的方法延续生命,而不是通过破坏年轻儿子健康身体的方式来延续生命,这种既可避免风险又可增大利益的措施如果可行的话,岂不

---

① 弗莱彻:《境遇伦理学》,程立显译,中国社会科学出版社 1989 年版,第 77 页。
② 医院伦理学委员会由管理、医疗、护理、药学、法律、伦理等方面的专家组成,是为解决、论证、指导医疗卫生实践中的伦理问题而设立的决策、咨询机构。
③ 参考《夫妻复婚捐肝经两次伦理审查 实行一票否决制》,《新京报》2012 年 11 月 3 日。

更好？5. 是否在伦理委员会的组成上符合要求。伦理委员会的专家一般来自医学、法学、伦理、药剂、护理等多方面，但从事人体器官移植的医学专家不得超过委员总人数的1/4，之所以这么规定，是因为器官移植医学专家对器官移植总是积极的，人多可能会左右伦理委员会的结论，所以需要其他学科的专家从各种角度来评估。

总而言之，医疗伦理委员会必须依照公认的医学标准与特定境遇的道德评价综合性地进行利益与风险评估，这种评估就是特定境遇下"爱的计算"过程，只有利益远大于风险、捐献者完全自愿与无偿的情况下的活体器官捐献才是伦理学上可接受的。

案例四：一天晚上，刚下班的陈小姐过马路时被一辆飞驰的摩托车撞倒，当场昏迷不醒，后经医院诊断，脑干受损、不能自主呼吸，完全靠药物和电子除颤仪维持心跳，已无救治可能，属于脑死亡。她的父母连夜赶到了医院，见到在重症监护室昏迷不醒的女儿，悲痛不已。为了使女儿的生命得以延续，他们打算把女儿的器官捐出来，以挽救那些等待器官移植患者的生命。然而，令他们意想不到的是，由于目前我国仍然以心跳、呼吸停止的死亡标准，而没有"脑死亡"的相关法律规定，医院无法满足这个要求。他们还不甘心，又几经周折请来中华医学会器官移植分会的负责人做医院领导的工作，但医院领导仍坚持认为，虽然他们女儿器官捐献如果成功，可能拯救5个患者的生命，但因无法可依，无法配合这项工作。

该案例涉及的伦理问题就是：在器官移植的过程中，作为稀缺资源的供体器官能否使用脑死亡患者的？或者说，用脑死亡标准来判断一个人是否死亡在伦理学上是否可以得到辩护和接受？

"脑死亡"是指脑干或脑干以上中枢神经系统永久性地丧失功能或不可逆终止功能而宣布的死亡。"1968年，美国哈佛医学院特设委员会发表报告，把死亡定义为不可逆的昏迷或'脑死'，并且提出了4条标准：(1) 没有感受性和反应性；(2) 没有运动和呼吸；(3) 没有反射；(4) 脑电图平直。要求对以上4条标准的测试在24小时内反复多次结果无变化。但有两个例外：体温过低（＜32.2℃）或刚服用过巴比妥类中枢神经系统抑制剂药物等的病例。1968年，世界卫生组织建立的国际医学科学组织委员会规定死亡标准为：对环境失去一切反应；完全没有反射和肌肉张力；停止自发呼吸；动脉压陡降和脑电图平直。这个标准与哈佛委员会的标准基本一致。"①

"脑死亡"标准的科学性已经为世界上许多国家所承认，并且有不少国家为此立法。为何要采用"脑死亡"标准呢？"器官移植首先遇到的是其伦理上的悖论：器官移植需要健康的供体，而且越健康的供体，移植的成功可能性越大；而从生命等价原则出发，健康的人就不能成为供体（伦理不能要求一个人为了他人的利益而放弃自己的器官），这是悖论之一。基于生命等价原则，伦理要求器官移植的供体应仅限于尸体，因而就出现了一人的死亡成了他人生的希望，这是悖论之二。为了移植的成功，最好是因事故死亡的健康者的供体，事故的增加有可能增加器官的供体，但预防和减少事故是社会的福利，这是悖论之三。正因为健康人作为供体受到限制，正因为一人的死成了他人生的希望，所以在器官移植开展较早，移植技术较为完善的国家，产生了对死亡的重新界定，提出了脑死亡的标准。"② 也就是说，器官的短缺与器官移植技术的成熟，大大加剧了对脑死亡标准确立和脑死亡立法的迫切要求；另外，现代生命维持技术的发展，采用人工呼吸机、体外循环机等生命支持系统，可以较长时间维持病人的呼吸、心跳，然而这样的维持并不能使那些大脑皮层和脑干死亡的病人摆脱死亡，一般在两周内，病人仍会不可逆的停止呼吸和心跳。其结果不仅需耗费大量医药卫生资源和经费，同时也致使病人的组织器官不能再供器官移植之用。因此，"脑死亡"标准的确定，有助于及时获得可供移植用的新鲜器官（新鲜而有活力的供体器官不仅可以提高移植的成功率，也有利于病人术后的生存或延长存活期。按照传统标准确定病人死亡时，即使病人生前有遗愿或家属同意捐献器官，也难以保证器官新鲜。因为病人死后，家属处于万分悲痛之中，医务人员往往难以开口和动手立即摘取器官）；同时"脑死亡"标准的确定也可节省大量医疗资源和卫生经费，避免无效浪费。

---

① 邱仁宗：《脑死亡的伦理问题》，载《华中科技大学学报》（社会科学版）2004 年第 2 期。

② 孙慕义、徐道喜、邵永生主编：《新生命伦理学》，东南大学出版社 2003 年版，第 150 页。

脑死亡标准的确立虽然客观上有利于器官移植，但有利于器官移植并不是脑死亡立法的理由。不确立脑死亡标准可能造成移植器官得不到很好的利用，但一定不是仅仅因为器官移植需要而去确立脑死亡标准。否则就会造成为了得到移植器官而非法地宣布某人已经脑死亡这样的情况出现。因此，脑死亡标准的确立需要严格的程序和标准，还要经过病人家属的知情和真心的同意。"我们必须将脑死与器官移植在概念上、程序上严格分开。脑死标准并不是专为器官移植制定的，任何人接受脑死概念就按脑死标准做出死亡诊断，不管他是否愿意捐赠器官。死亡按脑死标准还是按传统的心脏死亡标准作出诊断，是一回事；按脑死标准作出死亡诊断后脑死人（脑死前）或其家属（脑死后）是否愿意捐赠器官则是另一回事。"[1]

脑死亡标准在伦理学上得到辩护、得以确立的真正理由：一是可以节省大量医疗卫生资源、避免无效浪费。将节省下来的稀缺医疗卫生资源用于有希望抢救得过来的人，从而使那些本来有希望治愈而缺乏资源的病人得到应有的救治、恢复健康。也可以使有限的资源对社会发挥最大的效益，体现分配的公正；二是可以节约家庭开支、避免无效浪费；三是避免给家人、亲人以及朋友等关心逝者的人无谓的、长期的等待需要忍受的情感痛苦。尽管判定脑死亡后不给或撤除呼吸器在感情上舍不得，但毕竟是不可逆的，人不可能起死回生。"对病人而言，判定脑死亡后不给或撤除呼吸器对他们并没有造成伤害，因为他们已经死亡，这一行动不过是确定脑死即人死这一事实。如果病人事先知情，并且通达情理，也许对因这样做而使有希望的病人获得必要资源而感到欣慰，如果他事先就有捐献器官的愿望，他会为他在生命临终阶段还能对他人对社会作出贡献而感到自豪。"[2]因此，采用脑死亡标准来判断一个人是否死亡，无论对患者、患者家庭以及社会而言都体现了"爱"，爱是伦理的表达，因此，脑死亡标准在伦理学上是可以得到辩护的。

上述寻找伦理学上是否可以得到辩护理由的过程，用境遇伦理

---

[1] 邱仁宗：《脑死亡的伦理问题》，载《华中科技大学学报》（社会科学版）2004年第2期。

[2] 同上。

的表述就是"爱的计算"的过程。就本案例而言，陈小姐的父母打算把女儿的器官捐出来，以挽救那些等待器官移植患者的生命，以便使女儿的生命得以延续，体现了"爱"，一种崇高的博爱情怀。医疗机构干吗还以目前我国没有"脑死亡"的相关法律规定为由加以拒绝呢？

案例五：张小姐与陈先生生活在同一个城市的不同的家庭，均身患尿毒症，都急需肾移植手术挽救生命，但两个家庭的亲人都未能配型成功。正当两个家庭为找不到合适的肾源绝望时，情况出现转机，两人的血型进行匹配检测，非常匹配，如果能交叉互换一下，将是一个可以称为"绝配"的选择。然而，"交叉换肾"的方案在该医院的医学伦理委员会伦理审查会议上以8∶1的票数要求暂缓手术，这令两家人十分失望。后来，另一家医院召集了医学伦理委员会成员对手术进行伦理审查，全票通过，并对他们成功实施了交叉换肾手术。

该案例涉及的伦理问题就是：交叉换肾手术是否合理？

"活体器官的接受人限于活体器官捐献人的配偶、直系血亲或者三代以内旁系血亲，或者有证据证明与活体器官捐献人存在因帮扶等形成亲情关系的人员"，这是我国《人体器官移植条例》第十条的规定。可见，活体器官移植的条件包括两部分：其一是基于亲缘和血缘关系，其二是基于帮扶等原因建立的情感关系（亲情关系）。恰恰由于对"因帮扶等形成亲情关系"的不同理解导致了两家医院伦理委员会做出了完全不同的判断。

其实，"因帮扶等形成亲情关系"是指以长期的、共同的生活经历和情感交流为主要内容而形成的帮扶关系，如收养关系，而非互相需要临时建立的帮扶性关系；亲情关系要靠长期才能建立而非短期一蹴而就的。如此来看，不同家庭的人交叉移植显然不属于此类帮扶关系。《人体器官移植条例》之所以对活体器官接受人的范围作了严格的限制，其实质是防止变相买卖人体器官。本案双方互换肾脏，没有金钱交易，不存在买卖或者变相买卖人体器官的情形；两位患者同时也是器官捐献人，他们的捐献意愿是真实的、自愿的，并且遵循无偿原则。从境遇伦理的角度，这更符合"爱"的道德选择。"境遇论者认为，在具体境遇中表达了最大爱心的事就是正当和善。"① 因为，爱是付出的、为他人的。在此例中，恰恰他们在给予他（她）人爱的同时，自己也收获了爱的果实——由于"交叉换肾"而得以重生。

"交叉换肾"看似平等，但不同的供、受者的年龄、性别、身体素质、免疫配型等指标的不同，效果可能也不同。为了避免移植后可能产生的矛盾和纠纷，医生应该使各方在术前就知道这种可能出现的不同效果，同时签署知情同意书，并慎重对待这种跨家庭的交叉移植。

案例六：电影《姐姐的守护者》（*My Sister's Keeper*）是根据美国当代畅销书女王朱迪·皮考特（Jodi Picoult）的同名小说改编而成。为了让罹患先天性白血病（血癌）的聪明伶俐的女儿凯特能够活下去，父母通过体外受精，在基因工程技术的帮助下，生下了和凯特的基因型完美契合的小女儿安娜。11 年来，凡是在凯特需要的时候，无论是脐带血还是白血球、肝细胞、骨髓，都通过安娜源源不断地向凯特提供。随着安娜逐渐长大，感觉自己只是姐姐的"药罐子"。然而，即使有孤注一掷的妈妈、无可奈何的爸爸，以及身边所有人的爱，凯特的情况还是越来越糟，逐步发展为肾功能衰竭，唯一能保留她生命的只有做肾移植，这必须要靠年仅 11 岁的安娜捐献出自己的一个肾。厌倦了作为姐姐的"人体器官库"的安娜这一次却选择了拒绝，她要请律师为自己在法庭辩护，获得"身体器官支配权"。

该案例涉及的伦理问题就是：能否为了得到稀缺的器官供体而通过基因技术造人？造人的目的完全是救姐姐的命，这对被造的人是否公正？造人的目的就是得到器官，是否符合医学的目的？未成年人能够作为器官移植的供体吗？

诚然，基于医学伦理公平的理念，通过基因技术造人而将其器官（或组织）提供给他人，对"被造者"而言显然是不公平的，因为他（她）出生的目的就是作为"物"来使用的。康德的"人是目的"的名言是对所有人的，而非对少数人的；也意味着不能把一方作为可以利用的手段，而把另一方作为目的。医学的目的是治病救人、维护健康。但不能以失去一方的健康来满足另一方的健康，除非这种"失去一方的健

---

① 弗莱彻：《境遇伦理学》，程立显译，中国社会科学出版社 1989 年版，第 51—52 页。

康"的"失去"是自愿的、轻微的（对身体的影响是很小或者说可以忽略不计的）。而本案例中"失去健康的一方"，无论"失去"的是否轻微，是不可能做到自愿的（"被创造的人"或者说未成年人无自愿能力）。基于西方自然法的理念，人生而平等，而为了得到稀缺的器官供体而通过基因技术造人对于"被创造的人"而言，更凸显生而不平等。从境遇伦理的角度来看，它强调的是从行为的动机到结果的整个过程都要体现"善"。动机善表现为一个行为必须有利于相关各方的利益，体现"人是目的"的道德宗旨；行为的过程要不断考虑到各方的利益关切并体现这种善的动机；而结果善表现为一个行为必须给相关各方都带来最大的利益。"爱不允许我们以牺牲无辜的第三者为代价来解决自己的问题，减轻自己的伤痛。"① 显然，通过基因技术造人而将其器官（或组织）提供给他人（受捐献者），是得不到境遇伦理的有力辩护的。

二　异种移植的境遇道德选择

案例七：美国一家上市公司与某高新园区签署协议，该公司将投资1亿美元建设中国首家大型超洁净猪饲养设施，把转基因敲除猪②从实验室扩展到养殖基地，并兴建研发平台等配套设施。根据规划，该基地将与某医院合作，形成从分子克隆到基地饲养，再到临床移植的一体化产业链。通过对猪敲除特定基因，人体将可以克服既往异种移植所带来的不良反应。人类器官移植可能打开一条新通道。实际上，参与这一项目的某大学异种移植重点实验室团队，已培育出适宜异种器官移植的动物供体转基因敲除猪，并在狒狒等大动物身上获得较好效果。若这种转基因敲除猪进行异种器官移植技术获批临床应用资格，就意味着器官移植告别

---

① 弗莱彻：《境遇伦理学》，程立显译，中国社会科学出版社1989年版，第79页。

② 研究发现，移植猪器官时所出现的超急性排斥反应，主要源自猪体内的α1，3半乳糖分子（α-GAL）与人体体内抗体和补体联合产生的剧烈排斥反应。而α-GAL的表达又受α1，3半乳糖转移酶（α-GT）的控制。因此，寻找一种不会产生超急性排斥反应的动物供体，成为异种器官移植研究的重要内容。转机出现在1996年世界首只克隆羊多莉诞生之后。克隆技术让科学家看到敲除猪体内α-GT基因的可能性。利用分子生物学同源重组的方法，成功敲除猪体内的α-GT基因，培育出的猪称为转基因敲除猪。（参见刘虹桥《异种移植来了》，载《新世纪》（周刊）2012年7月11日）

单一人体供体时代。繁殖能力强、生长速度快、可在超洁净环境下规模化养殖的转基因敲除猪将为焦急等待器官移植手术的患者提供安全、有效的供体器官。[1]

该案例涉及的伦理问题是：异种移植能否得到伦理辩护？

正如该报道所言："中国每年有近150万名患者等待接受器官移植手术，但最终能够得到供体并接受移植的病人不足1万人。巨大的器官缺口，让许多患者不得不在等待供体的过程中耗尽生命。"[2] 器官移植供体严重缺乏的主要原因有这些方面：首先是传统观念过于看重尸体完整性的影响。"身体发肤受之父母"的传统观念和"入土为安"丧葬习俗，成为阻碍人们捐献器官的心理障碍；其次是我国法律没有规定脑死亡标准，很多病人要等到全身器官衰竭的时候，才会确定死亡，但这样的器官已经不能成为可供使用的供体；另外，由于移植技术的成熟，更加剧了这种供求矛盾。针对这种情况，科学家不得不把目光转向动物，向动物要器官，并开展了异种器官移植的探索。

20世纪60年代异种器官的研究对象以黑猩猩为主，后来又转向了与人更近似的狒狒，由于两者均为珍稀物种，受到法律保护，而且可能对人类隐藏着跨物种感染的风险。于是研究者把目光转向了人们熟悉的猪。猪饲养容易，繁殖既快又多，器官在大小和结构上都适合移植，而且猪不属于珍稀物种使用较少引起伦理争议。但猪作为人类所需器官的供体，仍会遇到排异反应的老问题。于是，科学家们设想：如在猪的受精卵里加进人类的基因，就不一定会引起人免疫系统的排异反应。"早在1985年，这方面的研究就在英国剑桥生化公司启动了。研究者从母猪的子宫里取出一个受精卵，将它放进装有人类基因的试管里，等它们结合并融为一体之后，再把这个融合体送回母猪的子宫里；1992年圣诞节，世界上第一头带有人类基因的猪在伦敦降生了。到1993年，英国已有37头带上人类基因的猪，这些猪被称作转基因猪，是为了实现跨物种器官移植而被培育出来的。有些科学家设想，这项技术一旦进一步成熟和成本下降，每个人都可以出资饲养一头'自己的'转基因猪，以它作为'器官

---

[1] 刘虹桥：《异种移植来了》，载《新世纪》（周刊）2012年7月11日。

[2] 同上。

库',如果本人发生意外伤病需要移植器官,那么这头转基因猪就派上用场了。"①

异种器官移植对人类是否安全,既是一个技术问题,又是一个伦理问题。毕竟,伦理是以人作为出发点的,因此就要考虑人的健康、安全和利益。的确,不同物种间生物物质的混杂违背了自然法则,但关键是人类和动物基因结合之后,会不会产生变异?甚至出现意想不到的严重后果?例如,有些对动物无害但对人体有害的传染性病菌,是否可能通过异种移植传播给人类?这些问题可能是人类当下面临而又一时无法现在回答的。这些问题既是技术问题,又是伦理问题。另外,在卫生资源相对短缺的条件下,涉及高科技的异种移植的研究必然会花费较大的人力、物力和财力,并与其他理应更为优先的、与基本医疗保健相关的项目争夺资源,这就涉及高新技术的使用与基本医疗保健孰轻孰重的问题以及资源如何才能公正分配的问题,这也是伦理问题。

本案例从境遇伦理的角度来看:转基因敲除猪的研究与应用并不涉及生态平衡的问题;从研究的动机来说,这种异种器官移植的研究应该是为了解决人类移植器官短缺的问题,有利于从更大程度促进人类健康发展的善的目的;从研究过程来看,转基因敲除猪的应用应该并非直接用于人,而是先在狒狒等大动物身上进行试验研究,先获得动物实验的数据,再通过反复审查,来确定对人是否真正无害;从结果来看,还应该进行"风险受益比"的评估。"受益"的评估是异种器官能否移植给人?"风险"的评估是猪的器官会不会携带传染性病菌并通过异种移植传播给人、人和转基因敲除猪的基因结合之后不会产生变异等?当然,现在还未在人的身上进行移植试验,无法得到对人体造成的好的或坏的结果。假设一旦获得好的效果——通过动物实验或其他实验能够证明人和转基因敲除猪的基因结合之后不会产生变异,也不会造成对动物无害但对人体有害的传染性病菌通过异种移植传播给人这样的严重后果,就能体现结果善。否则,通过"风险受益比"的评估,得不到受益远大于风险、风险对人体健康的影响可以忽略不计这样的要求,就是结果恶,而得不到境遇伦理的辩护。境遇伦理是爱的伦理、是计算的伦理,"爱必须

---

① 刘学礼著:《生命科学的伦理困惑》,上海科学技术出版社2001年版,第211页。

考虑到一切方面，做一切能做之事。……爱在道义上必须多方面地计算。"① 计算必须是慎重的、全方位的考虑，包括动机、过程、方法以及结果等方面，其目的是最大程度地促进人的健康、维护人的有尊严的生活。

三 器官商品化的境遇道德选择

案例八：一名 17 岁高中生王某，为买苹果手机和 iPad，在网上黑中介的安排下仅以 2.2 万元卖掉自己的一个肾。介绍卖肾的中介和做手术的医生已被检察院以涉嫌故意伤害罪，依法提起公诉。法院对其中 7 人以故意伤害罪分别判处有期徒刑，另 2 人免于刑事处罚。案件审理过程中，9 名被告人和两家相关单位自愿连带赔偿附带民事诉讼原告人王某经济损失 140 余万元。②

该案例涉及的伦理问题是：人体器官能否买卖？或者说能否允许器官商品化？

如果单纯从增加作为移植用器官供体来说，器官商品化确实可以缓解目前器官紧缺的矛盾，但却得不到伦理的支持与辩护，其主要原因是：（1）违背"公正"这一基本的伦理原则。有钱的患者可以通过购买器官而重获新生，而贫穷的患者只能绝望地等待死亡来临，生死由金钱来决定，而使得在生死面前表现出不平等；若社会贫富悬殊，穷人为了生存便期望通过出售自己的器官来获取金钱；而且，穷人只能出卖器官而享受不到器官移植的好处，这样就加剧了社会不公和社会矛盾。（2）有损人的尊严。将人体变为商品是对人的尊严的亵渎。（3）不可能做到真正的自愿同意。以营利为目的的器官市场的必然结果是，穷人在绝望条件下被迫出售器官，不可能做到真正的自愿同意。（4）降低医疗机构器官移植的技术水平。器官商品化的最大目的是追求利润而非病人利益，会促使一些条件不具备的医院纷纷匆忙加入器官移植的工作，降低器官移植的水平；供者、中间商为了赢利甚至有意掩盖供者疾病从而影响接受

---

① 弗莱彻：《境遇伦理学》，程立显译，中国社会科学出版社 1989 年版，第 72—73 页。
② 参见《少年卖肾买 iphone 案一审 7 人获刑 判赔 147 万元》，载《潇湘晨报》2012 年 11 月 30 日。

者的身体健康,并可能会导致相关的并发症率和死亡率提高。(5)极易诱发犯罪。器官商品化极易产生以金钱为目的,通过损人健康、甚至残害生命获取人体器官的犯罪集团。另外,还可能会助长非法买卖器官以牟取暴利、监狱犯人通过出售器官减刑、高利贷组织通过逼债方式强行摘除器官抵债等犯罪行为的发生率。

就本案例而言,中介以金钱为诱饵,在违背了高中生王某真实意志的情况下,贿赂医护人员,获得了肾脏,无论是中介还是医护人员,他们的行为都违背了《人体器官移植条例》之规定:任何组织或者个人不得以任何形式买卖人体器官,不得从事与买卖人体器官有关的活动(第三条);人体器官捐献应当遵循自愿、无偿的原则。公民享有捐献或者不捐献其人体器官的权利;任何组织或者个人不得强迫、欺骗或者利诱他人捐献人体器官(第七条);任何组织或者个人不得摘取未满18周岁公民的活体器官用于移植(第九条)。同时,他们的行为也是不道德的行为(因为道德是利他而不是害他),背离了世界卫生组织制定的人体器官移植指导原则之规定:不得从活着的未成年者身上摘取移植用的器官。在国家法律允许的情况下对再生组织进行移植可以例外(第四条);人体及其部件不得作为商品交易的对象。因此,对捐献的器官给予或接受支付(包括任何其他补偿或奖赏)应予禁止(第五条);如果医生和卫生专业人员有理由相信有关的器官是从商业交易所得,则禁止从事这类器官的移植(第七条)。这些指导原则其实就是器官移植所应该遵循的道德原则。从境遇伦理的角度考量,中介和医护人员的行为也背离了境遇伦理的最高原则:"爱"——爱他人、爱社会。"在任何特定的境遇中,凡是表达了爱的东西都是善的!"[1] 显然,中介和医护人员的行为是必须受到道德谴责和法律追究的行为。

第三节 安乐死的境遇道德选择

安乐死(英文为 euthanasia)原意为 good death(好死)或 death without suffering("无痛苦死亡"或"尊严死亡")是指临床工作中、对于现

----

[1] 弗莱彻:《境遇伦理学》,程立显译,中国社会科学出版社1989年版,第47页。

有医疗科学技术也无可挽救其生命、濒于死亡的患者,在其本人真诚委托的前提下,为减少其难以忍受的剧烈痛苦,所采取的提前终止其生命的医学措施。

1985年出版的《美国百科全书》中把安乐死称为:"一种为了使患有不治之症的病人从痛苦中解脱出来的终止生命的方式。"这种痛苦既包含肉体上的痛苦,也包含精神的痛苦,从患者死亡过程中的实际生命感受来界定这种死亡形式,就是让患者能够最小限度地减少痛苦和最大限度享受安详的死亡过程。

"广义上的安乐死是指使生命尽量安详无痛苦地终结的一种死亡实施或死亡过程。因而,一切采用(作为和不作为)某种生命干预而使人的生命较之不采用某种生命干预更能安详无痛苦地终结生命历程的死亡实施或死亡过程,在广义上都可以称之为'安乐死'。严格意义上的'安乐死',是指在医疗领域发生的,由医护人员来实施的,由疾病患者所要求并且由疾病患者来承担的,旨在无痛苦地解除患者痛苦并且该目的之实现在技术和操作上是可行的一种人为致人死亡的死亡实施或死亡过程。"[1]

"显然,从概念上应明确地将安乐死理解为死亡过程中的一种良好状态和达到这种状态的方法。这种方法是对'死'的控制,而不是对'生'的侵犯。更不能把安乐死理解为死亡的原因。从观念上应将安乐死理解为人类理性意识的觉醒,而不是消极厌世的产物。"[2]

"'Euthansia'译成安乐死,源自佛教净土宗之经要《佛说无量寿经》:'无有三途苦难之名,但有自然快乐之音,是故其国名曰安乐'。西词'euthanasia'真义为'清净死'或'安宁死',因为生命质量低劣,再无何求,除蕴苦,只求安宁、无欲、清洁而去,带着生命的尊严,把最后的'价值'留给世界,再不求取任何资源,空净轻轻而来,安平无悔地离开。"[3]

---

[1] 林桂榛、陈瑛:《论"安乐死"的构成要素及道德冲突》,载《浙江大学学报》(人文社会科学版)2002年第3期(第32卷)。

[2] 刘耀光、李润华:《医学伦理学》,中南大学出版社2001年版,第177页。

[3] 孙慕义主编:《医学伦理学(第2版)》,高等教育出版社2008年版,第211—212页。

安乐死并非一个新问题，一百多年来，它一直困扰着人类的道德理智与良心，争议始终没有停歇，其中主要原因在于，至今尚无人能够提出一种令人信服的关于安乐死的论证。当然，这又与安乐死本身的复杂性有关，而且安乐死还涉及多个领域，如法学、伦理学、医学、哲学、社会学等。随着人们对生命质量和生命价值日益重视、生死观念的转变、权利意识的提高，当患者无法避免死亡又面临无法改变的极端痛苦时，在尊重患者真实意愿选择的前提下，可否通过医学手段使其尊严、安宁的死亡逐渐为社会所关注。安乐死可否依靠医学手段来实施的确是一个道德难题，无论是赞成者抑或反对者都有为此辩护的理由，任何一方都没有绝对压倒另一方的充分理由。

赞成者常常有这样的辩护理由：（1）符合生命质量和生命价值原则。人的生命的存在应该是健康的、愉快的、有意义和有价值的，而对于一个无法救治、生命垂危、痛苦不堪的患者而言，已经失去生命存在的质量和价值。（2）符合人道原则。对于现代医学无法挽救其生命、死亡不可避免、遭受无比痛苦（包括精神和肉体痛苦）的患者，满足其生命最后一个愿望是符合人道的行动。（3）符合自主原则。生命由每个人自己支配，生命权属于自己，人既然有生的权利，当然也就有死的权利，包括选择死亡方式的权利，安乐死正体现这种权利，体现了对患者权利的尊重。尤其是当病人极端痛苦，生命又无可挽救时。（4）符合社会公益原则。在不可逆转的危重病人身上消耗了大量的人力、物力、财力，其结果仅获得了死亡时间的延长。这既直接浪费了有限的医疗卫生资源，又间接占用了其他患者的利益。这样，不仅直接加重了患者家庭的负担，又间接加重了社会的负担。安乐死可以节约医药资源，对病人、家属、社会均有利。因此，对无望的病人实施安乐死应该是一种公益的做法。

而反对者常常有这样的辩护理由：（1）不符合生命神圣原则和人道原则。人在自然之中拥有着得天独厚的地位。中国古人常说"天地人"，把人放在天地之间，意味着人在生命的层面上是上接与"天"、下接与"地"的，是自然精华的凝聚。正因如此，人的生命才具备了神圣性。中国文化的"人是万物之灵"以及西方文化的"人是万物的尺度"[①]都深刻地体现了人的神圣性。而安乐死却忽视了人的生命神圣性,实际上是变相杀人、慈善杀人,是不人道的。(2)与医生的职责不符。救死扶伤是医务人员的天职,安乐死是与医生的这一职责不相符的。允许安乐死,无异把杀人的权利赋予了医生。[②](3)对医学的发展不利。"医生的判断并不总是正确,安乐死可能导致错过三个机会,即病人可能自然改善的机会、继续治疗可能康复的机会、探索新技术和新方法使该病可望治疗的机会,医学总是在医疗实践中,在不断探索不治之症的奥秘中,从失败走向成功,只要有生命现象,就有被救活的可能,如果认为不可救治就放弃救治,既不利于医学科学的进步,更不利于医学价值的实现。"[③]

从赞成者与反对者的辩护理由来看,生命神圣论与生命质量论之争是安乐死中首要的伦理争议。生命神圣论认为人的生命是上帝创造的、是神圣的,因此,任何人不得随意扼杀生命(自己和他人的生命),故安乐死是不具有伦理意义的;生命质量论则突出强调了人的尊严、快乐和生存质量,暗含了生命尊严与生命自主权的意蕴,肯定安乐死是具有伦理意义的。两者的争论反映出人类主体共同面临生与死的矛盾状态时不同的价值选择。

由于无论赞成者或者反对者都有他们的辩护理由,都很难说服另一方接受自己的观点,因此,安乐死问题才成为争论不休的道德难题。其实,安乐死问题是否可以接受或者说是否可以得到伦理辩护,还要在具体的境遇中进行考量。因为只有在具体的境遇中才能体现特殊性,才能

---

① "人是万物的尺度"是古希腊哲学家普罗泰戈拉《论真理》中的名言,具有反传统的意义。在当时的希腊,传统观念是以神为万物的尺度。而普罗泰戈拉在怀疑神的存在以后,试图让人取代神的地位,从对自然和神的研究转向对人和社会的研究。把人看作万物的尺度,是对人的尊重,也提升了人的主体地位。

② 我们的确要预防如下情况的出现,即患者家属或医师或其他相关人员为达到自己的利益,而不负责任地怂恿患者或其代理人去选择安乐死。这种对安乐死不负责任的滥用使患者完全沦为实现他人利益的工具,从而所谓尊重患者生命自主权的核心主张就落空了。为预防这种情况发生,我们需要在程序上严格把关(翟振明、韩辰锴:《安乐死、自杀与有尊严的死》,《哲学研究》2010 年第 9 期)。

③ 孙慕义、徐道喜、邵永生主编:《新生命伦理学》,东南大学出版社 2003 年版,第 214 页。

在谁也不服谁的境遇中找到一种相对合理的选择；另外，还要区分安乐死的不同类型进行区别对待。按照执行方式，安乐死分为主动安乐死（又称积极安乐死、仁慈助死）和被动安乐死（又称消极安乐死、听任死亡、放弃治疗）。"安乐死可以指'消极'（passive）或'积极'（active）地导致死亡。换句话说，可以消极地停止治疗或利用积极的行动致死。"①只有区别了安乐死的类型，伦理分析才有针对性。以下就根据这两种安乐死的类型，通过一些案例，进行境遇伦理分析。

一 积极安乐死的境遇道德选择

人是偶然才来到这个世界上的，人是偶然的存在，但人的终点（死亡）却是必然的，每人如此，无法选择。死亡是每一个人最不愿面对的事实，"好死不如赖活"就是最真实的表达。积极安乐死（主动安乐死、仁慈助死）就是选择"好死"而不是选择"赖活"，一般来说，它是医生根据患者的真实请求（真实的志愿），有意识地对患有临床重大疾病，无法摆脱难以忍受的痛苦、不可救治且不可逆转的患者采用药物或其他办法，主动结束患者的生命，加速其死亡的过程。其目的是让患者安然、无痛苦地离开人世（好死）。在这里，不可救治的疾病、无法摆脱的难以忍受痛苦、无痛苦死亡的认定问题都是医学问题；另外，自愿原则也表明安乐死似乎是个人的选择，与他人无关；但安乐死，特别是积极安乐死，实际上关系到与患者个人相关的家庭、医务人员甚至其他社会成员。因此，积极安乐死的问题不仅涉及医学问题，也涉及道德问题，甚至还涉及法律、哲学问题。故而，对积极安乐死的选择就是一项是否符合道德的价值判断或选择。由于安乐死问题是一个上百年来的古老话题，可谓仁者见仁智者见智，赞成与反对都有其较为充分的理由，故而，积极安乐死是否是道德的？

这样的话题必须在具体的境遇中才能进行较为合理地把握与选择，现举如下案例②进行分析：

---

① [美]波伊曼著：《生与死——现代道德困境的挑战》，江丽美译，广州出版社1998年版，第74页。

② 参见《"安乐死"第一案涉案人病痛而终》，《北京青年报》2003年8月5日。

王某的母亲夏某被医院诊断为肝硬化腹水，多次昏迷，并有褥疮及溃烂、下肢水肿溃烂、大小便失禁等症状。入院当日已发病危通知书，后经常规治疗，症状稍有缓解，但夏某仍感到疼痛难忍，喊叫想死。于是，王某和其妹向主管医生蒲某和院长询问其母病情、是否还有救？两人都说治疗无望。王某说，既然没有救能否采取措施让其母免受痛苦。蒲医生向他们介绍了国外安乐死的情况。院长说，在一些国家可以但我国没有立法。次日，王某及其妹要求给其母实施"安乐死"，蒲医生先是不同意，经家属一再要求、并表示愿意承担一切责任后，便开了100毫克复方冬眠灵（处方上注明"家属要求安乐死"、王某也签名）。护士长接到处方后，指示当班护士不能打，蒲医生又令实习生蔡某注射。蔡借排空气之机，将部分药水推向地面，实际推入夏某体内只有75毫克。王某和其妹见母亲未死，两次去医生办公室找值班医生李某，李某按照蒲医生的指示又开了100毫克由值班护士注射，次日凌晨夏某死亡。

　　王某的大姐、二姐为让医院赔偿其母的医疗费、丧葬费找院长协商无果，遂向公安、检察院控告蒲医生故意杀人。公安立案侦查，并以故意杀人罪将蒲医生、李医生、王某及其妹4人收容审查。王某的两个姐姐见其弟、妹被收审，多次要求撤诉，因属公诉案件被拒绝。医疗事故鉴定委员会作了死因鉴定：疾病和冬眠灵之作用兼有，后者促进死亡。检察院以故意杀人罪将蒲医生、王某批准逮捕，并向法院提起公诉（另外两人免予起诉）。法院公开审理，一审判决：被告人王某在其母病危难愈时，再三要求蒲某注射药物，属剥夺其母生命权的故意行为，但情节显著轻微、危害不大、不构成犯罪。被告人蒲某在王某的再三要求下，开出促进死亡的药物，属剥夺公民生命权的故意行为，但情节显著轻微、危害不大、不构成犯罪。一审判决后，检察院提起抗诉；蒲某、王某对认定行为违法不服提起上诉。上级法院二审裁定：驳回抗诉和上诉、维持原判。

　　然而，就在夏某去世17年后，患胃癌晚期的王某因不堪病痛折磨，同样发出了想要"安乐死"的呼声，因国家没有立法，医院不能实施，他感到非常痛苦、遗憾，两个月后因病情恶化去世。

　　对此案例，从境遇伦理的角度应如何分析？境遇伦理的核心原则是

"爱","爱是唯一的普遍原则"①,意味着当任何其他原则与爱的原则相冲突时,必须无条件服从"爱"这一普遍原则。爱意味着在人与人的互动过程中更多地从关心、帮助他人,更多地从他人、社会的角度进行思考与行动。爱是无私、是给予,由于情境与社会的复杂,无私也并不能完全带来好的结果,爱还需要计算,从目的、方法、结果、条件等各个环节进行全面考量,以计算是否达到最大爱心的行动。

在本案中,蒲、王等人的动机或目的是什么?这是关键,是恶意剥夺患者的生命?王某是孝子、平时对母亲十分孝顺,本来家人就准备为其母料理后事,是他坚持将母亲送往医院抢救,但看到母亲病入膏肓、痛苦难忍、好转无望,不忍心她受苦,才与其妹做此选择;蒲某与他们又无冤无仇,是他们一再要求、并表示愿意承担一切责任的前提下才做出的决定。不难看出蒲、王等人的动机是为了减轻生命晚期病人难以忍受的痛苦,不具备杀人的直接和间接动机、也不具有社会危害性。

在王某及其妹妹的一再要求下,蒲医生通过注射复方冬眠灵的方法对夏某实施"安乐死",其后果上是加深了患者的昏迷程度、促进了死亡,而并非其死亡的直接原因。一般而言,首次用药者复方冬眠灵的中毒剂量,每次应大于 100 毫克,每日应大于 400 毫克。夏某死亡前,两次被注射总量为 175 毫克的复方冬眠灵(每支含 50% 的冬眠灵和 50% 的非那根,实际量为 87.5 毫克),药量仍在正常允许的范围。②

通过注射复方冬眠灵促进了患者死亡的效果:使患者达到了"安详无痛苦"地解脱了她难以忍受的、无法治愈疾病的折磨。"伴随着死亡所带来的痛苦比死亡本身更可怕。呻吟与痉挛、面目扭曲变色、亲友们的悲痛、丧父与葬礼,这些场面都显示出死亡的恐怖。"③ 因此,英国哲学家弗兰西斯·培根(1561—1626)是赞同自愿安乐死的,并在其著作《新亚特兰蒂斯》(1627 年出版)中多次提到"无痛苦致死术"。

"安乐死"虽然也致人死亡,但故意杀人罪不同。对垂危病人,在其

---

① 弗莱彻:《境遇伦理学》,程立显译,中国社会科学出版社 1989 年版,第 47 页。
② 参见《当事人披露我国首例"安乐死"案审判始末》,《华商报》2001 年 4 月 23 日。
③ [英]弗兰西斯·培根:《培根论人生》,龙婧译,哈尔滨出版社 2004 年版,第 6—7 页。

真实自愿的情况下，或者说是因其自身无自愿能力而在其家人以"爱"作为出发点的、意见一致的情况下，通过"安乐死"的方法，所追求和希望的不是死亡的结果，因为死亡的结局已无法挽回（积极安乐死的条件就是患者所患疾病是不可逆转、无可挽回生命的），追求的是减少死亡前的痛苦，是对死亡方法和途径的选择、是观念的更新，"安乐死的本质是死亡过程的文明化、科学化"①。

蒲、王等人的行为在实施条件上未能很好地控制与把握，主要表现在：（1）夏某感到疼痛难忍并喊叫想死，这种想法会让人们怀疑是不是其真实意思的表达？因为人们可以认为这是她本能的疼痛反应，而并非是她真实的意思表达，况且，人的动机和意志有并非一成不变的，"想死"与"要死"是一个完全不同的概念。如果在其意识比较清醒之时有一个不受外在因素干预的坚定的意思表达，并以文字的形式作出，这种"自愿"才是可靠的；（2）如果在其母丧失意识、没有自愿能力的情况下，必须取得家庭直系血亲以"爱"作为出发点的、一致意见的情况下，才符合这种境遇的道德选择。而本案似乎在没能取得所有家人意见一致的情况下（王某的大姐、二姐为了让医院赔偿其母的有关费用无果后向公安局控告蒲医生故意杀人，当其弟、妹被收审后，颇感后悔并多次要求撤诉。——如果是一家人都同意的，王某的大姐、二姐为何还要医院赔偿呢？），就让医生采取安乐死的措施，是有违程序正义的道德追求的。

总的来看，该案例中蒲、王等人的行为如果在实施条件上能很好地控制与把握的话，是可以得到境遇论的辩护的。有关安乐死的境遇道德选择其实就是要通过目的、方法、条件、结果等各个环节的计算或考量，看看是否能够达到符合患者真实愿望、符合伦理要求的爱心行动。

"爱的计算"是必须考虑的，即安乐死的实施必须由医护人员按照法定程序严格执行，实施的目的或动机必须是善意的，实施的方法必须是医学上可行且无道德争议，实施的效果必须是安乐的，实施的条件必须是患者患有不可医治之严重疾病、遭受不可忍受之极端痛苦、主动要求

---

① 韩东屏：《安乐死之争的是是非非》，《湖南社会科学》2005 年第 4 期。

并且自愿承担责任①等情形。这些考量或计算不仅需要具体负责的医务人员进行，而且最好在方案实施前通过专门的伦理委员会来进行。

通过在这种具体境遇中的计算，需要表达一种思想或者说体现对待安乐死问题的价值观：不是为了追求尽快了结生命的结果，而是为了减少人的极端痛苦、维护生命的尊严。因为，人的尊严是不可缺少的人格要素，人格尊严是具有伦理性品格的权利，并已成为当代民主国家公民权利的内容之一，是个体尊重他人和被他人尊重的统一，是个体价值被评价的结果。

安乐死传递了这样的生死观：生亦快乐、死亦安乐，给生命以尊严、给时间以意义。但这种"尊严"与"意义"的获得是附有极其严格的条件与程序的。例如，"按照罗伯特·杨（Robert Young）的表述，允许实施自愿的安乐死的五个必要条件是：（1）一个人正遭受某种晚期疾病的折磨；（2）在其预期寿命的剩余时间里不太可能再受益于一种针对其疾病的疗法的发现；（3）作为那种疾病的直接后果，或者正遭受不可忍受的痛苦的折磨，或者仅能拥有一种令人不满意的累赘的生活（因为该疾病将不得不以导致如下结果的方式进行：她会以不堪的方式依赖于他人或依赖于技术性的维持生命的手段）；（4）有持久的、自愿的和熟虑的死亡的意愿（或者在其丧失作出这一意愿的能力前，已经表达了在条件（1）—（3）具备的情形下要求一死的意愿）；（5）在没有帮助的条件下，没有能力实施自杀。"② 否则，如果没有严格的条件与程序的规制，安乐死，特别是主动安乐死很可能就会成为某些别有用心的人（甚至包括医生、患者的亲人）达到其不可告人目的的手段。

二 放弃治疗的境遇道德选择

放弃治疗亦称听任死亡、被动安乐死、消极安乐死。"一般而言，放

---

① "死亡主体的生命意志必须是存在的、自由的，并且是有能力如实表达的——无自由意志或有自由意志但无意志表达能力者，其意志和意志表达可按'善意推定'和'代理选择'的原则进行相应的判别和确定，如无脑儿、全脑死亡的植物人、不可逆的昏迷病人等。但是，无自由意志或有自由意志但无意志表达能力者能不能被实施'安乐'性死亡？这在道德原则上还是值得深入怀疑和讨论的。"转引自林桂榛、陈瑛《论"安乐死"的构成要素及道德冲突》，《浙江大学学报》（人文社会科学版）2002年第3期（第32卷）。

② 翟振明、韩辰锴：《安乐死、自杀与有尊严的死》，《哲学研究》2010年第9期。

第七章　临床高新技术应用的境遇道德选择 / 267

弃治疗是指对不可治愈的晚期患者或能维持呼吸心跳,但生命质量极度低劣且不能复苏意识的患者,不再给予人为地延长生命的治疗。"① 由于放弃治疗需要医生对病人及其家属同意是否真实等具体境遇的判断,涉及病人的生命和健康、病人家属的情感和利益、以及各种利益的平衡,因此,对特定境遇下究竟是否应该放弃治疗的选择就是一项道德选择。通过以下一案例②来看放弃治疗究竟应该如何进行道德选择?

一未满月女婴出生时患有肛门闭锁、多发瘘、肾积水、心脏卵孔未闭等先天缺陷,在医院接受了十多天的治疗后,家人决定放弃治疗,理由是:第一,现有医疗技术很难治得好,即便治好,将来在工作、婚姻、生育等方面都会有许多不便,如果孩子存活下来,她以后的生活怎么自理?有多少人敢娶一个先天残疾的姑娘?她会不会面临歧视而产生的自卑感伴随其一生?第二,宝宝因治疗经受了太多痛苦和折磨。到底该不该放弃治疗?也有网友认为,父母无权自行决定孩子生死;也有网友认为,就算宝宝能活下去也可能是残疾之人,会一辈子都活在痛苦之中,优胜劣汰是自然法则、必须遵循;还有网友认为,不放弃是伪善,尽管放弃的决定绝对比无意义的治疗需要更大的勇气,但却能避免今天或今后的许多痛苦。

究竟对此放弃治疗案例应该如何进行道德选择呢?可通过境遇伦理的方法进行分析。

境遇伦理的关键词是"爱",其方法是"爱的计算"或者说爱的权衡、考量。"爱的计算"就是要在具体的境遇下权衡、考量、计算采取一定行为所带来的各种利弊得失,通过比较和价值衡量,从而找到合理的行动方向,进行合理的道德选择。这种比较、权衡价值的大小过程就是道德选择的过程。"道德选择是一种特殊的社会选择,是人在一定的道德意识支配下,根据某种道德标准在不同的价值准则或善恶冲突之间所作的自觉自愿的抉择。道德选择是一种价值取向,是人为达到某一道德目标而主动作出的取舍。道德选择又是价值观的表现形式,它把人们内在

---

① 杜治政著:《医学伦理学探新》,河南医科大学出版社2000年版,第213页。
② 参见《肛闭女婴等着饿死　父母放弃网友执著》,载《广州日报》2010年2月5日。

的价值观念、道德品质等以心理活动和行为活动的形式呈现给自己或别人。"①

本案例中,"爱的计算",就是要在具体的境遇下权衡放弃治疗所带来的利弊得失,进行价值的计算或考量。当然,这种通过权衡、计算、考量的道德选择过程是不同的价值观的碰撞、取舍的过程,是通过比较而得的、定性的,而非能够严格定量的。

如果放弃治疗,可能带来的"利"的理由,主要有:①从人道的角度。孩子的生命几乎不可挽救,即使可以挽救,孩子现在正遭受着莫大的痛苦,有可能残疾,将来的工作、结婚、就业、歧视等一系列问题如何解决?这是不人道的,现在的放弃恰恰是使她避免未来的更大的痛苦,是一种人道的选择;②从生命质量的角度。人不仅要活着,还要活的有质量、有意义、有价值、有尊严,这是人类的本性和愿望使然。维持一个毫无质量和价值的生命意义何在?③从利益的角度。要考虑不可治愈患者的家庭和社会的利益,把大量的资金、人力与物力用在无望的患者身上实际是一种医疗资源的浪费。放弃治疗有利于节约医疗资源,不仅有利于社会,把这些医疗资源用于其他更需要的人群,也有利于家庭,减轻给该婴儿父母带来极大的精神和经济负担。

如果放弃治疗的话,可能带来的"弊"的理由,或者说如果不放弃治疗,可能带来的"利"的理由,主要有:①从生命神圣的角度。每个人的生命只有一次,既神圣又宝贵,每个人都有生的权利,在临床治疗中,只要有一丝希望就不能放弃抢救患者的生命;②从关爱的角度。父母既然有了孩子,就要关爱、尽责,特别对生病的婴儿,应该给予更多的关爱。生命无价,爱心更无价。但放弃治疗有时候也因"爱"的动机,关键是不是"一点都没有办法"的放弃?如果不是就不能得到道德上的辩护;③从医学发展的角度。医学的进步总是会面临这样那样的失败,如果一失败就"低头"、就退缩,医学怎能进步?医学就在不断探索疑难病症的过程中、在探索生命现象的奥秘中才能不断发展。况且,患者家属或者医生的判断(如果医生同意放弃治疗的话)并不总是正确,放弃治疗可能导致错过患者继续治疗可能康复

---

① 罗国杰主编:《伦理学》,人民出版社 1989 年版,第 344 页。

的机会、错过探索新技术和新方法使该病有望获得治愈的机会；④从职责的角度。救死扶伤是医务工作者的职责或者说天职、是人道主义精神的展现和弘扬，任何情况下放弃抢救患者的生命是和医生的职责不相称的和不道德的，对每一位患者医务工作者必须全力救治，没有任何含糊。

从上述利、弊的比较来看，显然，主张不放弃治疗的理由更多、更充分。

再从是否符合放弃治疗的医学标准来看？该不该放弃治疗，必须首先进行医学判断和评价，只有符合科学的事实判断，才可为价值选择奠定基础。一般而言，放弃治疗医学标准是现代医学无法医治的重症疾病，已到晚期、生命无法挽救，患者遭受躯体和精神上的极端痛苦，且有患者或其家属自愿、合理、迫切的要求。就本案例而言，婴儿出生时所患先天缺陷，并非是现代医学无法医治、无法挽救的，只要全力救治，还是有生存希望的。

另外，"优胜劣汰是大自然的法则"能否为放弃治疗进行价值辩护？当然不能！自然选择、优胜劣汰，是动物间的生存法则，而对作为有理性、有情感的人类来说，是不能按照此逻辑行动的，否则残疾人、病人等弱者哪有能力参与为生存竞争的"自然选择"？假如有一天你身患疾病，或者身体残缺，亲人选择了放弃你，你有怎样的感受？难道不觉得心寒？由此可见，"爱"永远都不是多余的东西，人类的世界正因为有了爱才美丽、才值得怀念。爱是道德选择的基础和出发点。

假如有人说：尊重生命，不只是活着，而是要活得有质量、有尊严、有意义，如果没有（婴儿是将来没有），那么选择放弃更能体现人道，体现对生命尊重，体现对他人、对社会的尊重。然而，"人道"更多的是指为了人的生存与发展，"活得有尊严"并非仅是从外部形象上无残疾就有尊严，还包含了精神层面的意义和影响。假如一位残疾人创造的物质财富很少，但他（她）却有着非凡的勇气和毅力，向自我的先天不足挑战，并创造了一定的成绩，同样值得钦佩，因为他（她）能在精神上给人深刻的启迪与长久的影响。没准这个被抢救过来的婴儿就是未来的史蒂芬·霍金①般的人物呢？孩子的未来是不可预测的，谁也无法在史蒂芬·霍金小的时候就能预测到他的未来，虽无法说话、全身瘫痪，照样不妨碍他成为一名伟大的科学家。事实证明，他不仅活着，而且活得有意义。

通过以上对放弃治疗带来的利弊得失理由之权衡，就此案例存在的特殊境遇而言，不应轻易地放弃治疗，而应采取积极措施予以抢救。一个重要的原因就是：基于对生命权的尊重。因为生命权是基本人权（宪法予以规定与保障的权利），各级政府和医疗卫生机构有义务和责任保障病人的这项权利。拯救这个孩子，不只是在拯救她一个人，而是拯救和塑造人的心灵——在人的心灵中升起的对生命的尊重意识。只有在全社会树立起尊重生命的意识，这样的社会才会令人温馨和怀念。不要认为能够减轻病患对社会和家庭经济上、身体上、心理上的负担就是合道德的。放弃治疗是现有条件下的无奈选择，但并不是说"完全"具有道德上的合理性。

其实，利弊得失的比较过程就是价值的衡量、选择过程。"价值问题本质上是一个目的性问题和超越性问题。现实世界不会自动满足人，人必然要通过自己的实践活动去改造世界，实现目的，超越现实，追求理想。人的实践活动，是一种改造世界实现目的的目的性活动；人的实践本质，是一种超越现实追求理想的超越性本质；人的实践方式，是一种变革旧世界创造新生活的创造性生存方式。正是人的实践的这种目的性活动、超越性本质和创造性生存方式，才产生了惟有人才会具有的对价值的追求、选择、创造和实现活动。"②一项行动，只有在确定利大于弊、甚至利远远大于弊的情况下才能实施，这种"利与弊的比较"不仅是对有利于个体的考量，更是对有利于整体和社会的考量。这种对价值的考量、衡量、选择的过程其实就是"爱的计算"过程，是努力寻求合理化、

---

① 史蒂芬·威廉·霍金（1942—2018），剑桥大学哲学博士、数学及理论物理学系教授、广义相对论和宇宙论学家，被誉为继爱因斯坦之后世界上最著名的科学思想家、理论物理学家。21 岁时不幸患卢伽雷氏症（肌萎缩侧索硬化），肌肉萎缩、被禁锢在轮椅上、只有三节手指可以活动。1985 年，因患肺炎，做穿气管手术，失去说话能力，只能通过语音合成器演讲和回答。其《时间简史——从大爆炸到黑洞》一直雄踞畅销书榜，并力图以普通人能理解的方式来讲解黑洞、宇宙的起源等。

② 高清海：《价值选择的实质是对人的本质之选择》，载《吉林师范大学学报》（人文社会科学版）2005 年第 3 期，第 1—2 页。

价值最大化、努力把"个体的生命"和"类的生命"综合考量的过程，也是努力在实践中体现人之目的性、超越性和创造性的过程。这就是道德选择，它不是仅仅满足于个人需要的价值选择，更是个人和社会需要完美结合的价值选择。

当然，对特定案例而言，是否放弃治疗？能否得到道德辩护？必须在特定的境遇下具体问题具体分析。首先要遵守以科学判断为基础，并与价值判断相结合原则，即该不该放弃必须先进行医学判断和评价，看是否符合放弃治疗医学标准，同时有尽可能多的道德辩护理由；其次，要充分尊重患方自主权。必须首先听从患者本人的意见，在患者是未成年人、患精神疾病等特殊情况下，需要听从患者家人的意见；最后，医生要在患方作出明显错误的放弃治疗选择，或者是迫于某种经济利益和条件而作出无奈选择时，行使必要的干涉权，以限制放弃治疗权的不恰当行使。总的来说，只有在符合放弃治疗的医学标准、符合本人或者其监护人的真实意愿、医生并没有行使干涉权的情形、并通过"爱的计算"以证明其能够得到价值合理性辩护的条件下才可实施。只有如此才能体现对人的生命权的尊重，才是合乎道德的选择。

第八章

公共健康行动与医疗卫生改革的境遇道德选择

公共健康行动是利用预防医学的方法进行的、针对有可能危害人体健康的各种因素的防控、旨在提高群体健康水平为目的的行动；医疗卫生改革是针对医疗卫生领域出现的不适应医疗卫生事业发展的各种制约因素而采取的措施和行动。公共健康行动和医疗卫生改革行动中也面临着许多价值选择的难题，有必要通过伦理学的方法去解决问题，而通过境遇论的方法就是一种新的尝试。

第一节 公共健康行动的境遇伦理分析

公共健康行动不仅是一项技术的、依法律进行的行动，而且还需要在正确价值观指导下进行道德选择。例如，在突发公共卫生发生时，如何解决权力和权利发生的冲突？如何协调保护公共健康与保护个人隐私之间的关系？由于境遇的多样性与复杂性，必须结合当时、当地的环境与背景、条件进行道德选择。

一 公共健康行动与爱

公共健康（public health）指整个人口的健康或称公众的健康，是指通过政府和社会有组织的努力，采取切实可行的措施，预防、控制和消除各种有害因素对人群健康的影响，从而实现预防群体疾病、促进群体健康、提高整体人群期望寿命（life expectancy，又称平均预期寿命或预期寿命，X 岁时平均预期寿命表示 X 岁尚存者预期平均尚能存活的年数。出生时的预期寿命简称平均寿命，它是各年龄死亡率的综合，综合反映了居民的健康状况）的效果和状态。

公共健康行动是以人群为主要对象，通过预防医学的方法探查自然和社会环境因素对人群健康和疾病作用的规律，分析环境中主要致病因素对人群健康的影响，制定防治对策，达到促进健康和预防疾病的目的。公共健康行动主要由政府来组织和实施（社会团体和个人可以配合和参与），通过政府组织开展公共卫生活动（指采取有效措施，控制和消除各种有害因素对人群健康影响的活动，如传染病的防治、环境卫生监督等）而得以实现的。公共健康行动涉及医疗体系与制度、食品卫生、劳动卫生、环境卫生、学校卫生、流行病防治、健康教育、不良的个人行为（如吸烟、酗酒）防治等与公众健康相关的问题，内容及其广泛，常常与一个国家的经济、环境、教育等领域相关；在公共健康行动中，政府起着关键性和决定性的作用，同时还必须联合社会的力量才能实现。公共健康水平的高低和国家的经济、教育、文化等各项公共事业的发展密切相关，是综合国力的体现。

公共健康行动依靠预防医学作为理论基础，与个体健康行动的临床医学相比，它们的根本目的是一致的，都是为了增进人体健康，同时也有其自身的特点：①以群体为主要工作对象；②主要着眼于健康与亚健康人群；③积极主动的工作方式；④主要任务是预防疾病在人群中流行，针对影响健康的主要因素和造成疾病流行的诸多潜在因素，采取有效措施，治理、改善和优化人类的自然和社会环境；⑤研究方法上更注重微观和宏观相结合。

公共健康行动就是爱的行动，集中体现了一种大爱、博爱的理念。这不仅是因为它表现了一种对群体或公众的关注，体现了一种"爱世人"的情怀和行动，而且它侧重于对群体或公众"健康和生命"的关注，主要采取预防为主的方针，力图将疾病消灭于萌芽状态，来预防群体疾病、促进群体健康，以提高整体人群期望寿命之目的。需要强调的是，公共健康的实现关键是行动：一种符合道德的行动、一种合理的行动。爱的实现必需要行动。"爱是唯一的普遍原则，但它不是我们有（或是）的什么东西，而是我们实行的东西。我们的任务是要行动，以促成最大可能的善（即慈爱）。"①

由于公共健康行动由政府组织开展公共卫生活动而得以实现，而公共卫生活动不仅涉及人与人、人与社会的复杂关系，而且还涉及人与自然的关系，因此，有必要进行伦理分析。

（一）公共健康行动涉及人与人、人与社会的复杂关系

公共健康是人们通过公共卫生活动也就是通过预防卫生保健活动发生的预防卫生保健工作者与防治对象相互间的联系，这种联系不仅涉及人与人的关系，而且涉及人与社会的复杂关系，因此，他们之间的互动就有必要进行伦理分析。"在公共健康领域，疾病和健康作为一种媒介不仅把人们紧密地联系起来，而且也使人们之间的伦理关系时刻都在发生变化。疾病，如流行病关系到基本的公共利益问题，也涉及个人与公众权利的冲突，一个人因患传染病而被隔离或许违背了他的意愿和权利，在这种情况下，就需要以伦理道德来平衡个人的基本宪法权利与公共利益之间的冲突。从公共健康角度思考伦理问题与传统的医学伦理学视角不同。前者着眼于人口而不是个人的健康，着眼于群体的利益而不是个体病人的利益。这就需要医生和社会来平衡它们之间的冲突。"② 这就意味着，凡是涉及与他人、与社会关系的行为活动就需要考虑伦理问题。例如，艾滋病是一种与他人和社会密切联系的传染病，其三种传播途径（血液、性和母婴传播）均和个人的不良行为（如注射毒品、不洁性生活等）有关，并涉及他人和社会。例如，在娱乐场所推广100%使用安全套的活动，对这样的公共卫生活动的合理性就需要进行伦理分析——尽管目的是善的、方法也许是有效的，但仅这样的考虑是不够的，还要全方位地考量。譬如，这是否意味着对某些娱乐场所的不良行为予以默认？这是否有悖于政府的"扫黄"斗争和社会的精神文明建设？

（二）公共健康行动涉及人与自然的关系

人的存在离不开自然，人的健康也和自然状态的好坏息息相关。人与自然的关系是人的社会关系之基础，人的社会关系是人与自然关系之

---

① 弗莱彻：《境遇伦理学》，程立显译，中国社会科学出版社1989年版，第47页。
② 肖魏：《关于公共健康伦理的思考》，《清华大学学报》（哲学社会科学版）2004年第5期，第57—62页。

前提。两种关系不可分割，相互联系、相互制约。但是，现实生活中我们常常只从人类利益的角度而非从自然界的整体利益角度考虑问题，过度向自然界索取，认为自然界是取之不尽用之不竭的，未考虑人类透支自然的负面影响和不良后果。工业革命以来，工业化和现代科学技术的发展以机械论自然观①作为指导思想，过分强调人与自然的分离和对立，人与自然的关系是主体与客体的关系，主、客二分，主、客对立，征服与被征服，利用与被利用，索取与被索取，天经地义，在突出人的主体地位、高扬人的主体性的同时，自然而然地形成了人类中心主义②价值观。这种价值观与工业社会的个人主义密切相连，在改造、征服自然的同时，经济主义、消费主义和享乐主义也应运而生。在此价值观的指导下，虽然人类取得了一定的成就，建设了现代化的生活，但是却损害了自然环境，破坏了地球资源，给人类的公共健康带来重大影响，20世纪人类多次发生的重大环境事件（包括非典）就是一个很好的证明。这种不可持续的生产方式使人类的健康、生存和发展面临前所未有的困境和挑战，人类需要新的启蒙与觉醒，以重新定位人在自然的地位、人与自然关系。因此，人与自然究竟以何种样态的关系存在才能更好地维护公共健康就需要进行伦理分析。

二 公共健康行动中"爱的计算"

境遇论努力做到动机善和结果善的有机统一，它是一种强调从行为开始前的动机到行为带来的结果整个过程中所体现的"过程善"的道德选择理论。而公共健康行动就其动机而言无疑是爱的行动，其实行的过程由于涉及人与人、人与社会以及人与自然的复杂关系，因此就必须进

---

① 机械论自然观认为人与自然是分离的和对立的，自然界没有价值，只有人才有价值，从而导致了人类中心主义的价值观，这就为人类无限制地开发、掠夺和操纵自然提供了伦理基础。

② 人类中心主义是一种观点，该观点过分强调以人为核心、出发点和归属；在人与自然的关系中，人是主体、自然是客体，重点考虑人的利益，在认识和改造世界的过程中充分发挥人的主观能动性；价值评价的尺度要以人为标准，价值是对于人的意义而存在的。尽管该观点为人类工业文明的崛起提供了某种精神动力，在人类进步和社会发展方面产生了重要的作用。但人类中心主义却高估了人类理性的力量而低估了自然资源的有限性和自然规律的复杂性，从而把自然界看成是人类可以"征服"的对象和取之不尽、用之不竭的客体，加剧了人类对自然资源的索取，导致了生态环境被无情的破坏。

行"爱的计算",以便每一项具体公共健康行动在具体境遇下实施时进行价值大小的比较、权衡,从而选择能够带来最好效果的行动措施。公共健康行动就是爱的行动,就体现一种"过程善"。

(一)"爱"的动机

新中国成立以来,特别是改革开放以来,我国卫生事业有了很大发展,人民健康水平显著提高。但与经济建设和社会进步的要求还有不少差距,与人民群众对卫生服务质量和提高健康水平的要求还有差距,尤其在公共健康领域存在一定程度的短板。比如,资源配置不够合理,不同区域间、城乡间公共卫生发展不平衡(西部、农村预防卫生保健工作薄弱);医疗保障覆盖面还有缺口、保障制度不够健全;卫生投入不足,医药费用上涨过快;公共健康尚未得到全社会的充分重视等。

在社会主义的初级阶段、在中国由温饱型向小康型社会转变的过程中、在中国由重视政府主导与辅以市场调节双重机制的作用这样的"境遇"下,政府在公共健康行动中如何进行伦理选择就表明了公共健康行动中的方向和价值导向——瞄准公共健康领域存在的薄弱环节的根源。境遇伦理是一种"爱的决疑法"和"爱的战略",这种"爱的决疑法"和"爱的战略"要求政府在公共健康行动中具有"博爱"的思想和情怀、时刻不忘广大民众的"健康权"是"基本人权"和"宪法权"这一普遍共识、努力维护和增进广大民众的切身利益。公共健康行动是一种充满"博爱"的行动,其爱的动机或策略主要表现在:

1. 预防为主

中国在公元前就有了预防以及预防医学的思想,例如,"君子以思患而豫防之"(《周易·既济》),意思是,君子要想到可能发生的病患或灾祸,预先作出防范。也就是需要人们在思考问题时,深谋远虑,才能防患于未然。又如"圣人不治已病治未病"(《黄帝内经》"素问·四气调神大论"),意思是说,圣人不能等到疾病已经发生再去治疗,而是在疾病发生之前就需要提前治疗。这些古文之言都是预防医学的思想基础。

不过在19世纪中叶之前的预防仅限于以个体为对象的预防。"直到

19 世纪后半叶,法国著名科学家巴斯德①实验证实传染病是由病原微生物引起,病原微生物在致病的同时能诱发免疫性,并亲自研制疫苗,开创了科学的预防接种方法。由此,生物医学的基本框架和积极预防的医学思想才告正式确立。"② 也就在这一时期(19 世纪末到 20 世纪初)出现了第一次卫生革命,主要任务是防止传染病和寄生虫病,也是个体预防向群体预防发展的标志。20 世纪中叶以后,随着疾病谱和死因顺位发生的变化,疾病预防的重点从急性传染病转向慢性疾病、老年退行性疾病及生活方式病,引发了 20 世纪 60 年代开始的第二次卫生革命。第二次卫生革命面对的主要是各种慢性病、老年病、非感染性疾病,产生这些疾病的根源不仅有生物方面的原因,而且更多地来自社会、环境、行为、习惯、心理等方面的因素。显然,单纯生物学的办法是制服不了这些疾病的。要获得第二次卫生革命的胜利,不仅要发展生物医学,采用生物学手段,更需要从社会、心理等多方面努力。这就是说,必须转换医学观点,按照"生物—心理—社会医学"这种医学模式的要求,防治结合,以预防为主,综合治理疾病与维护健康。预防为主思想的出现及其发展历程表明了预防医学价值导向的超前性,它不仅关注人的生理健康,更关注人的心理、精神健康以及人的社会适应能力等方面;不仅关注个体的健康,更关注群体的健康,体现了对公民的基本健康权的维护和"博爱"的理念。

尽管我国防病治病的工作也取得了显著的成就,如 1963 年消灭了天花,比全球范围内的灭绝提前了十多年;血吸虫病发病率基本得到有效控制等。然而,预防医学工作带来的效益往往不能马上得以体现,需要经过一段较长的时间才能显现;这种效益往往不是有形的、能够"看得见摸得着"的,而是无形的、效益巨大而又不容易估量的。例如:"WHO1979 年 10 月 26 日正式宣布消灭了天花以后,各国政府节省了每年用于种痘、检疫等方面的开支达数十亿美元。"③ 又如,儿童计划免疫接

---

① 路易·巴斯德(Louis Pasteur,1822—1895),法国微生物学家、近代微生物学的奠基人,其发明的巴氏消毒法直到如今仍被应用。
② 丘祥兴主编:《医学伦理学》,人民卫生出版社 1999 年版,第 63 页。
③ 同上书,第 63—64 页。

种、食盐加碘防治碘缺乏病、预防性卫生监督等工作的价值评估都是滞后和无形的。也正是因为预防医学价值评估的滞后性和无形性，也往往造成一些政府官员、群众甚至医务工作者忽视预防医学工作的重要性和所带来的潜在价值。可以这样说，对预防医学工作的重视程度从一定程度上反映了一个国家民众的医疗卫生意识和水平的高低。

2. 卫生资源公正分配

由于医疗卫生资源是有限的，而民众的医疗卫生需求是无限的，这种有限和无限性的供需矛盾在现实生活中普遍存在，如何解决这种矛盾？也就是有限的医疗卫生资源如何在不同需求的民众之间进行合理的分配成为政府的一大课题。

尽管我国政府已经开始重视医疗卫生资源如何公正分配问题，但分配不公现象依然存在，这主要表现在：（1）医疗卫生资源在卫生行业内部（如预防和临床治疗）之间的分配仍然不合理，重治疗轻预防的思想及其行为表现仍然存在；（2）医疗卫生资源在地域分布（如城乡）之间的分配仍然不合理，城市集中了更多的大型综合医院，拥有更多的医疗卫生人才和更多的高、精、尖医疗设备，而在农村相对缺乏；（3）医疗卫生资源的分配在不同人群（如穷人和富人）中的也不尽合理，"医院像星级宾馆""富人医疗"等报道屡见报端。

这些医疗卫生资源分配不公的表现必须靠政府这只"有形的手"来解决，而不能仅仅靠市场这只"无形的手"来解决。因为，无论城乡之间和阶层之间医疗卫生资源存在的差距，还是优质公共卫生资源过度集中和基础公共卫生资源普遍短缺等医疗卫生资源分配不公现象，都主要表现为在公共卫生服务和基本医疗服务方面的不公，这些属于典型的公共产品（医疗卫生服务分为公共卫生、基本医疗服务和非基本医疗服务，前两项属公共产品），必须靠政府这只"有形的手"来提供。政府的主要职能就是提供市场所不愿干或干不好的公共物品与公共服务。政府向全体民众"一视同仁"地提供公共卫生、基本医疗服务这样的公共产品与公共服务就体现了公正、也就体现了"爱"（当然，非基本医疗服务可以由市场决定，因此就不一定是"一视同仁"的了）。"硬要把爱和公正分开，而后突出强调其中一个，这是不行的。……爱和公正不应当发生冲突。但其理由不在于一个应当高于另一个，而在于二者本是一回事，不可能不一致!……公正表现了爱的多方面性。……在另外的情况下,比如当社会给公民分配退休金或者制定选征兵役制的公平法规时,爱就涉及多对一的'分配'公正了,因而更加复杂。……认为爱是个人之间的事,公正是团体之间的事,而工会不能'爱'社团,城市不能爱民族,这种观点一方面把爱情感化了,另一方面又使公正失去了人情味。"① 这里所谓的"多对一"的关系就是"社会和公民"的关系,这里的"'分配'公正"就是社会在分配资源的时候给予每一个公民公正的待遇,而政府正是分配社会利益的忠实代表,政府公正地分配社会资源就是体现了爱。这就体现在政府要把医疗卫生事业的基本目标定位在有效促进医疗卫生资源的公正分配上。在优先保障基本医疗服务和公共卫生服务的基础上,尽可能满足民众更多或更高层次的医疗卫生(非基本医疗服务,如大病统筹)需求;对社会弱势群体,如妇女、儿童、老人及其他特殊病人更要给予关爱和倾斜政策;与此同时,医疗卫生资源在卫生行业内部、在地域分布、在不同人群间尽可能地缩小差距。在地域布局上,避免医疗卫生资源过分向城市及发达地区集中,以确保医疗卫生服务的可及性;在层级结构上,大力扶持公共卫生及初级医疗卫生服务体系的发展,避免医疗卫生资源过分向高端集中,等等。这些都是政府在促进医疗卫生资源的公正分配方面应该考虑到的。

3. 坚守医疗卫生公益性质

我国卫生事业发展应遵循基本道德原则之一是坚守医疗卫生公益性质,把社会效益放在首位。这是由我国医疗卫生事业的性质——政府实行一定福利政策的社会公益事业——所决定的。这就要求各级医疗卫生机构,正确处理社会效益和经济收益的关系,防止片面追求经济收益而忽视社会效益的倾向。

医疗卫生事业的公益特征表明了医疗卫生工作要以提高全体人民的健康水平为中心,优先发展和保证基本卫生服务和公共卫生服务,体现社会公平;在此基础上,逐步满足人民群众多样化的医疗卫生服务需求;合理配置资源,将更多的医疗卫生资源放到城市社区、农村地区等。

---

① 弗莱彻:《境遇伦理学》,程立显译,中国社会科学出版社1989年版,第72页。

以往，我国的医疗卫生事业发展走的是一条"高水平、低覆盖"道路，"高水平"意味着人、财、物等医疗卫生资源集中在城市，优秀卫生人才、主要卫生财政投入、大量引进的先进的高新技术装备基本上都集中在大城市、特别是大城市的大医院；"低覆盖"意味着占全国人口绝大多数的农村地区、城市社区在公共卫生、基本医疗服务方面覆盖率较低、优质医疗卫生资源享有率较低。患者难以在当地有效就诊，要到外地、到大医院就诊治疗，不仅增加了患者的经济负担、加剧了"看病难、看病贵"的现象，而且大医院收治了大量常见病、多发病患者，还弱化了其收治危重和疑难病人的功能，浪费了大量的宝贵资源。因此，今后一段时期我国的医疗卫生服务应该根据经济发展水平和群众承受能力，走"低水平、广覆盖"的道路。"低水平"意味着人、财、物等医疗卫生资源重点要向农村、城市社区倾斜，优秀卫生人才、主要卫生财政投入、先进的高新技术装备要按照区域卫生规划的要求分布均衡、合理。医疗卫生收费比较低廉，能够适应广大普通民众的承受能力，使他们享受到方便、快捷的服务；"广覆盖"意味着公共卫生、基本医疗服务覆盖率遍及城乡各个角落，在此基础上，为适应不同人群、不同患者更高的需求或者某些特殊需求，再发展一些高水平的大型综合性医院和专科医院。由此可见，走"低水平、广覆盖"的道路是体现我国医疗卫生事业公益性质的基础和保证。

1998年世界卫生组织（WHO）就提出了"21世纪人人享有卫生保健"的战略，这也是走"低水平、广覆盖"道路的实现形式和奋斗目标，也是坚持医疗卫生事业的公益性质的体现。这个战略的内容是面向基层、面向社会，为每个家庭、每个人服务，代表了民众的切身利益，也体现了境遇伦理的"爱"的价值目标和理念。

(二)"爱"的决疑

"非典""禽流感""埃博拉病"等突发性公共卫生事件，对公众健康造成了重大影响，这既凸显了公共健康行动的必要性，又凸显了公共健康行动的境遇伦理诉求的正当性。

例如，为了防止"非典"病原菌的传播，避免对他人和社会的危害，必须对感染者或疑似感染者的行动予以限制，如强制隔离等。由于突发性公共卫生事件对某些人的自由予以限制，出现了权利和权力的冲突，在这种情况下，政府的权力比正常情况下出现了扩张现象。适当地扩张是必要的，是为了爱——及时挽救受威胁群众的生命、控制疾病的蔓延，这就是扩张的权力得到境遇伦理证明的根据。那么在这种公权力和私权利（人身自由权）发生冲突的境遇下，公权力的边际在哪？这同样涉及伦理问题，同样可运用境遇论的"爱的计算"进行考量。公权力的扩张是以私权利的牺牲或限制为代价，公权力的扩张和私权利的牺牲可以到这样的程度即有效控制传染病对人群的危害。毕竟在这样的特殊境遇下生命和健康权要高于其他权利如人身自由权，即使某个人认为人身自由权高于健康权还要考虑传染病对他人的影响。另外，为了防止"非典"病原菌的传播，还需要调查和收集患者、病毒携带者、疑似感染者比较详细的个人信息，一般都会涉及个人隐私，甚至在某种情况下疾病本身就是一种个人隐私，但是，信息又必须依法上报，这在很大程度上会对当事人造成一定心理压力，甚至伤害（如失业、歧视等）。在这里如何协调公共健康权力与个人隐私权利之间的关系就是一个伦理问题。政府调查、收集和上报的权力和个人隐私权利之间冲突时何者优先？在这样的背景下用境遇论"爱"的眼光来看当然前者优先，扩张程度以有效控制传染病对人群的危害为限，在这种情况下对个人隐私的适当暴露是可以得伦理证明的，但扩张权力不能无限期的延长和扩大。

又如，我国医疗卫生资源配置不够合理。从不同人群的分配来看，城乡呈"倒梯形"分配；从不同的领域来看，对公共卫生所投入的资源又远少于临床治疗的资源；从不同的医学门类来看，预防医学、基础医学在经费的分配与资源的配置比例也远不及临床医学，这无疑会影响医疗卫生事业的可持续发展；从各种类型疾病的资源配置来看，已经有把大量的资源投入到人类基因组研究、克隆等高技术研究和运用的趋势，而没有根据各地区的疾病谱和死亡谱的变化情况，及时把防治重点放到发病率高、死亡率高的疾病方面。上述种种医疗卫生资源的不合理配置，究其原因，既有经济实力的因素，也有人的观念因素，例如，尽管喊着"预防为主"的口号，但实际上，"重临床、轻预防"的思想根深蒂固。这里涉及的就是医疗卫生资源如何公正分配问题，它正是一个伦理问题。这同样可以运用境遇论的方法进行分析。"爱同公正是一回事，因为公正就是被分配了的爱"①，如何进行公正分配呢？就需要"开动脑筋"、合理"计算"，以满足"最大多数人的最大利益"为原则。因此，我国医疗卫生资源可采取这样的方式进行分配，即按人口采取比例分配，按领域重点加强公共卫生和基本医疗的分配，按医学门类重点加强预防医学、基础医学的分配，按疾病类型重点加强对预防和治疗发病率高、死亡率高的疾病的投入和分配，并适当控制把大量的资源投入人类基因组、克隆等高技术研究。

再如，吸烟对公共健康的影响问题。我国是世界上烟草生产和消费量的大国，吸烟与肺癌的关系密切，每年死于与吸烟相关疾病的人数不亚于艾滋病、车祸和自杀等因素的死亡人数。吸烟看似无足轻重，其实在公共场所、在群体之间却间接地伤害他人和社会，关系到个人权利与他人权利、个人利益与公共利益的价值选择，是个伦理问题，也是衡量公民个人的道德素质和社会文明进步的标尺。吸烟不考虑他人的在场就是冷漠的表现，"爱的真正对立而其实不是恨，而是冷淡。恨尽管是恶，但毕竟视世人为'你'，而冷淡却把世人变成了'它'——物。所以，我们可以认为，实际上有一样东西比恶本身更坏，这就是对世人的漠不关心。"②因此，对于公共场所吸烟的控制就是政府采取的正当行为，就是政府在公共健康行动中义不容辞的责任，就是"爱世人"的本质体现。

由此可见，在维护和增进公共健康的活动中，经常面临的是"这个问题是伦理问题吗？""如何进行伦理证明或伦理分析？"等一些现实困惑，这既要借助伦理学的有关理论，又要结合卫生实践的特殊性，总结出一套切实可行的方法和理论，从具体到抽象，从抽象到理论，再回到实践中检验和应用。而境遇伦理学的理论无疑可为政府在公共健康行动中伦理选择提供一种实用的方法。

（三）"爱"的价值目标

政府在公共健康行动中的境遇伦理选择要达成的价值目标就是为促进公众健康、预防疾病、减少风险和伤害提供伦理支持，以便使其采取

---

① 弗莱彻：《境遇伦理学》，程立显译，中国社会科学出版社1989年版，第70页。
② 同上书，第50页。

的行动具有正当性。具体来说，它的价值目标或善的效果主要表现在以下方面：

在公共健康领域，存在各种各样的由于不同的选择带来的冲突。如前面提到的如何公正分配医疗卫生资源？公共健康资金向哪里投放、以及如何投放？吸烟者在公共场所吸烟如何权衡个人利益与公共利益的矛盾？在突发公共卫生发生时如何解决公权利和私权利发生的冲突、如何协调保护公共健康与保护个人隐私之间的关系？等等，都可以运用境遇论"爱的计算"的方法进行伦理论证，从而为解决公共健康行动面临的矛盾和冲突找到合理性依据。

另外，"在制定政策或作出任何决策时关键是要明确所要达到的目的，例如进行卫生改革，首先应该明确改革要达到什么目的，确立衡量改革成败的基准。为此就要运用伦理学理论和方法，尤其是要运用对各种可能的政策选项进行分析、推理和论证的方法。"① 同样，法律的制定和实行也需要运用伦理学理论和方法进行论证。政策和法律往往是通过伦理反思而制定的，伦理是政策和法律的母体。境遇伦理分析的方法可为公共健康方面的政策和法律的制定提供合理的伦理辩护和依据，从而为政策和法律的实施提供有力的保障。

还有，在公共健康行动中需要寻求一种价值观的指导。"价值表示事物与人的需要之间的关系，其基本含义是能满足人们的需要的就是有价值的。但价值还有一些问题不能仅用满足需要来解释，而且对于需要也有一个评价问题，所以价值还有更深一层的含义。如人类的价值、人格的价值、生命的价值，都不能用满足需要来解释，而可称为内在价值。满足需要的价值可称为功用价值。"② 从马斯洛的需要层次理论来看，需要有低有高，吃饭穿衣等满足人的最基本需要的是低级需要，人的自我实现和精神需要是高级需要，但无论是低的或高的需要都称为功用价值。但生命、人格本身就价值（内在价值），就不能用满足需要来衡量。"价值是一种关系，是主体与客体之间的一种特殊关系，即意义关系。价值关系生成于人对自然的改造过程中。没有人与自然之间的实践关系和认

---

① 邱仁宗：《公共卫生伦理学刍议》，《中国医学伦理学》2006 年第 1 期，第 7 页。
② 张岱年：《论价值与价值观》，《中国社会科学院研究生院学报》1992 年第 6 期。

识关系，也就没有价值关系。"① 价值不仅是可欲的、是需要的、是以关系而存在的、是值得追求的，就是有意义的。比如，抗高血压药对高血压患者有意义而对健康人无意义，需要就有意义，故价值是一种意义关系。"价值关系是客观的社会关系，价值观念则是人们对客观的价值关系的观念把握……价值观就是人们基于生存和发展的需要，对事物的价值的根本看法，是关于如何区分好与坏、善与恶、符合意愿与违背意愿的总体观念，是关于应该做什么和不应该做什么的基本原则……不同的人有不同的需要和自我意识，从而形成不同的价值观……不同的价值观，体现着不同的民族、阶级、社会集团对价值关系应然状态的期盼与展示。"② 也就是说，对同样的客体，不同的人可能产生不同的需要和不同的观点，即使在相同的社会、文化背景下可能他们的价值观都不会相同，更不要不同社会、文化背景的人了。人的价值观一旦形成就会保持相对的稳定性，对其思想和行为起着引导和调节作用。由于人的欲求、追求或需要以及产生的观点并非都是合理的，还需要甄别、反思，以找到合理性，建立一个社会共同的价值观。共同价值观需要不断反思、验证才能获得，这种哲学的反思方法按照黑格尔的说法是"对认识的认识""对思想的思想"，是思想以自身为对象反过来而思之。所谓"思辨"就是要对"思想"进行"辨析"的，看这种思想对不对，是不是有利于社会和人的发展、进步、和谐，以最大限度促进人的自由与平等。在公共健康行动中有什么样的价值观的指导，就会有什么样的公共健康状况。境遇论的价值观是一种在具体境遇下"爱世人"的价值观，此时律法或原则是相对的而爱是绝对的，爱的核心就表现在"爱人如己"，也就是政府考虑人民的利益就如同考虑自身的利益同样重要。因此，境遇论可以为政府在公共健康行动中提供合理的价值观的指导。这种合理的价值观的指导就意味着：在公共健康行动中政府应该重视公共卫生事业、重视基本医疗的实现；应该重视基本的卫生条件的改善，使得国民的健康状况得到普遍的改善；应该避免、预防和消除贫困，卫生投入和措施惠及一个

---

① 杨耕：《价值、价值观与核心价值观》，载《北京师范大学学报》（社会科学版）2015年第1期。

② 同上。

国家的绝大多数人群特别是弱势群体的利益；应该努力促进卫生保健资源分配公正，充分体现公平、正义的理念，实现 WHO 提出的"人人享有卫生保健"的战略目标。

政府在公共健康行动中的境遇伦理选择的理念是随着科学技术的进步、医学的不断发展以及人们的思想观念不断更新而逐渐产生的，特别是对"医学"认识的深入而不断完善。以往医学总是围绕疾病做文章，今天它逐渐变得更加关注人们的健康、关注健康促进；以往医学事业的核心总是患者，今天它逐渐转向健康或亚健康的人群；以往救死扶伤、治病救人主要在医院实施，今天它逐渐依靠社区医疗保健机构实施；以往医学所强调的关键是诊断、治疗，今天预防为主的思想在医务工作者心中逐渐得以确立。预防高效，卫生才能高效，才能更好地节约卫生资源。只有靠这些思想观念的转变和方法、措施的转变，实施公共健康行动带来的效益才能得以更好保证。为保证公共健康行动得以更好实现，就要求医疗卫生工作的重点和主要研究对象从个体为主转向以人群为主，探查环境中主要致病因素对人群作用的规律、性质和途径，制定防治对策，并通过公共卫生、临床治疗等综合性措施，达到预防、控制疾病，促进公共健康的目的。

第二节　医疗恶性事件背后的伦理困境：医改的境遇伦理分析

医疗恶性事件指闹医[①]、伤医甚至杀医等妨碍、扰乱医疗服务秩序和环境、造成医务人员人身伤害甚至死亡的事件。近年，一系列医疗恶性事件令人震惊。这些现象在令人们震惊、愤慨之余，也令我们不得不进行思考，为什么近些年医疗恶性事件时有发生？

[①] 笔者认为，现在普遍使用的"医闹"（即受雇于医疗纠纷的患者方，与患者或其家属一起，采取各种途径以严重妨碍医疗秩序、扩大事态、给医院造成负面影响的形式给医院施加压力从中牟利的行为）应改为"闹医"比较贴切，因为"医闹"从字面理解似乎是医生的不道德行为或者违法行为，是医方在闹而非患方在闹。

一 "伦理困境"是什么？为什么？

首先这一点是肯定的，即医疗恶性事件的背后是医患关系出现了紧张与矛盾，医患关系出现了不协调甚至在某些境遇下出现对立的情况——这就是医疗恶性事件背后所面临的"伦理困境"。因为，良好的医患关系是以"爱"作为纽带而联系起来的伦理关系，而紧张、不协调、矛盾甚至严重对立就是这种"伦理困境"的现象表达。

为何出现紧张、不协调、矛盾甚至对立的"伦理困境"呢？这里既有患方的因素，比如：对医疗的期待较高、期待会在闹医的过程中得到更多的经济利益等等；也有医方的因素，比如：缺少医患沟通、在医疗的过程中期望得到更多的经济利益（如大处方、过度医疗）、医疗资源分布不合理（例如：大城市的大医院拥有更多医疗资源，以至于大医院人满为患，不能提供良好的就医环境）等。因此，和谐的医患关系必须医、患双方共同努力，克服这些因素的不良影响才能实现。如何"克服"？医疗恶性事件时常发生的事实折射出从国家或政府层面积极进行医疗卫生改革的迫切需要。通过医疗卫生改革（以下简称"医改"），改革那些不适合医疗卫生事业发展的上层建筑与社会关系，才能为医患关系的协调奠定良好的观念与制度基础。

二 "伦理困境"与医改"境遇"相关

紧张、不协调、矛盾甚至对立的医患关系带来的"伦理困境"，折射出从国家或政府层面积极进行医改的迫切需要。如何进行行之有效的医改？这就要求国家或政府在主导医改的过程中，必须首先根据当下的境遇或背景，树立较为宏观的视角或理念，以引领医改的方向。这里，境遇含有境况、遭遇或背景（环境）的意思。有必要强调的是：境遇伦理学中的"境遇"既指时间比较短的境遇，也指时间在一定范围内的境遇。而当下医改的背景下所处的境遇就是指时间在一定范围内的境遇。当下，中国的医改处于什么样的"境遇"呢？这是进行境遇伦理分析之前首先需要思考的。梳理下来主要表现在以下几个方面：1. 卫生资源配置结构的重城市轻农村、重医疗轻预防、重高端轻基本、重西医轻中医的现象虽然有所改善，但仍然存在；2. 人口老龄化加速以及伴随而来的老年疾病模式的转变；3. "看病难""看病贵"问题得到一定程度缓解，但问题依然突出；4. 医务人员开大处方、科室承包等以经济效益为目标的现象依然存在；5. 部分地区或医疗机构的医患矛盾仍然突出，等等。

当然，中国的医改离不开当前中国的经济改革和宏观的社会背景，即经济结构逐渐走向市场化，经济和社会发展偏重效率、但公平问题还有较大的提高空间，也就是在处理效率与公平的关系上，宏观的视角建立在"效率优先兼顾公平"这一价值方向。这也是当下医改所面临的一种境遇或背景。

三 医改"境遇"与公平、效率密切相关

公平指公正，含有不偏不倚之意，包括机会公平、过程公平和结果分配公平，一般由政府来维护。效率就是指投入与产出或成本与收益的对比关系。投入少而产出高说明效率高。效率一般由市场来实现。效率与公平又常常是矛盾的两难选择，人类社会要发展、进步就必须提高效率，但效率不一定带来公平，而社会的发展、进步又必须保持公平，否则，社会的繁荣和稳定就不可能长期保持。一般情况下，在社会发展的一定阶段，提高效率是实现公平的物质基础，实现公平又是提高效率的必要条件。因此，在社会发展的初级阶段或者说欠发达阶段要以效率为主，而当社会发展到一定程度，达到中等收入水平或者说小康社会，就应该更加注重公平（因为这时社会已经拥有了一定的物质基础，这是维护公平必要的条件，没有物质基础就不可能谈公平的问题），只有比较公平的社会才能调动人的积极性，才能提高工作和生产效率。

医疗卫生服务公平是根据人的各自卫生需求不同，都有同等机会享受到相应的"基本"的医疗、预防和保健服务以及得到与其健康状况相应的医疗卫生资源供给（如大病医疗保险）。这里的公平并不意味着均等或一样，因为人的健康状况是不同的。在医疗卫生领域，得到均等的资源和服务意味着不公平。医疗卫生服务的效率一般通过市场竞争来满足特殊的医疗消费主体的"特殊"的需求（例如医疗美容消费）以及在一些具备竞争条件的医疗资源（如药品、医疗器械等）方面容许适当的竞争以使其得到合理的配置。

在医疗卫生这样的特殊的领域，效率与公平的矛盾与两难选择十分

明显、更为突出，往往很难用市场经济的竞争法则去运用和指导，比如，医疗卫生的效率提高了，但医疗卫生的公平却不能很好地实现。因为，医疗卫生领域中医患双方在资源拥有、身体状况、技术能力等方面是不对等的（不是地位的不对等），而市场竞争恰恰需要遵守对等原则，否则如何竞争呢？

上述医改所处的"境遇"与公平和效率密切相关。1."卫生资源配置结构的重城市轻农村、重医疗轻预防、重高端轻基本、重西医轻中医的现象"，"'看病难'、'看病贵'问题"主要与医疗公平有关；2."人口老龄化加速以及伴随而来的老年疾病模式的转变"，"医务人员开大处方、科室承包等以经济效益为目标的现象"，"部分地区或医疗机构的医患矛盾仍然突出"与医疗公平、医疗效率均有关。

医改与经济结构和宏观的社会背景是息息相关、互相影响。医改所处的"境遇"是和我国发展医疗卫生事业的理念——处理好公平和效率的关系——密切相关。在当前，把握好医改所处的"境遇"与公平、效率的关系，显然成为中国医改的关键性问题。究竟是效率优先、兼顾公平？或公平优先、兼顾效率？还是两者同时兼顾？这是一种价值选择——即主体根据自身的需要对客体所做的应然选择，它涉及医改的方向。

四 "伦理困境"如何解决？——境遇伦理的方法

境遇伦理（境遇论）是基于境遇或背景的决策方法，强调以人为中心，以"爱"为最高原则，并把"爱"与境遇的估计和行动的选择结合起来进行道德选择。"在每一个背景下，我们都必须识别、必须计算。没有爱心的计算是完全可能的，但没有计算的爱是决不可能的。"[①] 也就是说，境遇伦理需要通过"爱的计算"（即爱的权衡、考量）进行道德选择。"爱的计算"是境遇伦理的核心，其过程就是道德选择的过程。对行为的目的、手段、动机和带来的结果等考量、权衡或计算就是"爱的计算"的对象，只有在对它们进行整体考量中以"爱"来行动，行为才是道德的或正当的。

---

① 弗莱彻：《境遇伦理学》，程立显译，中国社会科学出版社1989年版，第119页。

第八章　公共健康行动与医疗卫生改革的境遇道德选择 / 289

对行为的目的、手段、动机和带来的结果等进行计算或权衡、考量，不仅需要善良的意向、关心，而且需要可靠的信息来帮助我们进行行为的道德权衡，不可靠的信息极易导致判断失误、行为出现严重偏差。

爱的计算标准就是借用了功利主义的"最大多数人的最大幸福"、"效用""有用"的思想。"爱的计算"的另一个标准就是"无偏见"，即追求世人的利益，不管我们喜不喜欢他。为何如此呢？这是由于爱的职责的特征使然，"爱的职责不是同特别喜欢的人打交道，不是找朋友，也不是'迷恋'某个唯一者。爱的范围广阔无垠，它普遍关心一切，具有社会兴趣，对任何人都一视同仁。"[1]

五　境遇伦理与医改方向的价值选择

在这个医疗恶性事件时常发生的时期，针对这种"伦理困境"，需要不断深化医改进行解决。究竟何种医改方向更适宜于当下的境遇，可通过境遇伦理的方法进行价值选择或价值权衡。

（一）价值选择一：对"效率优先、兼顾公平"还是"两者同时兼顾"的权衡

改革开放以后，中国实行的是社会主义市场经济体制，市场经济就是效率经济，在市场经济条件下，必然要遵循价值规律、竞争规律等市场经济的一般规律，政策取向就必须维护市场经济规律，保护市场主体的积极性；而且，中国尚处在社会主义初级阶段，通过提高效率发展生产力成为首要选择和任务。但社会主义社会的本质又必须消除两极分化、实现共同富裕，所以也需要兼顾公平，故"效率优先、兼顾公平"价值方向成为当时的首要选择。随着社会的发展和人民生活水平的逐步提高，在经历了一定的物质和社会财富的积累以后，从政策取向和一些学者的研究中也都逐渐偏向于"两者同时兼顾"的价值选择方向。

在与人的生命和健康密切相关的医疗卫生领域，如何摆正效率、公平的关系也是需要人们认真思考和解决的重要课题。

过去，政府也希望通过市场化提高效率和加强竞争来提升医疗服务水平和降低医疗价格，减轻政府的负担。但由于市场的逐利天性，市场

---

[1] 弗莱彻：《境遇伦理学》，程立显译，中国社会科学出版社1989年版，第98页。

充其量只能解决资源配置的效率问题，无法有效地解决资源分配的公平性问题；也许在很多的经济领域，市场能够提高资源配置的效率，但在信息不对称的领域（例如医疗领域），市场往往失灵（不光不能提高资源配置效率，反倒会降低效率），因为医疗领域存在严重的信息不对称（例如医患之间），这与市场要求"透明"的、对称的原则相悖。正因为市场存在的这两点局限性，这就使得试图通过市场化的办法降低医疗价格和明显提升医疗服务水平的目标未能实现。

医疗机构过度市场化常常为人们所诟病，盖因其背离了公平的伦理。"在19世纪的大部分的时间里，美国政府对私人企业采取一种放任的态度，包括卫生保健行业。这种放任的政策建立在高度崇尚努力工作、勤俭节约和个人责任的宗教和哲学的基础之上。这种支持发展政策的效果是物质产品和服务的显著增长。不过，亚当·史密斯（Adam Smith）描述的'无形的手'不能平等地分配这些商品和服务，整个制度产生了一种社会达尔文主义，即让强者更强甚至发展到具有掠夺性，而代价是牺牲了弱者和无组织者。"[1] 也就是说，依靠市场经济的"无形的手"来调整医疗卫生保健行业的资源分配问题是不可能达到平等地分配这些商品和服务之目的的，因为市场机制的最根本特点在于供求双方通过价格信号进行交易，通常为价高者得，市场的规律是让强者更强、是强者竞争的舞台，而那些没有能力的弱者也就自然无缘市场提供的产品及服务，市场是以牺牲弱者的利益为代价的。而医疗卫生保健行业恰恰就是照顾弱者（如患者）利益的场所，一旦完全市场化，其负面或不良后果是十分明显的。由此可见，只要医疗卫生服务盲目地走向市场化，其目标偏离医学目的（救死扶伤、人道主义）的问题就不可避免。

医疗卫生领域的特殊性也使得与"效率优先"甚至"效率与公平同时兼顾"显得格格不入。首先，大部分的医疗卫生服务具有公共品或准公共品性质，需要更加注重服务与质量而不是盈利和效益，而且是市场庞大、服务对象众多，这是营利性市场主体不愿干、干不好，甚至干不

---

[1] 雷蒙德·埃居、约翰·兰德尔·格罗夫斯（Raymond S. Edge, John Randall Groves）著：《卫生保健伦理学——临床实践指南（第2版）》，应向华译，北京大学出版社与北京大学医学出版社2005年版，第159页。

了的;其次,与一般消费者购买消费品不同,患者到医疗卫生机构获得医疗卫生服务不应该说是消费,如果是消费,必然是花钱买到自己满意的东西,但患者看病你能说花钱就一定能治好病?一定会满意地获得康复?医疗卫生机构不可能给你包治百病,只能说提供良好的医疗卫生服务;再次,医疗卫生领域的服务和被服务的主体之间主要是非竞争关系,都是为了一个共同的目的——改善和增进人的健康——而采取的不同分工和相互合作的关系,而不像经济主体之间各自为了不同的目的而在市场上采取的竞争和合作关系;最后,从某种角度讲,医疗卫生领域的一方主体之一的患者是弱势群体(一般而言,每一个人都是"潜在的患者",都是走在医院的途中或正在医院,都有可能成为患者而变成弱势群体中的一员),而弱势群体在市场上不具有竞争地位。市场是讲竞争讲效率的,市场竞争的结果必然拉大贫富差距,造成一部分弱势群体在资源分配上的不利地位,因此,一般来说,医疗卫生领域的服务的绝大部分是不适合通过市场机制来发挥作用的,不能简单采用照搬市场经济的做法。对此,杜治政教授也认为医疗保健服务和某些其他服务不同,有它自己的某些特殊性:"①医疗卫生的直接成果是挽救人的生命,增进人的健康,而人的健康与生命从来是不能用货币价值形态来表现的;任何领域进入市场,必须以该领域能成为商品为前提,不能成为商品的领域是不应进入市场的。否则将造成严重的后果。②医疗卫生工作的目标是消除疾病,增进人类健康,而不是经济效益,几乎所有的经济学家都认为医疗保健部门是非盈利部门。③作为市场运行的基本准则,买卖双方必须是平等的,而医生与病人双方在事实上不可能处于平等的地位。在痛苦与死亡面前,病人没有讨价还价的可能。"①

另外,中国的医改不具备以效率为主导或以市场化为主导的经济基础。以美国为例,其以市场为主导的医疗卫生制度确实提供了优质的服务,但医疗费用一路上升,政府、企业和个人都不堪重负。"美国学者Backy White认为,美国的医疗保健正处于危机之中。非常少的美国人可获得充分的保险,保健价格太高。……医疗费用的增长,归根到底要威胁到政府的财政支出。一个国家如何承受将他的国内生产总值中的

---

① 杜治政:《医学伦理学探新》,河南医科大学出版社2000年版,第344页。

10%—15%用之于医疗保健呢？在欧洲，西欧的保健系统长期以来是个例外，但是，植根于团结原则基础上的西欧保健系统也受到两方面的攻击：①卫生保健费用日益增长，需要抑制费用；②对传统概念重新定义——生物医学技术和科学的进步扩大了成功干预的范围，使得医学既失去了经济的控制，又失去了伦理的控制。一向以福利闻名而骄傲的荷兰，也因保健费用的增长，在过去几年作出了巨大努力来抑制卫生保健费用的增长。"① 而英国、加拿大等以政府为主导的医疗体制虽然效率和服务不如美国，但资源的有效利用、公平上却胜过美国。"平等主义理论强调对商品和服务的平等可及。……平等主义的拥护者经常把加拿大和英国这样的社会普遍可及的卫生保健体系看作是美国应该效仿的模范。"② 而对中国而言，尚不具备实行如同美国医疗卫生模式这样的个人经济承受能力。

由此可见，"效率优先、兼顾公平"或者"两者同时兼顾"都不太可能适应医疗行业的特殊性质（为了弱者的利益；信息不对称；主体的力量不对称；为了共同的目标即患者的生命与健康，而非不同的目的与利益需求等）的要求和当下中国的国情（人均 GDP 较低）。

（二）价值选择二：对"公平优先、兼顾效率"的权衡

在中国现阶段综合国力逐渐增强，实现温饱并朝小康迈进，还存在一定程度看病难看病贵这种特殊境遇下，在医疗卫生领域的改革目标应实行"公平优先、兼顾效率"的原则，也就是说，把"公平优先、兼顾效率"作为医改的价值选择方向。

这是一种基于我国现阶段国情的、考虑到医疗卫生特殊性的医改方向性选择或价值选择。在这里，"公平优先"主要指要优先满足人民基本的医疗服务和保障及大病的医疗服务和保障，以公平地维护人民的生命权和健康权（在此特别强调的是，取消"以药养医"与"科室承包"也是实现"公平优先"的主要方式，因为这是对患者不公平的现实"符

---

① 杜治政：《医学伦理学探新》，河南医科大学出版社 2000 年版，第 334 页。
② 雷蒙德·埃居、约翰·兰德尔·格罗夫斯（Raymond S. Edge, John Randall Groves）著：《卫生保健伦理学——临床实践指南（第 2 版）》，应向华译，北京大学出版社、北京大学医学出版社 2005 年版，第 163 页。

第八章　公共健康行动与医疗卫生改革的境遇道德选择　/　293

号");"兼顾效率"就是在做好这样的基础上满足不同的医疗消费主体的不同的、特殊的需求（如医疗美容消费，但医疗美容服务的水平与质量必须政府实施严格准入与管理）以及在一些具备竞争条件的医疗资源（如药品、医疗器械的招标采购等）方面容许适当的竞争以使其得到合理的配置。前者主要靠政府来唱主角；后者主要靠市场来唱主角。因为"某些非基本的医疗服务，某些特殊的保健需求，仍是可以市场化的。"①

在当前中国"经济"逐步走向市场化的境遇下，在医疗卫生领域，鉴于医方与患方之间不对称性等特征，公平就有了一个特别的意义。"公平比效率带有更强烈的伦理色彩、虽然效率最终也带来公平，但不能为此而付出'不公正'代价去换取效率。"② 境遇伦理的核心是在特定的境遇下通过"爱的计算"达到动机善和结果善的统一，找到行动的正确方向。要实现医疗卫生保健的公平从境遇伦理的角度就要进行"爱的计算"，境遇伦理的"计算"带有评估、权衡和考量之意，通过这种认真负责的、考虑周全的和小心谨慎的评估、权衡和考量，来甄别当前的境遇下为何公平比效率更重要？为何要体现"公平优先、兼顾效率"的原则？就需要权衡、考量在当前的境遇下的决定行为的各种背景因素以及决定或行为目的、手段、动机和带来的结果等，也就是要考虑行为的格式塔，从各种因素所构成的整体中进行综合把握，计算如何能够在特定的境遇下做最大爱心的事。这种"爱的计算"主要通过以下方面来进行整体或综合（格式塔式的）权衡的。

1. "公平优先、兼顾效率"的价值选择是由中国医疗卫生事业的性质——政府实行一定福利政策的社会公益事业——所决定的。在这种性质的定位下，医疗卫生机构努力的目标就应该坚持全心全意为患者及其亚健康、健康人群服务的宗旨，正确处理社会效益和经济收益的关系，把社会效益（例如，积极开展基本医疗服务和公共卫生服务、积极救治患者等）放在首位，防止片面追求经济收益（例如，以药养医、科室承包等）而忽视社会效益的倾向。

2. 出于解决"无限"与"有限"这对矛盾的动机。在所有国家的医

---

① 杜治政：《医学伦理学探新》，河南医科大学出版社2000年版，第334页。
② 孙慕义：《后现代卫生经济伦理学》，人民出版社1999年版，第213页。

疗卫生事业发展过程中，一个无法回避的基本矛盾是：社会成员对医疗卫生资源和服务的需求是无止境的，而社会所能提供的则是有限的，特别是对于中国这样人口众多的发展中国家，有限的医疗卫生资源和服务水平如何在社会成员之间以及不同的需求者之间进行合理的分配？毫无疑问，应优先保障所有人的基本的医疗需求，在此基础上，才能谈到满足不同的需求者之间的不同的需求。首先应体现公平性（这里指相对的公平），而后才能达到更高程度的差别性的医疗关照。

3. 中国医疗卫生领域面临的问题与挑战是：不公平性现象比效率低下存在的问题更加突出和尖锐。如基本医疗保障体系覆盖面不够；医疗卫生资源和优质服务大多集中在大城市、大医院，而社区和农村医疗卫生服务资源不足、服务质量也不尽如人意，也就是说城市和农村医疗卫生资源配置与人口相比呈现倒置现象；医疗费用逐年攀升，以至于部分老百姓因无支付能力而不敢看病或提前出院等。

4. 通过"帕累托（1848—1923年，意大利经济学家）最优"要达到的效用最大、满意度最大、社会福利最大的这种功利主义的计算方法来进行结果善的权衡，评估能否在医疗卫生服务领域达到最优。帕累托最优（Pareto Optimality）是指资源分配的一种理想状态，在不使任何人境况变坏的情况下，也不可能再使某些人的处境变好，从而实现了以最小的成本创造最大的效益，它是公平与效率的理想王国。传统的经济学理论认为，市场机制是实现帕累托最优的最好办法，通过市场机制的自由选择，人们在不断追求自身利益最大化的同时，社会的资源也自发地得到合理的配置，在市场这只"看不见的手"推动下，从人的自利的动机出发，在各种竞争与合作中实现了互利。但这样的分析仅仅是理论上的，由于种种原因，市场机制在实际的运行中往往并不能自发地引导经济达到帕累托最优，反而会出现市场失灵现象，例如，医疗卫生服务领域就是如此，这是由于上述医疗卫生服务的特殊性所决定的。医疗卫生服务领域往往不可能指望完全依靠市场机制纠正资源配置无效率状态，达到帕累托最优，而必须通过政府制定相关的经济政策并予以贯彻实施，通过政府这只"看得见的手"或者说"有形的手"的调控方才可以纠正市场这只"无形的手"的失灵现象，才能提高医疗卫生服务的公正性和资源配置的效率，才能最大限度地实现医改"结果的公平"。"卫生领域中的公平，是体现于卫生服务产品在任一地区、任一人群中分配的合理化，以及人们在享受基本医疗服务方面的合理化。……卫生领域中的公平，不仅要求机会的公平，而且要求结果的公平，特别是结果的公平。"① 而无论的机会的公平（人人享有医疗保健）还是结果的公平（社会发展的成果要相应地惠及人民）政府都起着不可替代的角色。政府重要的作用就是解决医疗卫生服务的公平性问题。公平性不太可能靠市场化来解决，市场化只能部分解决医疗卫生资源配置的效率问题。

也就是说，在医疗卫生领域，由于信息不对称、医生诱导需求、垄断等现象的存在，易产生市场失灵情况。这样就不能通过市场本身自发的来调整与解决医疗不公平现象（如过度医疗、大处方等），必须通过行政的手段加以弥补。也可以这样理解，即"公平优先、兼顾效率"原则的实现往往不能通过市场本身自发地来解决，而是需要各级政府、卫生行政部门及相关部门共同努力推动才能实现。

通过以上境遇论之爱的权衡，有一定的理由相信，在当前的境遇下我国医疗卫生体制改革应采取的价值理念或价值导向是确立"公平优先、兼顾效率"的原则。这是根据当下我国医疗卫生事业特殊境遇所作出的价值选择，或者说是一种道德选择。境遇论把以下两条作为在复杂的情况下的规则："（1）根据具体的、个体化的特色，在可供选择的行为路线之间做出道德选择；（2）选择可产生较大善的行为路线。"② 由于"公平优先、兼顾效率"是在当前的具体境遇下通过"爱的计算"可产生较大善的行为路线，这便是一种道德选择；而且，贯彻"公平优先、兼顾效率"的"医改"价值选择从根本上说是为了更好地满足人民群众对健康的需求，因为人的生命权和健康权是基本人权和宪法权利，是诸权利中最重要的权利，生命权和健康权的获得往往是不容重复的，只有首先注重公平，才能更好地得以实现。

要使"公平优先、兼顾效率"的原则得以实现就必须通过政府和卫生行政部门的推动，合理选择医疗卫生服务的重点和方向：做好区域医疗卫生规划建设，避免医疗卫生资源过分向城市及发达地区集中，大力

---

① 孙慕义：《后现代卫生经济伦理学》，人民出版社1999年版，第214页。
② 弗莱彻：《境遇伦理学》，程立显译，中国社会科学出版社1989年版，第126页。

强化农村和城市社区医疗卫生工作；大力扶持公共卫生及基本医疗卫生服务体系的发展，确保公众能够得到优质和普遍的基本医疗服务；建立一个覆盖全民的、城乡一体的医疗卫生保障体制等。

通过"公平优先、兼顾效率"这一医改价值方向的确立，以及上述相应的改革措施的推进与进一步细化实施，医患关系还会紧张、不协调、矛盾甚至对立吗？杀医、闹医事件还会时常发生吗？

余 论

批判与反思

境遇论作为一种道德选择的方法论,以基督教的爱的原则作为行动指南,这种爱是世俗化的,它的把纵向的"上帝之爱"延伸为横向的"爱世人"("爱是信仰的横向功能"),强调关心人、帮助人、以人为本、爱人如己,反对把人变成道德规范、律法的奴隶,反对机械地、僵化地、不顾一切地执行律法和规范,而要实事求是、具体情况具体分析,"境遇决定实情",采取原则性和灵活性相结合的道德选择的路径,为伦理学方法的创新提供了新的道路。这是对传统伦理学方法一味强调原则、规范的不满,它试图打破律法主义的"沉闷"、带来一缕清新的"空气",即欣赏与追求境遇和创新、意志自由和责任、爱与公正、世界的丰富多样性与人的多样选择性;它试图教给人们的是一种生活的原则与态度,即对他人的责任和对生命的尊重。

境遇论要告诉人们的是,任何一种道德规范、原则、理论都不能完全有效地指导一切境遇和情形,都是有条件的、相对的。在规范、原则、理论不能适用的情形下,具体境遇中的道德行为究竟该如何选择,须当事人根据"爱的计算",认真分析、权衡而定。这种"爱的计算"需要考虑特定境遇下的决定行为的各种背景因素(why、when、what、where、how, etc)以及行为的目的、手段、动机和带来的结果等行为的格式塔因素;需要考虑近期和当下又考虑长远;需要避免情感的盲目冲动和目光短浅,尽可能考虑到所有人的利益,即使仇人的利益也要在计算中考虑;有时甚至需要通过"伪装""无偏见"来实现这种计算。尽管要求很多,但标准还是不够具体,缺乏可操作性,人们往往会根据各自的理解进行操作;另外,人是不完善的存在、是差别和距离的存在,人非圣贤、人无完人,如何人人都能够通过"爱的计算"采取合理的行为,是很难做到的。境遇论所要求的道德选择是"圣人"的道德选择、道德判断是"完人"的道德判断、"爱的计算"是"成年人"的计算,要求人必须有完美的道德修养,但实际上,绝大多数人都是凡夫俗子,极少人有如此高的修养。故而必然带来道德选择的多样性、差别性、不统一性。弗莱彻的出发点是好的,因为向善是一个逐渐的过程,不可能期望一步达到,但正如共产主义的实现需要长期的过程一样,要达到每个人自己在特定境遇下进行正当的、合理的选择,也需要长期的修炼、需要良好的社会氛围、需要人们共同的价值取向与信仰、需要人的整体素质的提高和文明进步。

弗莱彻的境遇论特别强调——"爱不是喜欢",也就是说,"爱追求世人的利益,不管我们喜不喜欢他"。也就是说爱不是情感问题、不是感情用事,它是一种关心世人、友好待人的态度或倾向。弗莱彻十分强调的是:爱需要小心、慎重和分配,需要计算,需要理性的态度或倾向。然而,爱和情感是能够分离的吗?人的态度或倾向难道能完全摆脱情感的成分吗?人的态度或倾向和情感都是主观的、相互联系的,把它们绝对分离从而否定情感的道德性是不妥当的。"难道我们不能说行为和感情两者在道德上的善都产生于它们出自于某种欲求这一点吗?我们认为,对他人的不幸感到悲伤,在道德上是善的,因为我们认为它产生于对他们的幸福的某种兴趣,或者说得更平实一点,产生于一种要它们都幸福的欲求。"[①] 不可想象,如果没有情感的激发和驱动,人就会自动做出道德的事或者遵守道德。从某种意义上说,情感是人追求自己欲求对象的不可排斥的力量,没有情感的支持就不可能产生人对道德的不懈追求。

弗莱彻强调在道德选择的过程中具体境遇的重要性,主张要从实际出发、具体问题具体分析,其特征就是"依据经验的,重视事实的,有事实意识的与探究性的。……它是注重事实的和具体的"[②],但却"过分强调了境遇的重要性,忽略了社会宏观环境对人们道德行为的决定性作

[①] [英]戴维·罗斯著:《正当与善》,林南译,上海译文出版社2008年版,第157页。
[②] 弗莱彻:《境遇伦理学》,程立显译,中国社会科学出版社1989年版,第20页。

用，进而过于重视行为之偶然、特殊和变化因素，忽略其一般规律和特点。"[1] 其实，具体境遇下的道德选择离不开宏观的社会环境的制约，这种宏观的社会环境包括政治、法律、宗教、道德传统、社会舆论及其核心价值观等，它们是普遍与特殊、一般与具体的关系。在道德选择上两者都不能偏颇，都不能强调一方面而弱化另一方面。一味强调个体在具体境遇的作用，而忽视了整体的、社会的因素在推动人们进行道德选择过程中的力量是不可取的。因此，有必要及时构建和完善与社会发展和时代进步相适应的、开放性的道德规范体系，来对人们的行为进行道德指引；同时也应当倡导在特殊境遇下以爱的原则进行创造性的道德选择，以克服具体的道德规范在特殊境遇中的空白和适用性上的局限性。

另外，弗莱彻境遇论的核心是以基督教的爱作为唯一、最高的原则，他的思想无不打上基督教的烙印。然而，他又说他的境遇论是非有神论意义上的人道主义，这种既相信基督教又批判基督教的意识尽管可以说是一种"扬弃"，但时常显得矛盾，这也许就是西方基督教传统与实用主义精神结合所存在的"悖论"。

当然，任何理论都并非是十全十美、毫无瑕疵的，既有不足、需要不断完善，又有许多优势、需要不断发掘和光大。弗莱彻的境遇论作为一种道德决断方法和道德选择理论，强调处理问题时具体问题具体分析、做到原则性和灵活性的统一，强调人不是规范、原则的奴隶，而是规范、原则的主人，在任何境遇中爱的原则是绝对的、主要的，而其他的规范、原则是相对的、次要的；它是一种生活智慧和态度，交给人们如何进行行为的恰当选择；它既不同于仅仅强调动机善的道义论，又不同于仅仅强调结果善的功利主义，而是强调由具体的境遇出发、以爱的精神作为指导、从行为开始前的动机到行为带来的结果整个过程中所体现的"过程善"。从这些方面来看，境遇论无疑对道德选择理论的完善和发展具有深远的现实意义，特别是对发展迅速、日新月异的生命伦理学领域而言，特殊境遇下如何进行道德选择就更显重要，并给予人们以宝贵的思想启迪。

---

[1] 万俊人著：《现代西方伦理学史》下卷，北京大学出版社1992年版，第572—573页。

附

境遇伦理的形态分析

境遇伦理是一种道德选择的方法，这种方法研究在特定的境遇下如何行善、如何做可能表示最大爱心的行动。这是善的行动、爱的行动，特别是遇到道德难题（不同的行为选择都有一定的道德理由，很难做出两者之间行为选择），无现成的道德规则、原则可寻，境遇伦理就可发挥其十分重要的作用。

一般而言，形态就是指形状、样态，是事物的表现形式。就道德哲学而言，"'形态'是对伦理道德及其历史发展的形而上学研究和诠释"[①]或者说是从历史发展的角度，就道德哲学从古到今的时空变化中，其应该具有的典型样态或者说最主要的表现形式。从历史哲学（关于道德文明和道德哲学发展的历史形态的哲学反思）的角度，道德哲学发展的历史形态分为"伦理形态"、"道德形态"和"伦理—道德形态"三种。古希腊城邦就是希腊"伦理"历史形态的摇篮；亚里士多德理智德性的提出，推动了个体从实体中分离，是"伦理"向"道德"形态演变的内在否定性因素，希腊城邦的解体是外在因素。由"原生经验"产生的风俗习惯的伦理，通过教育、惩戒而产生"伦常""法则""规范"，推动了伦理形态向道德形态转变（与此同时，伦理学也转向了道德哲学），并以康德道德哲学体系的形成为标志。黑格尔发现了抽象的伦理形态或道德形态的局限，并试图对它进行辩证综合。[②]

[①] 樊浩：《伦理道德的精神哲学形态》，中国社会科学出版社2015年版，第588页。
[②] 参见樊浩：《"伦理"—"道德"的历史哲学形态》，载《学习与探索》2011年第1期，第7页。

而源于西方 20 世纪中后叶的境遇伦理就属于道德哲学中的"伦理—道德形态"。

一 "伦理—道德形态"及其特征

一般而言,"伦理—道德形态"应该具有以下这些共同特征。

1. 伦理认同与道德自由的统一。伦理认同是指个体对普遍的、共同的社会伦理观念的自觉欣赏、同意与接受,并落实在自我行动中的过程。这种伦理观念是实体①意识,是通过家庭、民族与社会建立起来的原初的经验。道德自由是在理性自律基础上,使你的意志的准则始终符合普遍立法原则的自由,不是绝对的而是相对的自由。人有两重世界:从属于自然律的现象界或自然世界,这受自然因果律的支配;另一个世界是不受自然律支配的智性世界(自由世界),这受自由律的支配。这个"自由律"按德国著名哲学家康德的说法就是理性②。人是理性存在者,理性使人与大自然创造的"他物"区别开来,它使人获得了不同于他物的自尊、自我意识和意志自由。康德认为道德来自理性自律,"意志自律是一切道德法则以及合乎这些法则的职责的独一无二的原则"③,道德就是理性没有成为感性的工具、理性战胜了感性(克制了欲望)的结果。人的存在与提升,或人的道德发展,就存在于人的理性与感性的永恒斗争之中。道德法则既不能是外在的法则,甚至也不能从上帝的意志来建立,因为这一切都是他律的,而不是自律的。只有出于自由意志的、理性的自律,才能成为道德法则。而且,理性应该具有普遍性,"要这样行动:你的意志的准则始终能够同时用作普遍立法的原则。"④

---

① "伦理的本性是普遍,是具有现实性的普遍,'伦理是一种本性上普遍的东西';实体则是由精神所实现的'单一物与普遍物的统一',因而伦理实体的真谛和核心,就是一种具有普遍性的现实精神"(参见樊浩《伦理实体的诸形态及其内在的伦理—道德悖论》,载《中国人民大学学报》2006 年第 3 期),"以伦理实体为主体的实体,其典型的体现就是家庭与民族"(参见樊浩《人伦传统与伦理实体的建构》,载《中国人民大学学报》1996 年第 3 期)。

② "理性"一词起源于希腊词语"逻各斯",一般情况下指概念、判断、推理等思维形式,指处理问题按照事物发展的规律进行,不冲动、不感性,通过符合逻辑的推理而非依靠表象而获得结论、意见以及行动之理由。

③ [德] 康德著:《实践理性批判》,韩水法译,商务印书馆 2000 年版,第 34—35 页。

④ 同上书,第 31 页。

2. 普遍性、客观性与个别性、主观的统一。"伦理具有客观性和普遍性，道德表现为主观性和个别性，……伦理的观点，伦理方式的要义，是'从实体出发'，普遍性的'伦'始终是它的追求和合理性根据；而道德的观点，道德方式的核心，是从个体理性和自由意志出发，透过理性反思和自由意志达到'道'的普遍性。"① 或者说伦理是客观法、具有普遍性，而道德是主观法、具有个别性。因此，"伦理—道德形态"既是客观法与主观法的统一，又是普遍性与个别性的统一。

3. "习惯生活的善"与"应然的善"②的统一。伦理是"习惯生活的善"，来自原初生活的经验和风俗习惯。"伦理是各个民族风俗习惯的结晶，是'不成文的法律'，具有神圣的性质，被认为永远正当的东西。对于后辈的熏陶、教育，都是伦理的功用。"③ 伦理这种永远正当性、神圣性、不成文的法律性，通过风俗习惯的力量而传承，不断熏陶、教育一代又一代人。道德是"应然的善"，也就是说，"道德是涉及有关正确的和错误的人类行为的各种类型的信仰。对这些具有规范性的信仰，人们通过诸如'好的'、'坏的'、'正直的'、'值得赞扬的'、'正确的'、'应当的'以及'应当谴责的'等一般的词汇来加以表达。"④ "伦理—道德形态"是"习惯生活的善"与"应然的善"的统一，表达了这样的理念，即个体通过分享（选择）普遍的人世真理而形成的"应当"的内在品质或德性，并通过实践而表现出来的统一。

4. "伦"之"理"与"道"之"德"的诸精神哲学形态的统一。"伦，辈也。"（《说文》）"理，治玉也。顺玉之文而剖析之。"（《说文》）当伦与理连用时就意味着人伦之理。"道生一，一生二，二生三，三生万物"（《道德经》），这里的"道"指本源、本体之意；"一阴一阳之谓道"（《周易大传·系辞上》），这个道又是指基本规律；"地势坤，君子以厚德载物。"（《周易·系辞》）这里的"德"含有品德、德性之意；当"道"与"德"连用时就意味着只有获得人之道才是有品德、德性之人。

---

① 樊浩：《伦理道德的精神哲学形态》，中国社会科学出版社 2015 年版，第 37 页。
② 同上书，第 30 页。
③ 参见 [德] 黑格尔《法哲学原理》，范扬、张企泰译，商务印书馆 1995 年版，第 8 页。
④ [美] 汤姆·L. 彼彻姆著：《哲学的伦理学》，雷克勤等译，中国社会科学出版社 1990 年版，第 9 页。

而"伦理"就是人之道,当个体通过理性自律、遵循普遍立法的道德律令,达至"伦理"的境界,就是一个有德之人。"伦理道德形态,根本上是一种精神哲学的把握方式,其精髓是在逻辑与历史统一的视域下,检视与呈现精神由低级到高级的辩证运动过程,将伦理与道德当作人类精神发展的辩证环节和生命呈现方式。"①

二 境遇伦理及与"伦理—道德形态"的关联

境遇伦理(境遇论)是一种方法论。一般而言,在道德决断或道德选择时有三种选择方法,即律法主义方法、反律法主义方法(即无律法的或无原则的方法)和境遇论的方法。"第三种方法介乎律法主义与反律法主义的无原则方法之间,即境遇伦理学。"②

首先来看第一种方法:"律法主义"方法。它是一种最为常见与久远的方法,"依照这种方法,人们面临的每个需要做出道德决定的境遇,都充满了先定的一套准则和规章。不仅仅律法的精神实质,连其字面意义都占据支配地位。体现为各项准则的原则,不仅是阐明境遇的方针或箴言,而且是必须遵循的指令。"③ 也就是说,具体境遇的道德选择是按照已制定的准则和规章来行动,不仅按照律法的精神而且要按照有字可依、明文规定的规章的意义行动。弗莱彻认为,西方三大宗教传统——犹太教、天主教和新教都是律法主义的。

再来看第二种方法:"反律法主义"方法。它是指具体境遇的道德选择不按照已制定的任何原则、规则而是依据当时当地的境遇出发由行为者依据自己的经验和判断来行动。"同律法主义截然相反的对立面,我们称之为反律法主义。按照这种方法,人们进入决断境遇时,不凭借任何原则或准则,根本不涉及规则。这种方法断言,在每个'当下存在的时刻'或'独特'的境遇中,人们都必须依据当时当地的境遇本身,提出解决道德问题的办法。"④ 反律法主义者追求绝对自由,不愿受律法的约

---

① 樊浩:《伦理道德的精神哲学形态》,中国社会科学出版社2015年版,第588页。
② 弗莱彻:《境遇伦理学》,程立显译,中国社会科学出版社1989年版,第16—17页。
③ 同上书,第10页。
④ 同上书,第13页。

束，自认为心中有信仰就会有一切，幸福和命运就有了保障，从而自由地追求他们所期待的生活。

最后来看"第三种方法"：境遇论的方法。"由于境遇伦理学的居中地位，即主张随时准备遵照道德律法而行动或不顾道德律法而行动，所以反律法主义者把境遇论者称为温和的律法主义者，律法主义者又把他们称为隐蔽的反律法主义者。"① 因此，可以这样认为，境遇论的方法是一种温和的律法主义方法或隐蔽的反律法主义方法。它是基于事实的，既尊重准则，又随时准备在特定境遇中，在无既定的准则可循时或准则无法适用特定的境遇时，以"良心"作为指导，根据爱的需要，以爱为绝对善的介乎律法主义与反律法主义的无原则方法之间的决疑法，或者说，境遇伦理是爱的决疑法。爱的决疑法就需要通过"爱的计算"（爱的权衡）进行决疑。爱的计算对象就是：在具体境遇下的决定行为的各种背景因素（如 who，what things，where，when，why 等等）以及行为的目的、手段、动机和带来的结果等，这就是行为的格式塔②。

境遇伦理的这个"第三种方法"，首先需要遵循准则。准则必须具有普遍性，才能使人们得以遵守。因此，这些具有普遍性的准则就具有了伦理的意义。这些准则的形成经历了漫长的历史时期，通过原生经验和风俗习惯过渡为"伦常"，进而抽象为准则（法则）。因此，这种"伦理形态"是从原生性的伦理形态演变而来的"次生性伦理形态"。但由于社会的复杂性，准则在特定境遇下，并不可能适用于一切情形，特别是遇到道德难题之时，此时就需要通过"爱的计算"去解决，经过格式塔的权衡进行道德选择。"爱的计算"需要自由意志、需要理性自律、需要遵循普遍性的自我立法原则。因此，采用境遇伦理的方法需要做到：伦理认同与道德自由的统一，普遍性、客观性与个别性、主观的统一以及"习惯生活的善"与"应然的善"的统一。显然，境遇伦理的形态符合"伦理—道德形态"的特征。

---

① 弗莱彻:《境遇伦理学》，程立显译，中国社会科学出版社 1989 年版，第 21 页。
② 格式塔系德文 "Gestalt" 的音译，主要指完形，即具有不同部分分离特性的有机整体。境遇伦理借用此心理学概念强调经验和行为的整体性，因为人的经验和行为是一种整体现象。

三 境遇伦理与相关伦理学理论之形态比较

基督教伦理、功利主义伦理、实用主义伦理是境遇伦理的理论渊源与境遇伦理的产生密切相关，通过境遇伦理与相关伦理学理论之形态比较，来进一步论证境遇伦理的"伦理—道德形态"特征。

（一）境遇伦理与基督教伦理之形态比较

基督教伦理是从基督教信仰的角度出发，以基督教教义作为其重要表现形式，以爱作为实现人类幸福的纽带，探求人的行为所应遵循的基本规则的理论。爱在基督教的道德观念中可分为两个层面：神之爱和人之爱。神之爱包括上帝之爱与基督之爱。由于基督是上帝之子，故基督之爱就体现了上帝之爱，"上帝就是爱"（《圣经·约翰一书》4：8），上帝就是爱的化身和代名词，表现为上帝创造天地万物、赐予人的生命，同时对人类"原罪"的惩罚亦是出于爱，表现为上帝不忍看到人类背负永远的罪责和苦难的命运而差其子耶稣为人类赎罪，直至上十字架。人之爱包括人对上帝之爱和对他人之爱。两者都可以理解为"感恩的爱"。因为前者是后者的基础，后者是前者的体现。爱他人乃爱上帝的表现，是感恩、是神圣、是超越，并与终极的价值关怀相联系。基督教的爱是"感恩的爱"，它引领你遵循上帝的教导——爱人如己，这是一种"亲密共同体的道德"。

境遇伦理和西方基督教伦理有着密不可分的联系，这不仅是境遇伦理的主要开拓者约瑟夫·弗莱彻所处的美国社会的基督教背景，而且这与他早年从事基督教的学习、研究以及实践有关。"境遇伦理学是基督教伦理学的精髓所系。"[①] 不过基督教的爱变成了境遇之爱。境遇之爱是在具体的境遇或情景中所要践行与表达的人间之爱，境遇之爱也是以基督教信仰为基础的，同样强调"爱世人""爱人如己"，体现出一种"亲密共同体的道德"。只不过对"亲密共同体的道德"弗莱彻用同样意思的另一句话来表达即"爱是信仰的横向功能"[②]。境遇伦理和基督教伦理最主要的区别就是：基督教伦理是启示的伦理、是绝对的律法伦理，这种

[①] 弗莱彻：《境遇伦理学》，程立显译，中国社会科学出版社1989年版，第62页。
[②] 同上书，第133页。

"绝对"就体现在《圣经》的戒律之中。但境遇伦理不是这样的,它是介乎律法主义与反律法主义的无原则方法之间的"第三种方法"。

由此可见,基督教伦理的理论形态偏向于"伦理形态",它不需要人的意志自由,而仅仅需要的是人在横向的交往行为中与伦理实体保持绝对的统一与认同。但基督教伦理并非原生的、直接与伦理实体相统一的"伦理形态",而是将"伦常"抽象为"法则",泛化为某些对象性的规范,是次生的、间接的通过律法的形式所形成的统一。因此,基督教伦理的理论形态应该属于从"伦理形态"向"道德形态"转换的、过渡的"次生伦理形态"。而境遇伦理是从基督教伦理的这种"次生伦理形态"向"道德形态"转换完成以后的"伦理—道德形态",因为它既需要遵循这种律法的"伦常",又要实现人的意志自由,这种意志自由是一种理性(爱的计算)的意志自由,是在特定境遇下无准则可循或该准则不能适应特定境遇的意志自由。

(二)境遇伦理与功利主义伦理之形态比较

功利主义伦理是一种强调行为的后果对他人、对社会的普遍功用作为价值评价标准的伦理思想。在这里,"功利是指任何客体的这么一种性质:由此,它倾向于给利益有关者带来实惠、好处、快乐、利益或幸福(所有这些在此含义相同),或者倾向于防止利益有关者遭受损害、痛苦、祸患或不幸(这些也含义相同);如果利益有关者是一般的共同体,那就是共同体的幸福,如果是一个具体的个人,那就是这个人的幸福。"[1] 可见,边沁所指的功利不仅指个人幸福,也指向共同体幸福。由边沁最先提出的"最大多数人的最大幸福"原则也是功利主义的一条重要的道德原则。但到了约翰·斯图亚特·密尔(约翰·斯图亚特·穆勒)那里,对功利理解不仅是"最大多数人的最大幸福",而且还认为只有共同体中的所有人的幸福才是幸福。"在功利主义的理论中,作为行为是非标准的'幸福'这一概念,所指的并非是行为者自身的幸福,而是与行为有关的所有人的幸福。"[2] 总之,无论是边沁还是密尔,"最大多数人的最大幸

---

[1] [英]边沁著:《道德与立法原理导论》,时殷弘译,商务印书馆2000年版,第58页。
[2] [英]约翰·斯图亚特·穆勒:《功利主义》,叶建新译,九州出版社2007年版,第41页。

福"代表和反映这种伦理思想主体和本质特征。

功利主义伦理以趋乐避苦的抽象人性论为其哲学基础,以个人主义为出发点,以行动的效用大小为价值评价依据,以功利(苦乐)为计算标准来判断人们行为的善恶,以实现最大多数人的最大幸福为价值导向和最高理想。它的理论构成了近现代西方社会(主要是英美体系国家)的政治、经济、法律的伦理基础,体现了市场经济理论的价值观。功利之"目的"是使最大多数人获得最大快乐、带来最小痛苦,或者给最大多数人带来最好的"结果",故功利主义伦理又可称为目的论伦理或结果论伦理。

境遇伦理继承了功利主义伦理的传统,更多地从结果善作为评价行为的道德标准。"由于爱的伦理学认真寻求一种社会政策,爱就要同功利主义结为一体,它从边沁和穆勒那里接过了'最大多数人的最大利益'这一战略原则。"[①] 在这里,爱的伦理寻求的主要是如何进行分配公正的社会政策,期望给最大多数人带来最好的"结果"。"目的论则用以指目的的或志向的伦理学,据说它关心的是越来越多地实现利益,而不是单单服从规则。根据这些传统术语的含义看,境遇伦理学无疑地较为接近目的论。"[②] 也就是说,境遇论与目的论在"同"的方面比"异"的方面表现更为突出,表现为两者都关心现实利益,都以利益、效用的大小作为价值大小的衡量依据;两者都强调"最大多数人的最大利益"以便尽可能多地给邻人或他人带来最大量幸福。这些都是它们的相似之处。但境遇伦理(境遇论)与功利主义伦理(目的论伦理)不同的是境遇论以"爱"的原则取代其功利主义伦理的快乐原则,将享乐主义者的计算变成"爱的计算",计算如何使最大多数人获得最大利益。"这是一个真正的结合体,尽管它重新界定了功利主义者的'利益'概念,以上帝之爱取代其快乐原则。在这个结合体中,享乐主义者的计算变成上帝之爱的计算,变成了尽可能多的邻人的最大量幸福。它运用了功利主义的程序原则——利益分配,但还有它自己的见于圣经概要中的价值原则。"[③] 也就

---

① 弗莱彻:《境遇伦理学》,程立显译,中国社会科学出版社1989年版,第77页。
② 同上书,第78页。
③ 弗莱彻:《境遇伦理学》,程立显译,中国社会科学出版社1989年版,第77页。

是说，这种计算不仅要考虑到利益的量，还要考虑到将利益如何进行分配，爱的作用与功利主义的分配相结合，尽可能多给他人与社会带来更多的利益，这样才能体现以"爱"作为唯一的或绝对的价值原则的意义所在。

由此可见，功利主义伦理由于需要在行动中考虑、计算功利的大小以及尽可能多给他人与社会带来更多的利益，体现了行为者的自由意志，表现为一种"道德形态"。境遇伦理作为一种道德选择伦理借用了功利主义伦理的原理，也需要在行动中考虑、计算，区别的是它不是进行苦乐的计算，而是进行"爱的计算"或爱的权衡、决疑、考量，即需要结合考量当时所处的境遇或者说各种复杂的背景因素，如目的与动机、利益与结果、时间与地点、程度与程序等等，既要结合一定的准则，又在无准则可依的情况下以爱作为最高道德标准，是"道德形态"和"伦理形态"（"次生伦理形态"）结合的"伦理—道德形态"。

（三）境遇伦理与实用主义伦理之形态比较

实用主义伦理是注重行动、实践的伦理。重行动、重实践、重经验、重效果（效用）、重探索，这些正是实用主义伦理的价值与意义所在。人要生存、要改造世界以获取生存条件首先就要行动，要在现实生活中不断奋斗，在行动中、在实践中去践行善的价值、去创造既属于自己又属于社会的美好未来。境遇伦理继承了实用主义的这一传统，同样注重行动和实践，这是在具体的境遇中按照爱的原则的行动，这种实践是具体问题具体分析、体现境遇之爱的实践。

实用主义伦理是以效果或效用来衡量行动的意义和价值的伦理。"实用主义的方法，不是什么特别的结果，只不过是一种确定方向的态度。这个态度不是去看最先的事物、原则、'范畴'和假定是必需的东西；而是去看最后的事物、收获、效果和事实。"[①] 这种行动效果是既要考虑到个体利益更要考虑到他人与社会利益，当个体利益与他人与社会利益发生矛盾与冲突时，以他人与社会利益优先、为主，只有这样才能实现社会向善，使人们心中燃起对未来美好生活的向往。"实用主义特别重视计

---

① ［美］威廉·詹姆士：《实用主义》，陈羽伦、孙瑞禾译，商务印书馆1979年版，第31页。

划、自由意志、心灵和精神等问题，因为这些问题的意义正在于提供了一种'社会向善论'，从而使人们对将来燃起新的希望。"① 境遇伦理和实用主义伦理一样离不开效用、同样以效用为中心。同样，这种"效用"不是单指对个人的效用，而是首先对他人与社会的效用，因为为他人与社会带来效用、谋福利体现了利他之爱。

实用主义伦理也要突出把一般道德理论与特殊的具体的事件结合起来，以一般道德理论为工具，去指导分析特殊事件中的具体的问题和冲突，从而确定特殊情况下的善的行动。"说每一个的道德的情境都是一个独一无二的、有它自己不能取代的善的情境，这种说法不仅显得笨拙，而且显得愚蠢。因为，既成的传统告诉我们，行为需要普遍的指导恰好说明了特殊情境的无规律性，美德倾向的本质就是使每个特殊情境受一种固定原则裁定的意愿。随之而来的结论就是，使普遍的目的和法则受具体的情境的决定，必然引起大的混乱和无限制的放纵。"② 也就是说，由于特殊情境的无规律性，需要制定普遍的行为指导原则。但处理具体的问题时，既不能完全依照普遍原则行事，也不能完全抛弃普遍原则。杜威既反对只要普遍的目的和法则的主张，也反对认为道德的情境是独一无二的。因为，过分强调情境的特殊性，否认行为有普遍原则指导，必然会引起大乱和无限的放纵。这就需要将普遍原则与具体的境遇结合起来，实事求是去处理和解决问题。由此可见，由于实用主义伦理既要在行动中体现自由意志的考虑、计算效果，尽可能多给他人与社会带来更多的利益，又要结合普遍的原则，因此，从形态上来说，实用主义伦理是一种"伦理—道德形态"。

实用主义伦理的一个重要聚焦点是人的自由意志问题，原因是：如果道德主体的意志是自由的，才能最大限度地发挥其主观能动性，人的创造性潜能才能得到不断释放，才能不断创造新事物。"自由意志的实用主义的意义，就是意味着世界有新事物，在其最深刻的本质方面和表面

---

① 俞吾金著：《问题域外的问题——现代西方哲学方法论探要》，上海人民出版社1988年版，第141页。

② 杜威：《哲学的改造》，约翰·杜威等著：《实用主义》，世界知识出版社2007年版，第254页。

现象上，人们有权希望将来不会完全一样地重复过去或模仿过去。"[1] 意志自由才能不断创新，并带来物质的丰富和思想的多元，创造一个色彩斑斓、日新月异的社会，才能使得人们有更多机会和选择。境遇伦理同样强调道德主体的意志必须是自由的。"对于真正的道德决断来说，自由是必要的，具体境遇中不受限制的方法是必要的。"[2] 这里的"不受限制的方法"是指具体境遇下不受他人给予的外在压力或外在准则的限制，强调道德选择中自由意志的重要性，因为没有自由意志就没有真正的道德选择。而自由增加的同时责任随之增加，"自由是责任的另一面"[3]，自由是以责任为代价的，没有责任就没有自由，这就表明了境遇论的主要的开拓者弗莱彻在追求道德选择自由的同时更加强调责任的意义，说明道德的选择自由是以道德责任作为代价、限制和必要条件的。更为重要的是，境遇论强调：道德选择的自由和责任本身就体现了"爱"。但境遇伦理也是遵循原则的，只不过是在特定境遇下无原则可循，或者原则之间发生冲突，或者该原则的使用与爱相冲突、相违背，这个时候，以爱为最高准则的自由意志，起到了决定作用，通过"爱的计算"，权衡各种利弊得失，选择能给他人与社会带来最大利益或者说最大幸福的行动。因此，与实用主义伦理一样，从形态上来说，境遇伦理是一种"伦理—道德形态"。

以上分析说明了境遇伦理符合"伦理—道德形态"的特征。由于伦理认同和道德自由的矛盾，现代西方伦理道德的精神形态是伦理与道德对峙中混合摇摆的历史形态；中国是道德服从于伦理，这与西方自由意志背景下的道德强势形成相反相成的形态。走出这种悖论或对峙的方法是建立"伦理—道德"价值生态。[4] "在这个生态中，伦理与道德，伦理认同与道德自由辩证互动。生态合理性的价值目标是：具有伦理前景和

---

[1] [美]威廉·詹姆士：《实用主义》，陈羽伦、孙瑞禾译，商务印书馆1996年版，第64页。

[2] 弗莱彻：《境遇伦理学》，程立显译，中国社会科学出版社1989年版，第67页。

[3] 同上书，第68页。

[4] 参见樊浩《"伦理"—"道德"的历史哲学形态》，载《学习与探索》2011年第192卷第1期，第7—13页。

精神底蕴的道德自由；经受理性反思并宽容道德多样性的伦理认同。"① 境遇伦理就具备了这种"生态"所具有的特性，这也是其可借鉴性和具有一定程度的价值和意义之所在。

---

① 樊浩：《伦理道德的精神哲学形态》，中国社会科学出版社2015年版，第38页。

主要参考文献

一 著作（译著）类

1. J. Fletcher, Situation Ethics: The New Morality, The Westminster Press, Philadelphia, 1966.
2. 弗莱彻：《境遇伦理学》，程立显译，中国社会科学出版社1989年版。
3. J. Fletcher, Morals and Medcine, Princeton Univercity Press, Princeton, 1954.
4. J. Fletcher, The Ethics of Genetic Control, Anchor Press, Garden City, 1974.
5. J. Fletcher, Humanhood: Essays in Biomedical ethics, Prometheus Books, Buffalo, 1979.
6. 石毓彬、程立显、余涌编：《当代西方著名哲学家评传（第四卷 道德哲学）》，山东人民出版社1996年版。
7. 万俊人：《现代西方伦理学》（上、下），北京大学出版社1992年版。
8. 孙慕义主编：《医学伦理学》，高等教育出版社2004年版、2008年版。
9. 孙慕义：《后现代生命神学》，台湾文锋文化事业有限公司2007年版。
10. 徐向东：《自我、他人与道德》，商务印书馆2007年版。
11. L. J. 宾克莱：《理想的冲突——西方社会中变化着的价值观念》，马元德等译，商务印书馆1983年版。
12. Albert R. Jonsen, *The Birth of Bioethics*, New York, Oxford University Press 1998.
13. 雷蒙德·埃居、约翰·兰德尔·格罗夫斯（Raymond S. Edge and John Randall Groves）：《卫生保健伦理学——临床实践指南（第2版）》，应向华译，北京大学出版社、北京大学医学出版社 2005 年版。

14. ［美］托马斯·A. 香农：《生命伦理学导论》，肖巍译，黑龙江人民出版社 2005 年版。

15. ［澳］斯马特、［英］威廉斯：《功利主义：赞成与反对》，牟斌译，中国社会科学出版社 1992 年版。

16. ［美］雅克·蒂洛、基思·克拉思曼：《伦理学与生活》，程立显、刘建等译，世界图书出版公司 2008 年版。

17. 姚新中：《儒教与基督教——仁与爱的比较研究》，赵艳霞译，中国社会科学出版社 2002 年版。

18. ［德］卡尔·白舍客：《基督宗教伦理学》，静也、常宏等译，上海三联书店 2002 年版。

19. DN. Barrett, T. Parsons, E. Shils, KD. Naegele, JR. Pitts: The Theories of Society, Foundations of Modern Sociological Theory, The Free Press of Glencoe, Inc, 1961.

20. 张庆熊、徐以骅主编：《基督教学术（第 2 辑）——宗教、道德与社会关怀》，上海古籍出版社、上海世纪出版集团 2004 年版。

21. 黑格尔：《法哲学原理》，范扬、张企泰译，商务印书馆 1961 年版、1995 年版。

22. ［美］威廉·詹姆士：《实用主义》，陈羽伦、孙瑞禾译，商务印书馆 1996 年版。

23. 杜威：《哲学的改造》，许崇清译，商务印书馆 1958 年版。

24. 万俊人：《现代西方伦理学史（下卷）》，北京大学出版社 1992 年版。

25. 赵敦华：《西方哲学简史》，北京大学出版社 2001 年版。

26. 唐凯麟主编：《西方伦理学名著提要》，江西人民出版社 2000 年版。

27. 詹姆斯：《詹姆斯集》，万俊人、陈亚军编选，上海远东出版社 2004 年第 2 版。

28. 约翰·杜威：《哲学的改造》，《实用主义》，世界知识出版社 2007 年版。

29. 全增嘏主编：《西方哲学史》，上海人民出版社 1987 年版。

30. 赵敦华：《现代西方哲学新编》，北京大学出版社 2001 年版。

31. ［美］理查德·J. 伯恩斯坦：《超越客观主义与相对主义》，郭小平、康兴平译,光明日报出版社1992年版。

32. [英]约翰·科廷汉:《理性主义者》,江怡译,辽宁教育出版社1998年版。

33. [德]马克斯·韦伯:《新教伦理与资本主义精神》,于晓、陈维纲等译,陕西师范大学出版社2006年版。

34. [美]劳伦斯·卡弘:《哲学的终结》,周宪、许钧译,江苏人民出版社2001年版。

35. 罗伯特·所罗门:《大问题:简明哲学导论》,张卜天译,广西师范大学出版社2004年版。

36. 林火旺:《伦理学入门》,上海古籍出版社2005年版。

37. [美]汤姆·L. 彼彻姆:《哲学的伦理学》,雷克勤等译,中国社会科学出版社1990年版。

38. 徐复观:《中国人性论史:先秦篇》上海三联书店2001年版。

39. 高国希:《道德哲学》,复旦大学出版社2005年版。

40. 樊浩:《中国伦理精神的历史建构》,江苏人民出版社1992年版。

41. 亚里士多德:《尼各马可伦理学》,廖申白译注,商务印书馆2003年版。

42. [美]麦金太尔:《德性之后》,龚群等译,中国社会科学出版社1995年版。

43. E. Mason: Rosalind Hursthouse, on Virtue Ethics, Oxford, oxford University Press, 1999.

44. 徐向东:《自我、他人与道德(上下册)》,商务印书馆2007年版。

45. 章海山:《西方伦理思想史》,辽宁人民出版社1984年版。

46. 周辅成主编:《西方著名伦理学家评传》,上海人民出版社1987年版。

47. [英]边沁:《道德与立法原理导论》,时殷弘译,商务印书馆2000年版。

48. 龚群:《当代西方道义论和功利主义研究》,中国人民大学出版社2002年版。

49. [英]穆勒:《功利主义》,叶建新译,九州出版社2007年版,第21页。

50. [英]边沁:《政府片论》,沈叔平等译,商务印书馆1995年版,第

92 页。

51. 宋希仁主编:《西方伦理思想史》,中国人民大学出版社 2004 年版。
52. 王润生著:《西方功利主义伦理学》,中国社会科学出版社 1986 年版。
53. 马家忠、孙慕义主编:《新医学伦理学概论》,哈尔滨出版社 1995 年版。
54. 龚群:《当代西方道义论与功利主义研究》,中国人民大学出版社 2002 年版。
55. [德]康德:《实践理性批判》,韩水法译,商务印书馆 1999 年版。
56. 张志伟:《康德的道德世界观》,中国人民大学出版社 1995 年版。
57. [德]康德:《道德形而上学原理》,苗力田译,上海人民出版社 2002 年版。
58. 徐天民等:《中西方医学伦理学比较研究》,北京医科大学、中国协和医科大学联合出版社 1998 年版。
59. 樊浩:《伦理道德的精神哲学形态》,中国社会科学出版社 2015 年版。
60. [美]霍尔姆斯·罗尔斯顿:《环境伦理学》,杨通进译,许广明校,中国社会科学出版社 2000 年版。
61. [英]亚当·斯密:《道德情操论》,蒋自强、钦北愚等译,商务印书馆 2003 年版。
62. 马克思:《关于费尔巴哈的提纲》,《马克思恩格斯选集》第一卷,人民出版社 1995 年版。
63. [古罗马]西塞罗:《论老年论友谊论责任》,商务印书馆 1998 年版。
64. 樊浩:《道德形而上学体系的精神哲学基础》,中国社会科学出版社 2006 年版。
65. [美]科利斯·拉蒙特:《人道主义哲学》,贾高建、张海涛、董云虎译,华夏出版社 1990 年版。
66. 邢贲思:《欧洲哲学史上的人道主义》,上海人民出版社 1979 年版。
67. 杜丽燕:《人性的曙光——希腊人道主义探源》,华夏出版社 2005 年版。
68. [美]保罗·库尔兹编:《21 世纪的人道主义》,肖峰等译,东方出版社 1998 年版。
69. [美]恩格尔哈特:《生命伦理学和世俗人文主义》,李学钧、喻琳译，陕西人民出版社 1998 年版。
70. ［英］休谟：《道德原则研究》，商务印书馆 2007 年版。
71. 杨国荣：《伦理与存在——道德哲学研究》，北京大学出版社 2011 年版。
72. 樊浩：《伦理精神的价值生态》，中国社会科学出版社 2001 年版。
73. ［美］H. T. 恩格尔哈特：《生命伦理学基础（第二版）》，范瑞平译，北京大学出版社 2006 年版。
74. ［英］托马斯·莫尔：《乌托邦》，戴镏龄译，商务印书馆 1996 年版。
75. 黄钢、何伦、施卫星：《生物医学伦理学》，浙江教育出版社 1998 年版。
76. 徐宗良、刘学礼、瞿晓敏：《生命伦理学理论与实践探索》，上海人民出版社 2002 年版。
77. ［法］孟德斯鸠：《论法的精神》，商务印书馆 1997 年版。
78. ［英］亚当·斯密：《道德情操论》，蒋自强、钦北愚等译，商务印书馆 2003 年版。
79. 冯建妹：《现代医学与法律研究》，南京大学出版社 1994 年版。
80. 高崇明、张爱琴：《生物伦理学》，北京大学出版社 1999 年版。
81. 邱仁宗主编：《生命伦理学——女性主义视角》，中国社会科学出版社 2006 年版。
82. 刘耀光、李润华编著：《医学伦理学》，中南大学出版社 2001 年版。
83. 邱仁宗、瞿晓梅主编：《生命伦理学概论》，中国协和医科大学出版社 2003 年版。
84. 孙慕义、徐道喜、邵永生主编：《新生命伦理学》，东南大学出版社 2003 年版。
85. 刘学礼：《生命科学的伦理困惑》，上海科学技术出版社 2001 年版。
86. ［美］波伊曼：《生与死——现代道德困境的挑战》，江丽美译，广州出版社 1998 年版。
87. ［英］弗兰西斯·培根：《培根论人生》，龙婧译，哈尔滨出版社 2004 年版。
88. 杜治政：《医学伦理学探新》，河南医科大学出版社 2000 年版。
89. 罗国杰主编：《伦理学》，人民出版社 1989 年版。

90. 丘祥兴主编：《医学伦理学》，人民卫生出版社 1999 年版。
91. 孙慕义：《后现代卫生经济伦理学》，人民出版社 1999 年版。
92. ［英］戴维·罗斯：《正当与善》，林南译，上海译文出版社 2008 年版。
93. 俞吾金：《问题域外的问题——现代西方哲学方法论探要》，上海人民出版社 1988 年版。
94. ［美］皮蒂里姆·A. 索罗金：《爱之道与爱之力：道德转变的类型、因素与技术》，上海三联书店 2011 年版。

二 论文类

1. 王海明：《论伦理相对主义与伦理绝对主义》，《思想战线》2004 年第 2 期。
2. 孙慕义：《汉语生命伦理学的后现代反省》，《自然辩证法研究》2005 年第 5 期。
3. 邱仁宗：《21 世纪生命伦理学展望》，《哲学研究》2000 年第 1 期。
4. 张艳梅：《医疗保健领域的功利主义理论》，《医学与哲学》（人文社会医学版）2008 年第 9 期。
5. 王岩：《从"美国精神"到实用主义——兼论当代美国人的价值观》，《南京大学学报》（哲学·人文科学·社会科学版）1998 年第 2 期。
6. ［美］C. 莫里斯：《美国哲学中的实用主义运动》，孙思译，《世界哲学》2003 年第 5 期。
7. 周晓亮：《西方近代认识论论纲：理性主义与经验主义》，《哲学研究》2003 年第 10 期。
8. 贺来：《"相对主义"新议》，《人文杂志》2000 年第 3 期。
9. 贺来：《重新理解"相对主义"——哲学进一步发展应关注的重大课题》，《成都大学学报》（社会科学版）2000 年第 4 期。
10. 王国有：《西方理性主义及其现代命运》，《江海学刊》2006 年第 4 期。
11. 陈根法：《德性与善》，《伦理学研究》2003 年第 2 期。
12. 李建华、胡祎赟：《德性伦理的现代困境》，《哲学动态》2009 年第 5 期。

13. 项久雨、胡玉辉：《近代西方功利主义的苦乐原理及现实价值探析》，《学习与实践》2006 年第 6 期。
14. 廖申白：《对伦理学历史演变轨迹的一种概述》（上），《道德与文明》2007 年第 1 期。
15. 孙兆亮：《论生命伦理学的理论支撑点》，《社会科学》1992 年第 7 期。
16. 肖群忠：《论自爱》，《道德与文明》2004 年第 4 期。
17. 胡敏中：《论人本主义》，《北京师范大学学报》（社会科学版）1995 年第 4 期。
18. 王文元：人道主义与传统，《西北民族大学学报》（哲学社会科学版）2007 年第 3 期。
19. 赖辉亮：《Humanism：人文主义或人道主义》，《中国青年政治学院学报》2004 年第 6 期。
20. 刘虹、张宗明：《关于医学人文精神的追问》，《科学技术与辩证法》2006 年第 2 期。
21. 杜治政：《论"医乃仁术"——关于医学技术主义与医学人文主义》，《医学与哲学》1996 年第 11 期。
22. 倪征：《"医乃仁术"的内涵及其现代价值》，《医学与社会》2000 年第 2 期。
23. 张大庆、程之范：《医乃仁术：中国医学职业伦理的基本原则》，《医学与哲学》1999 年第 20 卷第 6 期。
24. 聂精保、土屋贵志、李伦：《侵华日军的人体实验及其对当代医学伦理的挑战》，《医学与哲学》2005 年第 6 期。
25. 邱仁宗：《生命伦理学的产生》，《求是》2004 年第 3 期。
26. 艾尔肯、秦永志：《论患者隐私权》，《法治研究》2009 年第 9 期。
27. 张驰：《患者隐私权定位与保护论》，《法学》2011 年第 3 期。
28. 何岚、黄德林：《论医疗行为中知情权与隐私权的实现》，《华中科技大学学报》（社会科学版）2003 年第 5 期。
29. 唐媛、吴易雄、李建华：《中国器官移植的现状、成因及伦理研究》，《中国现代医学杂志》2008 年第 8 期。
30. 刘作翔：《从自然权利走向法定权利——人体捐献器官移植中的分配

正义问题》,《中国社会科学院研究生院学报》2013 年第 5 期。

31. 邱仁宗:《脑死亡的伦理问题》,《华中科技大学学报》(社会科学版) 2004 年第 2 期。

32. 林桂榛、陈瑛:《论"安乐死"的构成要素及道德冲突》,《浙江大学学报》(人文社会科学版) 2002 年第 32 卷第 3 期。

33. 翟振明、韩辰锴:《安乐死、自杀与有尊严的死》,《哲学研究》2010 年第 9 期。

34. 韩东屏:《安乐死之争的是是非非》,《湖南社会科学》2005 年第 4 期。

35. 高清海:《价值选择的实质是对人的本质之选择》,《吉林师范大学学报》(人文社会科学版) 2005 年第 3 期。

36. 肖巍:《关于公共健康伦理的思考》,《清华大学学报》(哲学社会科学版) 2004 年第 5 期。

37. 邱仁宗:《公共卫生伦理学刍议》,《中国医学伦理学》2006 年第 1 期。

38. 张岱年:《论价值与价值观》,《中国社会科学院研究生院学报》1992 年第 6 期。

39. 杨耕:《价值、价值观与核心价值观》,《北京师范大学学报》(社会科学版) 2015 年第 1 期。

40. 樊浩:《"伦理"—"道德"的历史哲学形态》,《学习与探索》2011 年第 1 期。

后　记

　　境遇论的产生既和弗莱彻的成长经历有关，又和当时（20世纪60年代）美国大的社会背景（反种族歧视或黑人民权运动、女权运动、反战运动、环境保护运动等）紧密相连，而且这种当时大的社会背景离不开更为久远的历史传承和精神积累（基督教精神、实用主义传统等）。因此，本书试图从这些相关的脉络着手，将境遇论与生命伦理学依赖的传统道德选择理论如德性论、功利主义、道义论进行横向比较，以期发现它们的异同、挖掘境遇论的价值、找出境遇论的特征；本书还从纵向的角度，从弗莱彻境遇论的西方基督教伦理"渊源"、实用主义"战略"、相对主义"策略"几个方面追溯其理论产生的源流，以便我们对境遇论有一个更清楚的理解；境遇论既然是一种"道德决断"的方法，而非体系，这种方法是如何在具体境遇下进行"道德决断"的？这种方法又如何在"爱"的指导下发挥作用的？这些均是本文聚焦的关键内容。对此，笔者对境遇论的六个基本命题以及其基于境遇或背景的决策方法进行了详细的梳理与解读；另外，还有一个关键的聚焦点就是境遇论和生命伦理学有何关系？也就是两者的联结点到底在哪里？笔者试图从生命与爱、人道与医道两大方面进行详细论述，以求找到答案；境遇论可以作为生命伦理学的一种理论形态其价值何在？这就需要通过分析境遇论在生命伦理学应用中来进行把握。对此，本书试图通过对人类辅助生殖技术的境遇道德选择、临床诊疗过程中的境遇道德选择、器官移植的境遇道德选择、公共健康行动的境遇伦理分析、医疗卫生改革的境遇伦理分析以及安乐死的境遇道德选择的研究，探讨境遇论在生命伦理学领域的具体应用，同时也试图论证境遇论的解释力和解决力，做到理论和实践相结合，在实践中体现境遇论的价值和意义。

通过上述的酝酿、思考,在撰写的过程中,笔者试图突出以下几个方面的特色:(1)通过与传统道德选择理论(德性论、功利主义、道义论)的比较中来认识境遇论的特点和不同之处。如果说德性论强调人的"德性"的培育、品质的重要,那么境遇论则更强调具体境遇下的"德行"以体现德性;功利主义和境遇论都强调"最大多数人的最大利益"以便尽可能多地给邻人或他人带来最大量幸福,这都是它们的相似之处。不同的是境遇论以"爱"取代其功利主义的快乐原则,将享乐主义者的计算变成"爱的计算",计算如何使尽可能多的邻人得到最大量幸福;境遇论与道义论都强调动机善、都要出于爱的动机,所不同之处是:道义论指向的理论目标是一种强调先验原则的理性主义伦理学,而境遇论指向的理论目标还包含一种反先验原则的经验主义伦理学。道义论强调对规则(绝对命令)服从,而境遇论并不拘泥于对规则和原则的绝对服从,而是从具体的境遇出发,以爱作为心中的指南,具体问题具体分析来进行行为的恰当选择。(2)从境遇论的西方基督教伦理传统、实用主义"战略"和相对主义"战术"三个方面论述了境遇论的理论渊源,并比较了境遇论与基督教伦理、实用主义道德、相对主义道德的异同,从而对境遇论的理解有了更明确的脉络。例如,境遇论继承了基督教伦理爱人、人人平等的理念,为此,弗莱彻提出了"爱同公正是一回事"的观点,但弗莱彻并非主张一种无差别的平等,而是在具体境遇下更多照顾弱者利益的平等;境遇论和实用主义道德在"有用""行动""有好的结果"等方面是相同的,所不同的是,弗莱彻把杜威在道德判断和选择中起着极大作用的"理智"换成"爱的计算",以此进行具体境遇下的道德选择;境遇论的道德相对主义是在特定的境遇下克服机械的、僵死的律法主义的弊端并以爱为行动的最高准则的相对主义,或者说它是坚持只有爱是绝对的,其他的一切规则、原则或律法都是相对的相对主义。(3)从生命与爱、人道与医道的关系来论述弗莱彻道德选择理论与生命伦理学的联结点,以体现本研究的特色。在生命与爱的关系方面,境遇论作为一种"爱的战略"是和生命、自由、多样化的存在离不开的,通过服从爱的决疑法,努力把爱同相对性的世界联系起来。也就是说,境遇论是一种寻找如何运用爱来理解生命、尊重生命以及处理生命的过程中遇到的难题的"爱的战略";在人道与医道的关系方面,境遇论是现代西方人道主义思想的一次综合性尝试，弗莱彻的人道主义思想在医学和生物学研究中表现得更加突出，主要涉及人的生命进程中相关的价值或道德选择问题。(4)把弗莱彻道德选择理论与现代生命伦理学领域的应用相结合，做到理论和实践相结合，在实践中体现境遇论的价值和意义。

在研究、撰写过程中我查阅了大量的相关资料（尽管有关境遇论方面的资料较少），期望通过历史追踪的方法找到弗莱彻境遇论的思想基础和方法、特质。我想，任何理论总是在一定历史条件下发生和演变的，其产生都会受到当时的社会历史背景的影响，境遇伦理学也不例外，它不可能不继承历史和传统的脉络。弗莱彻的境遇论既和其成长经历有关、也和这些社会历史背景的影响有关，如基督教的道德传统、宗教改革、西方自由主义思潮与多元文化的背景以及实用主义的影响等，必须采取历史追踪的方法，追踪境遇伦理学理论形成的社会历史条件和背景，只有这样，才能真正发现其赖以生存和发展的基础，才能更加科学、合理地将这一理论运用到生命伦理及其实践中去；其次，对境遇伦理学的研究，关键是要忠实于弗莱彻本人的思想为前提，而不能过多地以自己的思考和判断予以代替，而要尽量以描述和归纳的方法加以展开，去粗取精，去伪存真，进行仔细梳理；同时，我还认为伦理学是一门实践性较强的科学，理论与实际的有机结合是伦理学的真正生命力所在。因此，还要将把境遇伦理学理论运用到具体的医疗卫生保健的道德实践活动中去，以解决实践中面临的许多道德难题，从而丰富生命伦理学理论的内容。既要发挥理论在社会生活中的指导作用，又要在维护和增进公共健康的实践活动中充实这些理论的内容。在把境遇伦理学的理论运用到生命伦理学以作为其理论基础的过程中，必须采取比较的方法，和生命伦理学的传统理论进行比较，找到它们的异同之处，以便发现其意义和价值所在。

目前伦理学界对弗莱彻的境遇伦理学研究只是停留在一种零散的、初步的阶段，尚缺乏一种系统的研究。本书试图对弗莱彻的境遇伦理学做一个系统的梳理，以发掘其产生的历史背景、理论资源、决策方法以及在生命伦理学的应用，从而找到其内在联系和核心价值，以便对境遇伦理学有个更好的、全面的了解和把握；同时，把弗莱彻的境遇论和生命伦理学结合起来进行研究，也丰富了生命伦理学理论的内容，并为解决卫生保健公正、临床工作中的医德难题以及为解决医患冲突、医学文化价值观冲突等热点、难点问题提供了可借鉴的理论资源,这些都是本书在这些方面进行的有益探索和尝试。

在撰写的过程中,我认为境遇道德选择的关键是通过"爱的计算"来进行计算和权衡的,但这里的问题是如何计算?计算的标准是什么?这种计算仅是定性的吗?有无定量的?对这些问题尽管进行了一定的梳理,但还不全面,还不能准确把握其方法和标准,这些都有待自己今后进一步深入研究和不断完善。

本书是笔者十多年酝酿、思考和精心撰写的成果。研究、撰写的过程是充满痛苦与快乐的过程,是人生不断丰富而挑战自我的过程,是不断认识自然和理解社会的过程。在这种伴随着焦虑和痛苦、犹豫和彷徨、兴奋和快乐的研究历程中,使自己获得了生命的充实、慰藉与启示。

值此本书完成之际,我要感谢我的父母和家人的大力支持和默默奉献,还要感谢多年来给予我的关心、帮助和支持的领导、老师、同人和朋友,并把此书作为重要的礼物献给他们。